食物と栄養学基礎シリーズ **5**

最新
食品衛生学

矢野俊博 編著

学文社

編者のことば

食生活の変遷に伴い，多くの加工食品が販売されるようになり，消費者と製造（加工）者が乖離した状態にあることが要因で，「食の安全・安心」が叫ばれて久しい。

「安心」は不信が原因で生じるものであり，この不信を解消するために，食品表示法等の下に食に関する多くの情報が提供されている。

一方，「安全」は科学的根拠を基に提供されるもので，食品安全基本法や食品衛生法等の下に，種々の施策や基準値が設けられ，安全が確保されている。2018（平成30）年に食品衛生法が改正された。その内容は大きく7項目に及ぶが，一つは「HACCPに沿った衛生管理の制度化」で，国際標準であるHACCPを全食品関連事業に制度化することにより，安全な食品を提供するのが目的である。もう一つは「特別に注意を必要とする成分等を含む食品による健康被害情報の収集」で，「いわゆる健康食品」の成分含量による健康被害を防ぐことが目的である。このような背景の下においても，管理栄養士・栄養士は食に関与し，消費者に安全を提供する立場であり，特に食品の衛生管理に寄与する必要がある。それゆえ，本書は食品衛生に関して興味を抱きながら，最新の知識を学べるように作成した。

本書の前身として2001年に学文社から発刊された『食品衛生学』は改版を重ね，さらに2014年に『新食品衛生学』に改訂され現在に至っている。しかしながら，今日まで食に関する法改正等が相次いで施行されている。先述した食品衛生法の改正では，5種類の食品衛生規範が廃止され，特に，衛生規範の微生物基準等を目標に衛生管理を行っていた企業においては，自主的な基準の設定が求められるようになった。その他にもさまざまな規格・基準等の改正がなされた。

本書は，上記の法改正等や重要な食品事故やその動向を盛り込みながら，大幅な修正を行い，「食物と栄養学基礎シリーズ5」として，新規に発刊するに至った。新刊ではあるが，すでに20年以上にわたって，教科書として使用され続けており，構成や内容は充実している。当然ながら，食品衛生は，新型コロナウイルスの発生のように，自然環境・社会環境・食生活等の変化や科学の発展に伴い変化することが想定されることから，今後も時勢にあった内容にしていく必要があると思っている。

最新の情報を取り入れた本書は，管理栄養士・栄養士教育の教科書としてのみならず，食品の生産，製造・加工，流通，販売に関連する事業者の参考書として，また，一般消費者の方々には家庭における食の安全確保や食品による健康被害・事件を理解するための一助としていただければ幸いである。

発刊にあたり，多忙な中本書の作成に携われた執筆者，参考にさせていただいた多くの著書および学文社編集部の各位に深く感謝を申し上げる。

2021年8月吉日

編者　矢野　俊博

目　次

1　食品衛生とは

2　食品衛生行政

3　食品衛生と微生物

4 食中毒

5 食品を原因とする寄生虫症

6　カビ毒と自然毒

7　化学物質による食品汚染

8　食品成分の化学変化

9　食品添加物

10　食品の安全性問題

11　食品用器具と容器包装

12　食品の衛生管理

1　食品衛生とは

1.1　食品衛生と食品衛生学の目的

WHO（World Health Organization：世界保健機関）は，「食品衛生とは，生育・栽培，生産，製造から，最終的に人が摂取するまでの間のあらゆる段階において，その安全性，健全性および変質防止を確保するための全ての手段をいう」と定義している。

人間が行動するためにはエネルギーを必要とする。このエネルギーは食品を経口摂取することにより獲得しているが，この段階において，食品を起因とする健康被害が起こっている。この健康被害を未然に防止するために取られる手段が「食品衛生」である。

管理栄養士養成課程で，食べ物と健康の分野に置かれている「食品衛生学」は，まさに食品と健康を学ぶ学問であり，「健康被害の原因となる物質」，すなわち食品そのものあるいは化学変化したもの，食品に自然にまたは人為的に付着・混入したもの等についてや，健康被害を防ぐ方法を学ぶ分野である。

「健康被害の原因となる物質」に対して「ハザード（危害要因）」という語が当てられ，生物的危害要因（食中毒菌，寄生虫），化学的危害要因（農薬，食品添加物），物理的危害要因（硬質異物）がある。これらを見ると，危害要因は，原材料の生産現場，食品の調理・加工・製造現場，家庭とあらゆる場所に存在していることがわかるであろう。例えば，野菜の摂取過程では栽培時に使用する農薬の残留，病原微生物の付着等が，加工工程では食品添加物の過剰使用，病原微生物の付着・増殖が，家庭では病原微生物の付着等が，起こる可能性が考えられる。これらの危害要因を知るとともに，食品事故を未然に防止するのが食品衛生学の目的である。

1.2　食品衛生行政の歴史

我々が食する食品は，産業革命前ではほとんどが家庭で調理していたものが主流であったが，その後は工場や大量調理施設での生産，更にはグローバル化に伴い加工食品やその原材料の多くが輸入されるようになってきた。それに伴い食品衛生行政も以下に示すように変遷してきた。

1873（明治６）年：「司法省通達第130号」に「偽造の飲食物並びに腐敗の食物と知って販売する者」に対する罰則規定

1880（明治 13）年：「刑法」の制定。健康被害に対する罰の規定

1900（明治 33）年：「飲食物その他の物品取締に関する法律」の制定

1947（昭和 22）年：「食品衛生法」の制定。業務は警察官から食品衛生監視員に移行
食品添加物などの規格基準（ポジティブリスト制）による取り締まりの実施

1950（昭和 25）年：「JAS 法」（農林物資の規格化及び品質表示の適正化に関する法律）の公布

1951（昭和 26）年：「乳及び乳製品の成分規格等に関する省令」の制定

1996（平成 8）年：「食品衛生法」の改正。総合衛生管理製造過程（HACCP）承認制度導入

2001（平成 13）年：行政改革により，厚生省および労働省が厚生労働省に統合

2002（平成 14）年：「健康増進法」の公布

2003（平成 15）年：「食品安全基本法」の制定。リスクアナリシスの考え方の導入
食品安全委員会を内閣府に設置

2006（平成 18）年：「食品衛生法」の改正。農薬等に対するポジティブリスト制の導入

2009（平成 21）年：消費者庁を内閣府に設置

2013（平成 25）年：「食品表示法」の公布。食品衛生法，JAS 法，健康増進法等のうち，食品表示に関する部分の一元化

2018（平成 30）年：「食品衛生法」の改正。HACCP の制度化，営業許可・届出制の変更，包装資材へのポジティブリスト制度導入等，大きく改正

この間，法律は修正され今日に至っている。この法律の修正・改正の要因は，過去に起こった食品事故（**表 1.1**）よる教訓によるものである。

その他にも，BSE（牛海綿状脳症）の発生を契機に設けられた牛トレーサビリティ法（牛の個体識別のための情報の管理及び伝達に関する特別措置法），米の産地・銘柄偽装対策として施行された米トレーサビリティ法（米穀等の取引等に係る情報の記録及び産地情報の伝達に関する法律：米及び米加工品への品名，産地等の記載）などがある。また，食品表示おいては，アレルギー表示，遺伝子組換え表示，原料原産地表示等が義務化され，消費者の安全・安心を確保している。

表 1.1　過去における大きな食品事故

1955（昭和 30）年	ヒ素ミルク事件	粉ミルクにヒ素（添加したリン酸第一水素ナトリウムに混入）が混入。中毒患者数 12,000 名。
1956（昭和 31）年～	水俣病	工場排水中の有機（メチル）水銀が生物濃縮を受け，それを含む魚介類の摂取により発生。第二水俣病が新潟阿賀野川流域で発生（1965 年）。環境汚染問題（公害）の切っ掛けとなる。
1968（昭和 43）年	カネミ油症事件	食用米ぬか油製造時に熱媒体である PCB が油に混入。吹出物，色素沈着等の皮膚症状および倦怠感等。
1984（昭和 59）年	カラシレンコン事件	カラシレンコンによるボツリヌス菌食中毒の発生。地方食であるカラシレンコンを土産用に真空包装したのが原因（患者数 36 名，死者 11 名）。
1996（平成 8）年	堺市集団食中毒事件	原因は不明。大阪府堺市で学童を中心に腸管出血性大腸菌 O157 食中毒が発生（患者総数 9,523 名，死者 3 名）。
1999（平成 11）年	乾燥イカによるサルモネラ食中毒	全国的に販売されていた乾燥イカ菓子を原因とするサルモネラ食中毒（患者数 1,634 名）
2000（平成 12）年	低脂肪乳による黄色ブドウ球菌食中毒	低脂肪乳に使用した粉乳に存在した黄色ブドウ球菌エンテロトキシンにより発生（患者数 14,780 人）。
2011（平成 23）年	ユッケによる腸管出血性大腸菌食中毒	ユッケの喫食による腸管出血性大腸菌 O111 食中毒（患者数 181 名，死者 5 名）。
2013（平成 25）年	アクリフーズ農薬混入事件	冷凍食品への農薬（マラチオン）混入事件。契約社員の故意による混入。フードテロへの関心が高まる。

1.3　行政組織

1.3.1　食品安全委員会

食品安全基本法のもとで，中立性を確保するために内閣府に設置された機関で，内閣総理大臣や厚生労働省・農林水産省，消費者庁に対して意見の具申や勧告を行っている。最も重要な役割は「食品健康影響評価（リスク評価）」を行う（2.6.1(1)を参照）ことで，最近では東日本大震災（2011 年）に伴う福島第一原子力発電所事故をきっかけに，食品に含まれる放射能のリスク評価を行った。

1.3.2　厚生労働省

日本の衛生行政（特に加工食品）に関する問題に対処する機関であり（労働安全等にも関与），地方厚生局（7 か所），研究所（国立医薬品食品衛生研究所等）を所管している。

1.3.3　農林水産省

日本の食料供給等に関する問題に対処する機関であり，地方農政局（7 か所），研究所（農業生物資源研究所等）を所管している。食品衛生では生鮮食品を対象にリスク管理を行っている。

1.3.4　消費者庁

食品表示法（2013 年施行）に基づき，表示に関する業務および特定保健用食品の認可などを所管している。

1.3.5　地方機関

都道府県や東京都 23 特別区および保健所政令市（保健所設置市）には保健

所（保健センター）が設置され，食品衛生監視員が公衆衛生の向上や食品製造業・飲食店等の監視指導を行っている。

1.3.6 Codex 委員会

Codex 委員会（国際食品規格委員会：CAC：Codex Alimentarius Commission）は，国連食糧農業機関（FAO：Food and Agriculture Organization of the United Nations）および世界保健機関（WHO：World Health Organization）の合同機関で，グローバル化する食品（食糧）に関連し，国際的な食品の衛生管理のガイドラインや食品添加物・農薬等の規格，WTO（World Trade Organization）世界貿易機関）加盟国が国内規格を策定する際の基礎となる規格等を策定している。

1.3.7 ISO

ISO は，非政府機関 International Organization for Standardization（国際標準化機構）の略称である。ISO の主な活動は，①社会に流通するさまざまな製品について国際的な規格の標準化，②国際的に通用する規格（ISO 規格）を制定することである。ISO 規格の一つである ISO22000 は食品安全マネジメントシステムであり，ISO9000（品質マネジメントシステム）と HACCP システムとが組み合わされたものである。その他に ISO14000（環境マネジメントシステム）や ISO27000（情報セキュリティマネジメントシステム）などがある。

1.4 食品衛生を司る人々

1.4.1 食品衛生監視員

国家公務員（検疫所）または地方公務員で，①医師，歯科医師，薬剤師，獣医師の資格を持つ者，②大学又は専門学校において，医学・歯学・薬学・獣医学・畜産学・水産学・農芸化学の課程を修了し，卒業した者，③厚生労働大臣の登録を受けた食品衛生監視員の養成所において，所定の課程を修了した者，④栄養士として 2 年以上食品衛生行政に関する事務に従事した経験を有する者，が資格を有する。

1.4.2 食品衛生管理者*

食品衛生法施行令に定めた食品 11 品目を製造・加工する企業に設置が義務付けられている資格で，従事者の指導，衛生管理，製品検査，衛生的で安全な食品の提供等の責任者である。資格は，①医師，歯科医師，薬剤師，獣医師，②医学・歯学・薬学・獣医学・畜産学・水産学・農芸化学の課程を修了し，卒業した者，③都道府県知事の登録を受けた食品衛生管理者の養成施設において所定の課程を修了した者，④食品衛生管理者を置かなければならない製造業又は加工業において食品又は添加物の製造又は加工の衛生管理の業務に 3 年以上従事し，かつ，都道府県知事の登録を受けた講習会を修了し

＊食品衛生管理者　食品衛生管理者を置かなければならない11業種とは，全粉乳，加糖粉乳，調製粉乳，食肉製品，魚肉ハム，魚肉ソーセージ，放射線照射食品，食用油脂，マーガリン，ショートニング，添加物の製造業である。

コラム1　乾燥イカによるサルモネラ食中毒について（表1.1参照）

この食中毒は，前例のない規模の広がりをもった食中毒である。すなわち，46都道府県（山形県を除く）で発生した，患者数1,634名の食中毒である。大型食中毒としては，表1.1に示したように，堺市集団食中毒事件（患者数9,523名）や低脂肪乳による黄色ブドウ球菌食中毒事件（患者数14,780名）などがあるが，地域は限定されている。このサルモネラ食中毒事件が全国規模で発生した理由は，イカの乾燥製品が1社で生産されたにもかかわらず，「バリバリイカ」や「おやつちんみ」などの20余の商品名で全国展開されていたためである。食品業界は，製品が店舗に並ぶまでに，多数の区分け業者，卸業者，中間業者が関与しているのが通例で，回収に手間取り，全国的規模で発生したものである。この食中毒事故の調査により，サルモネラの発症菌数が少ないことや海水中で長期間生存できる可能性が示された。実際，サルモネラ食中毒がサルモネラを1個摂取したのみで発生した事例がある。

た者，が得られる。

1.4.3　食品衛生責任者

食品営業許可制度・届出制度において，営業許可・届出を受ける施設（飲食店，販売店，食品製造施設等）ごとに1名以上必要とされる資格である（食品衛生管理者を置く施設を除く）。仕事は食品の衛生管理と従事者の衛生教育である。資格は，栄養士，調理師，製菓衛生士等のほか，一定の講習会の受講修了者が得られる。

1.4.4　食品衛生指導員

公益社団法人日本食品衛生協会の自主的資格で，食品関連業者の衛生知識の向上増進にあたる。

【演習問題】

問1　Codex（コーデックス）委員会についての記述である。正しいものの組合せはどれか。（2009年国家試験）

a．FAO（国連食糧農業機関）とWHO（国際保健機関）が合同で設立した組織である。

b．WTO（世界貿易機関）加盟国が国内規格を作成する際の基礎とする規格を策定している。

c．国際的な企業の利害調整をすることが目的である。

d．医薬部外品の規格を策定する。

(1) aとb　(2) aとc　(3) aとd　(4) bとc　(5) cとd

解答　(1)

問2　食品衛生行政に関する記述である。正しいのはどれか。1つ選べ。（2019年国家試験）

(1) 保健所に配置される食品衛生監視員は，厚生労働大臣が任命する。

(2) 検疫所は，食中毒が発生した場合に原因究明の調査を行う。

(3) 検疫所は，輸入食品の衛生監視を担当している。

(4) 消費者庁長官は，食品中の農薬の残留基準を定める。

(5) 食品安全委員会は，厚生労働省に設置されている。

解答 (3)

問 3 コーデックス委員会（CAC）とその規格に関する記述である。誤っているのはどれか。１つ選べ。（2016 年国家試験）

(1) コーデックス委員会は，国連食糧農業機関（FAO）と世界保健機関（WHO）により設置された。

(2) コーデックス委員会は，消費者の健康保護と食品の公正な貿易の確保を目的として設置された。

(3) コーデックス規格は，コーデックス委員会が定める規格等の総称である。

(4) コーデックス規格には，食品表示に関するガイドラインは含まれない。

(5) コーデックス規格には，医療用医薬品の規格は含まれない。

解答 (4)

【参考文献】

厚生労働省：食品衛生法等の一部を改正する法律の概要，
https://www.mhlw.go.jp/content/11131500/000481107.pdf（2021/6/21）

増田邦義，植木幸英：NEXT 食品衛生学（第 4 版）［栄養科学シリーズ］，講談社（2019）

小塚諭：イラスト食品の安全性（第 3 版），東京教学社（2016）

2　食品衛生行政

2.1　食品衛生法

食品衛生法において，食品とは，すべての飲食物（ただし，医薬品，医薬部外品及び再生医療等製品を含まない）と規定されている。食品とは飲食するものであるから，扱い方によっては飲食者に危害を及ぼす。本法律は，食品の安全性を確保し，国民の健康の保護を図ることを目的として1948（昭和23）年に施行された。その後，必要に応じて改正が繰り返されてきた。戦後のわが国の食の安全性を確保する基本的な役割を担ってきたと言える。

食品衛生法は国会で審議されて成立，施行されたものである。この法規の規定に基づいて「食品衛生法施行令」が定められている。さらに，この施行令の規定に基づき，「食品衛生法施行規則」が定められている。

都道府県の議会で審議，成立して執行される「条例」のなかにも，食品衛生と関連するものがある。

食品衛生法は11章89条からなる法律（詳細は巻末資料の「食品衛生法」を参照）であり，**表2.1**に各章の要約を記した。

特に重要な箇所として，第1条には，法の目的が示されており，「この法

表2.1　食品衛生法の要約

章	項目	内容	条文
1	総則	目的，国，都道府県等の責務，食品等事業者の義務，定義	1～4
2	食品及び添加物	営業販売のための食品及び食品添加物の取扱い基準など	5～14
3	器具及び容器包装	営業販売のために使用する器具，容器包装の取り扱い基準など	15～18
4	表示及び広告	食品の表示基準など	19, 20
5	食品添加物公定書	食品添加物公定書の作成と記載事項	21
6	監視指導	国，都道府県等が行う食品衛生に関する監視や指導の実施に関する指針と計画	21の2～24
7	検査	食品，食品添加物，器具，容器包装，輸入食品などの検査，輸入食品の届出，報告，食品衛生監視員による臨検，検査，収去，監視，指導など	25～30
8	登録検査機関	登録検査機関の登録，登録要件，業務の休止廃止の許可，営業報告・事業報告と検査，守秘義務，など	31～47
9	営業	食品衛生管理者，営業施設の基準，危害発生の防止・重要工程の管理，営業許可，営業許可の取消し，営業の禁停止など	48～61
10	雑則	食中毒患者の届出，死体の解剖，食品衛生推進員，おもちゃなどへの準用規定，輸出食品安全証明書など	62～80
11	罰則	不衛生食品の販売，基準規格違反，届出違反，虚偽の届出，命令違反などの処罰，その他	81～89

律は，食品の安全性の確保のために公衆衛生の見地から必要な規制その他の措置を講ずることにより，飲食に起因する衛生上の危害の発生を防止し，もつて国民の健康の保護を図る」とされている。

第4条には，食品，食品添加物（条文内には「添加物」と表記されている）等の記述がなされており，食品とは，「全ての飲食物をいう。ただし，医薬品，医療機器等の品質，有効性及び安全性の確保等に関する法律（昭和35年法律第145号）に規定する医薬品，医薬部外品及び再生医療等製品は，これを含まない。」，添加物とは，「食品の製造の過程において又は食品の加工若しくは保存の目的で，食品に添加，混和，浸潤その他の方法によつて使用する物をいう。」と定義されている。

第6条には，腐敗，有毒，不潔，異物の混入などにより，人の健康を損なうおそれがある食品又は添加物（不衛生食品等）の販売等が禁止されていることが記載されている。

第21条には，厚生労働大臣及び内閣総理大臣は，基準又は規格を収載した「食品添加物公定書」を作成する旨が記載されている。

2.2 食品安全基本法

2000年頃に乳類での黄色ブドウ球菌食中毒事件，牛海綿状脳症（BSE）の国内発生と食品偽装事件，輸入冷凍食品における残留農薬の検出，腸管出血性大腸菌による集団食中毒事件など食品の安全性を脅かす事象が続発し，国民の食に対する不安や不信が高まった。同時に，遺伝子組換え作物，体細胞クローンなど新しい技術の実用化が進展した時期である。このような背景のもと，食品衛生法を基本とした食品安全行政の全面的見直しが行われ，2003年7月に食品安全基本法が施行された。

この法律は，「科学技術の発展，国際化の進展その他の国民の食生活を取り巻く環境の変化に適確に対応することの緊要性にかんがみ，食品の安全性の確保に関し，基本理念を定め，並びに国，地方公共団体及び食品関連事業者の責務並びに消費者の役割を明らかにするとともに，施策の策定に係る基本的な方針を定めることにより，食品の安全性の確保に関する施策を総合的に推進することを目的」としている（第1条）。

第3条で，「食品の安全性の確保は，このために必要な処置が国民の健康の保護が最も重要であるという基本的認識の下に講じられることにより，行われなければならない」とし，食品の安全性を確保する基本的な方策として「リスクアナリシス（リスク分析）」を導入し，「リスク評価（食品健康影響評価）」（第11条），「リスク管理（施策の策定）」（第12条），「リスクコミュニケーション（情報及び意見交換の促進）」（第13条）を行うことを明文化している。

また，評価については内閣府に置かれた食品安全委員会が担うことも明記された（第23条）。

食品の安全を担保するために，国，地方公共団体，食品関連事業者の責務（第6～8条），および消費者の役割（第9条）等が盛り込まれている。

2.3　健康増進法

わが国における高齢化の進展や国民が罹患する病気の質と量の変化を反映し，「国民の健康の増進の総合的な推進に関し基本的な事項を定め」，「国民の栄養の改善その他の国民の健康の増進を図るための措置を講じ，もって国民保健の向上を図ることを目的」として，従来あった「栄養改善法」を廃止して，2002年（平成14年）8月に公布された。

その目的の達成のために，健診事業や受動喫煙防止が定められており，病者用食品や特定保健用食品などの特別用途食品についても定めている。

2.4　食品表示法，JAS法

2015（平成27）年4月に食品表示法が施行された。それまでは，食品の名称，原材料，期限表示などの食品表示は「農林物資の規格化及び品質表示の適正化に関する法律」（旧JAS法）が定めていたが，旧JAS法と食品衛生法，および健康増進法のうち食品表示に関する部分が整理・統合され，食品表示法が制定された。旧JAS法は食品の表示基準の策定などに関する規定が削除され，「日本農林規格等に関する法律」（JAS法）に名称が変更された。

2.5　乳及び乳製品の成分規格等に関する省令（乳等省令）

食品衛生法に基づく厚生労働省令であり，1951（昭和26）年12月に公布された。乳・乳製品の取り扱いに関しては食品衛生法にも従わなければならないが，成分規格，製造・保存方法などは本省令に定められている。

2.6　検疫所

検疫所の業務は，検疫業務（感染症対策等）や輸入食品監視業務等，多岐にわたっている。ここでは輸入食品監視業務のうち食品検査業務について言及する。

検査業務は，主に，命令検査とモニタリング検査である（**図2.1**）。命令検査は全品検査が基本で，対象はナッツ類（アフラトキシン），牛肉（牛海綿状脳症の危険部位）および輸出国等で問題のあっ

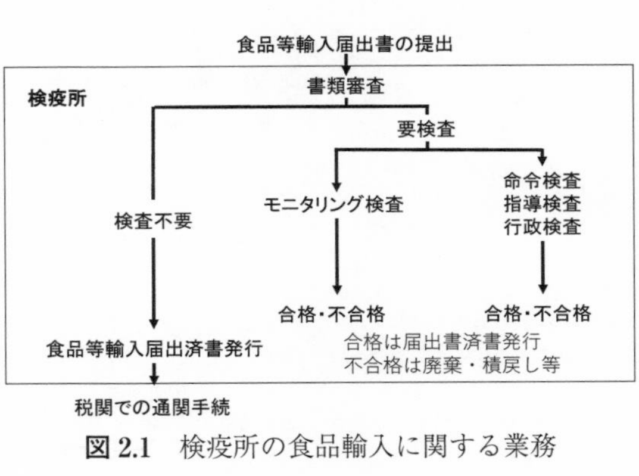

図2.1　検疫所の食品輸入に関する業務

コラム2　食品表示法の制定について

食品表示法は，消費者と食品事業者の双方にとって食品表示が分かりやすく使いやすい制度とするために制定され，2015年4月に施行された。そして，一定の猶予期間を経て，現在は完全実施がなされている。

この法律から変更された食品表示として例えば，「特定加工食品」が廃止されたことから，アレルゲンとなる原材料を使用した加工食品は別途アレルギー表示が義務づけられることになったことが挙げられる。「特定加工食品」とは，マヨネーズ，パン，もしくはヨーグルトのように，原材料にアレルゲンである卵，小麦，もしくは牛乳が使われていることがある意味常識として知られている加工食品のことを指す。そのため，従来は「マヨネーズ」と表記しアレルゲンである卵を表記しなかったが，食品表示法では「マヨネーズ（卵を含む）」のように表記することとなった。

他にも，栄養成分表示において従来「ナトリウム」量が記載されていたものが，「食塩相当量（□ g）」と記載することになった。比較的長い期間食することができる食品の期限表示については，従来，賞味期限，品質保持期限のどちらかで表示していたが，賞味期限で表示することに統一されたことなどが挙げられる。

食品表示は，食品衛生法，旧JAS法，および健康増進法と複数の法律が関連しており（本文参照），食品事業者にとって，非常に複雑であった。これらの内容が食品表示法にまとめられたため，食品事業者の混乱は少なくなったと思われる（ただし，この変更に要する食品事業者の負担は相当であったと想像される）。

一方，消費者である皆さんにはどうであろうか。筆者個人としては，消費者誰もがマヨネーズは卵を原材料としていることを知っているわけではない，摂取量を気にするのはナトリウムではなく食塩である，品質保持期限という書き方は堅苦しいイメージであるなどにより，食品表示は望ましい方向に向かったと考えている。

なお，読者には管理栄養士国家試験の受験を控えている者も多いと思われる。食品表示法が施行される以前の食品表示に関する過去問題については，当時の法規制における出題であり，現在の法律で照らし合わせると正答が導き出せない場合もあるので注意を要する。

た食品である。一方，モニタリング検査は抜き取り検査で，一般の食品が対象になる。また，**行政検査**[*1]，**指導検査**[*2]も業務の範疇である。一方，検疫所の業務ではないが，輸入食品に関しては，都道府県で市販品を対象に検査が行われている（買い取り検査）。

2019年輸入食品監視統計によると，食品輸入届出件数は2,544,674件で，そのうち検査件数は217,216件（届出件数に対する割合は8.5%）で，違反件数は763件（0.03%）になっている。違反の主な理由は，添加物・農薬等の違反（59.0%），腐敗（29.1%）である。また，国別の違反では，中華人民共和国の185件（24.2%：総違反件数に対する割合）が最も多く，次いでアメリカ合衆国の136件（17.8%）の順になっている。

*1 **行政検査**　行政検査とは，初めて輸入する食品等の検査，食品衛生法に違反していた食品や輸送途中で事故派生した食品等の確認検査。

*2 **指導検査**　指導検査とは，農薬や食品添加物の使用状況や同種の食品の違反情報等を参考に，輸入業者が自主的衛生管理の一環として，必要な検査を行うように検疫所が指導する検査。

2.7　リスクアナリシス

リスクアナリシス（リスク分析）とは，食品中に含まれる**ハザード**（危害要因）を摂取することによってヒトの健康に悪影響を及ぼす可能性がある場合に，その発生を防止し，またはその**リスク**[*3]を低減するための考え方である。

*3 **リスク**　リスクとは，食品中にハザードが存在する結果として生じるヒトの健康への悪影響が起きる可能性と影響の程度（健康への悪影響が発生する確率と影響の程度）である。

その中には，リスク評価，リスク管理，リスクコミュニケーションがある（**図 2.2**）。その根本には，食品にゼロリスクはなく，食品が安全かどうかは摂取する量（ばく露量）によるとの考えがある。リスクを科学的に評価し，低減を図る方法で，リスクアナリシスの考え方に基づく食品安全行政が国際的に進められている。

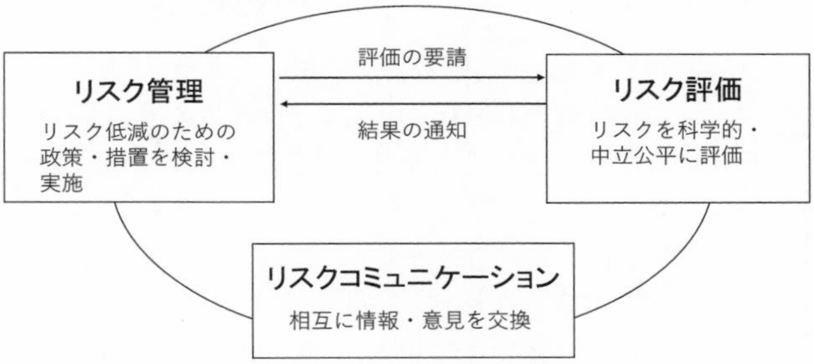

図 2.2　リスクアナリシス

2.7.1　リスク評価

リスク評価は中立的な立場で行うために内閣府に置かれている食品安全委員会が行う。食品安全分野におけるリスク評価とは，食品に含まれるハザードの摂取（ばく露）によるヒトの健康に対するリスクを，ハザードの特性等を考慮しつつ，付随する不確実性を踏まえて，科学的に評価することである。わが国の食品安全基本法では「食品健康影響評価」（リスク評価の法律的用語）として規定されており，食品の安全性の確保に関する施策の策定に当たっては，施策ごとに食品健康影響評価を行わなければならないとされている。

2.7.2　リスク管理

リスク管理は厚生労働省，農林水産省，消費者庁が行う。全ての関係者と協議しながら，技術的な実行可能性，費用対効果，リスク評価結果等の事項を考慮した上で，リスクを低減するために適切な政策・措置（規格や基準の設定，低減対策の策定・普及啓発等）について，科学的な妥当性をもって検討・実施する。

2.7.3　リスクコミュニケーション

リスクアナリシスの全過程において，リスクやリスクに関連する要因などについて，一般市民（消費者，消費者団体），行政（リスク管理機関，リスク評価機関），メディア，事業者（一次生産者，製造業者，流通業者，業界団体など），専門家（研究者，研究・教育機関，医療機関など）といった関係者（ステークホルダー）がそれぞれの立場から相互に情報や意見を交換することがリスクコミュニケーションである。リスクコミュニケーションを行うことで，検討すべきリスクの特性やその影響に関する知識を深め，その過程で関係者間の相互理解を深め，信頼を構築し，リスク管理やリスク評価を有効に機能させることができる。また，リスクコミュニケーションの目的は，「対話・共考・協働」の活動であり，説得ではない。これは国民がものごとの決定に関係者として関わるべきという考えによるものである。

コラム 3　製造物責任法（PL：Product Liability 法）

1994（平成 6）年に制定された法律で，第 1 条に「この法律は，製造物の欠陥により人の生命，身体又は財産に係る被害が生じた場合における製造業者等の損害賠償の責任について定めることにより，被害者の保護を図り，もって国民生活の安定向上と国民経済の健全な発展に寄与することを目的とする。」と記されている。製造物とは，食品を含むあらゆる製造物で，欠陥とは，設計上の欠陥，製造上の欠陥と警告上の欠陥がある。警告上の欠陥については，各企業は気を付けて表示している。例えば，インスタントカップ麺の表示を見ると，「火傷に注意」のマークが印刷されている。これがないと，湯を注ぐときに，湯が指にかかり火傷をした場合，火傷の治療費をその商品責任を持っている業者に請求することができることになっている。その他，缶詰の開封時の怪我への注意喚起などがそれにあたる。食品企業では，最悪の場合，食中毒による死亡に至る場合があるので，PL 保険に加入していることが取引上の条件になっている。

【演習問題】

問 1　食品安全委員会に関する記述である。誤っているのはどれか。

（2010 年国家試験）

（1）内閣府に設置されている。
（2）食品安全基本法により設置された。
（3）食品に含まれる有害物質等の規制を行う。
（4）食品に含まれる有害物質等のリスク評価を行う。
（5）食品安全に関するリスクコミュニケーションを行う。

解答　(3)

問 2　食品衛生行政に関する記述である。正しいのはどれか。1 つ選べ。

（2019 年国家試験）

（1）食品のリスク評価は，農林水産省が行う。
（2）食品のリスク管理は，食品安全委員会が行う。
（3）食品添加物の ADI（一日摂取許容量）は，厚生労働省が設定する。
（4）指定添加物の指定は，消費者庁長官が指定する。
（5）食品中の農薬の残留基準は，厚生労働大臣が設定する。

解答　(5)

【参考文献】

厚生労働省：輸入手続
https://www.mhlw.go.jp/stf/seisakunitsuite/bunya/0000144562.html（2021/6/21）
食品安全委員会：用語集検索（リスクアナリシス（リスク分析）の考え方）
www.fsc.go.jp/yougoshu/kensaku_analysis.html（2021/6/21）
増田邦義，植木幸英：NEXT 食品衛生学（第 4 版）[栄養科学シリーズ]，講談社（2019）
小塚愉：イラスト食品の安全性（第 3 班），東京教学社（2016）

3　食品衛生と微生物

3.1　微生物による食品の変質（腐敗）

食品成分（色，味，香り，外観など）が加工・保存中に変化し，品質が劣化することを変質という。食品の変質は微生物の関与する変質と化学的変質に大別されるが，一般に食品が微生物によって分解され，食べられなくなった状態を腐敗という。同じ微生物による作用であるが，風味を向上させ，ヒトに有害な作用を及ぼさない場合を発酵という。発酵食品（**図 3.1**）には3つの菌を2つ以上組み合わせて作るものとして味噌，醤油，清酒などがあり，これは**細菌**[*1]，**真菌**（カビ・酵母）[*2]の作用により食品の腐敗を抑制している。発酵と腐敗は同様の作用の産物である。

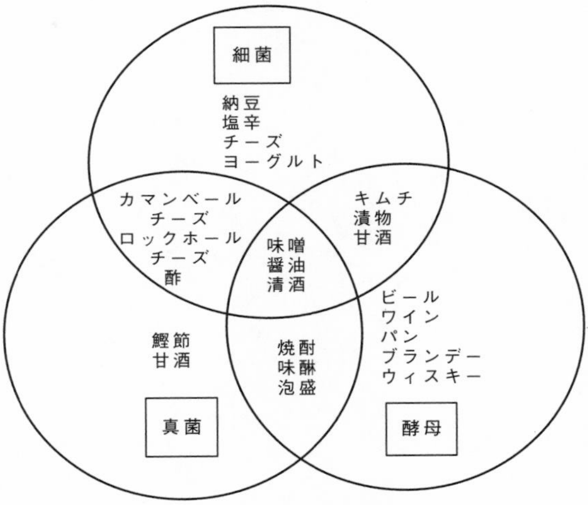

図 3.1　微生物と発酵食品

表 3.1 に食品の変質に関与する代表的な微生物を示した。自然界（土壌，空気，河川・湖沼，海水）には多くの細菌や真菌が存在しており，食品は原料，加工，製品，流通の過程で常に細菌や真菌に曝されている。食品における微生物を制御（細菌性食中毒防止三原則：やっつける，増やさない，付けない）する必要があり，食中毒を防止する上で最も重要である。

細菌による食品の変敗は非常に多いが，加工食品を対象とした場合には，

*1 **細菌**　原核（微）生物の一つで，細胞内に核をもたず，遺伝子は細胞内に核様体として存在している。他に放線菌がある。

*2 **真菌**　真核（微）生物で，細胞内に核が存在している。動植物は真核生物である。

*3 **ネト**　高分子の粘性物質。化学物質や酸，乾燥から細胞を保護したり，水による流出に抵抗する。ネトが発生すると腐敗防止が難しくなる。

表 3.1　食品の変質に関与する代表的な微生物

微生物	菌の特徴	現　象	腐敗される食品
シュードモナス属	好気性細菌で，冷蔵庫内でも増殖 自然環境中や腸管内に分布	タンパク質などを分解し，アルデヒド類，ケトン類などの臭気を発生	乳製品，食肉，魚肉
バチルス属	通性嫌気性または好気性で芽胞を形成 土壌，汚水，埃などの自然環境中と農水産物に分布	分解による栄養成分の損失・軟化および分解産物による臭気が生成 粘性物質（**ネト**[*3]）が発生 細菌毒素生成	加熱調理食品（肉料理，スープ，野菜プリン，ソース，米飯，パスタ料理）
クロストリジウム属	偏性嫌気性で芽胞を形成 環境中では土壌中や海や湖底の泥，ヒトや動物の腸管内に分布	ガス（二酸化炭素やメタン）の発生 毒素の生成	生ハム，缶詰，瓶詰などの保存食品，真空包装された食品
植物乳酸菌	動物乳酸菌（ヒトや動物の腸管や乳に生息）以外で自然環境中に生息する	粘性物質（ネト）が発生	水産練り製品（かまぼこ）
糸状菌（カビ）	真菌 環境中に広く分布	カビ発生 カビ毒生成	食品全般
酵母菌	真菌 環境中に広く分布	臭気成分（酢酸エチル）が発生	和菓子，水産練り製品，ジャム，果汁，酢飯，漬物など

出所）石綿肇ほか編『新食品衛生学』84，学文社（2014）を基に作成

表 3.2　芽胞形成菌（*Bacillus, Clostridium*）によるレトルト食品と缶詰の変敗

食　品	容器形態	包装フィルム	変敗状態	原因菌
ハンバーグ	密着包装	NY/PE	軟化	*B.licheniformis*
ローストチキン	密着包装	KNY/EVA	軟化	*B.coagulans*
餅	密着包装	NY/CPP	軟化・破れ	*B.polymyxa*
五平餅	真空包装	NY/LDPE	液化	*B.myoides, B.coagulans* 他
イカ姿焼き	含気包装	NY/PE	軟化	*B.cereus*
おでん	含気包装	NY/CPP	異臭・軟化	*B.subtilis, B.coagulans*
魚肉ソーセージ	密着包装	PVDC	軟化	*B.coagulans*
			ガス	*B.firms*
コーンスープ	含気包装	CPP/Salan	変色・液化	*B.coagulans*
トマトスープ	含気包装	KNY/EVA	変色・液化	*B.coagulans*
ジャガイモ*	真空包装	NY/CPP	軟化	*B.mesentericus*
ハンバーグ*	真空包装	PET/CPP	軟化・異臭	*B.mesentericus*
トウモロコシ*	真空包装	NY/CPP	軟化	*B.stearothermophilus*
スパゲッティー	含気包装	CPP/PE	軟化・変色	*B.subtilis*
煮豆	真空包装	NY/PE	膨張	*B.cerus*
生あん	含気包装	NY/PE	異臭	*B.cerus*
ハム	真空包装	KOP/EVA	軟化・異臭	*B.licheniformis*
めん	含気包装	CPP/PE	軟化	*B.subtilis*
赤飯	含気包装	NY/PE	軟化・異臭	*B.subtilis*
チルドスープ	含気包装	NY/PE	軟化	*B.cereus*
プリン	含気包装	NY/CPP	液化	*B.cereus*
水ようかん（小豆）*	真空包装	PET/AL/PE	軟化	*B.stearotherm*
たけのこ	缶詰		崩壊	*B.subtilis, B.polymyxa*
しるこ	缶詰		異臭・酸敗	*C.thermoaceticum*
トマトケチャップ	瓶詰		異臭	*C.butyricum*
コーヒー	缶詰		膨張	*C.thermosaccharolyticum*
みつ豆	缶詰		黒色沈殿	*C.thermoaceticum*
野菜	缶詰		膨張	*C.thermosaccharolyticum*

＊レトルト
出所）食品産業戦略研究所：食品の腐敗変敗防止対策ハンドブック，サイエンスフォーラム（1996）を基に作成

何らかの加熱操作が行われているため，保存中に問題となる細菌は耐熱性芽胞形成菌である。**表 3.2** には代表的な芽胞形成菌である *Bacillus*, *Clostridium* によるレトルト食品と缶詰の変敗を示した。

芽胞を形成しない細菌で変敗の原因となるのは，*Micrococcus*, *Pseudomonas*,

表 3.3　無芽胞細菌による食品の腐敗・変敗現象

食　品	現　象	微生物名
ゆで麺	緑変・異臭	*Pseudomonas aeruginosa*
	紫色斑点	*Janthinoba lividum*
	赤変	*Serratia marcescens*
	黄変	*Pseudomonas aeruginosa*
	褐変	*Pseudomonas aeruginosa*
	脱色・色素斑点	*Pseudomonas aeruginosa*
	赤褐色斑点	*Serratia marcescens*
米飯	赤色斑点	*Serratia marcescens*
生肉	紫色斑点	*Janthinoba lividum*
イカの燻製	白色粘稠	*Micrococcus colpogenes*
かまぼこ	黄色斑点	*Micrococcus luteus*
はんぺん	赤色斑点・粘稠	*Micrococcus roseus*
ちくわ	黄色斑点	*Micrococcus flavus*

食　品	現　象	微生物名
さつま揚げ	赤色斑点	*Micrococcus roseus*
塩辛	異臭	*Micrococcus colpogenes*
うに	異臭	*Micrococcus colpogenes*
とろろ昆布	赤色斑点	*Micrococcus roseus*
煮豆	赤色斑点	*Micrococcus roseus*
栗饅頭	異臭	*Micrococcus candies*
ういろう	黄色斑点	*Micrococcus luteus*
水ようかん	軟化	*Micrococcus ureae*
プリン	軟化	*Micrococcus ureae*
ピザパイ	異臭・白色斑点	*Flavobacterium perigrinum*
チーズパイ	異臭	*Micrococcus* sp.
木綿豆腐	黄色斑点	*Micrococcus flavus*
ジャム	黄色斑点	*Micrococcus flavu*

出所）表 3.2 と同じ

Flavobacterium, *Chromobacterium*, *Janthinobacterium* があり，これらの菌の共通点はいずれも色素を生産することである。

乳酸菌は防腐剤にも抵抗性があり，さらに低温でも増殖することから食品の低温下での２次汚染の主要な原因菌である。現在は15種類の属，100種類の乳酸菌が存在している。乳酸菌は食品，動物腸内，動物糞，土壌などに生息し，２次汚染の原因になるがヒトに対しては病原性がない。

食品に関与する微生物は非常に多く，腐敗変敗を起こす微生物も多種多様である。食品によっては固有の微生物叢（ミクロフローラ）が形成され，優勢に増殖する微生物が限定される。すなわち，腐敗変敗微生物は食品特性に深く関連することから，ある程度特徴づけることも可能である。このような観点から食品の腐敗変敗と主な原因微生物を**表3.5**に例示した。

表3.4　乳酸産生菌（*Enterococcus, Streptcoccus, Leuconostoc*）による食品の腐敗・変敗

食品	腐敗・変敗状況		
	現　象	菌数（cfu/g）	主要菌名
牛乳	腐敗	$1.2 \times 10^6 \sim 1.3 \times 10^8$	*Ent. faecalis*
	酸敗・凝固	$1.2 \times 10^6 \sim 4.3 \times 10^8$	*Ent. faecalis*
加工乳	苦味臭・ペプトン化	$2.6 \times 10^6 \sim 2.1 \times 10^7$	*Ent. faecalis*
	麦芽臭・凝固	$4.2 \times 10^7 \sim 3.4 \times 10^8$	*Ent. hirae*
	変色（黄色）	$1.5 \times 10^5 \sim 9.6 \times 10^6$	*Leu. mesennteroides*
生クリーム	酸臭	$2.1 \times 10^7 \sim 3.1 \times 10^8$	*Ent. faecalis*
	異臭・粘質化	$2.1 \times 10^6 \sim 5.1 \times 10^8$	*Leu. mesennteroides*
バター	異臭・酸敗	$1.4 \times 10^6 \sim 1.4 \times 10^7$	*Str. diacetilactis*
	異臭	$6.2 \times 10^7 \sim 7.2 \times 10^8$	*Leu. citrovorum*
チーズ	粘敗	$2.2 \times 10^6 \sim 1.1 \times 10^8$	*Ent.hirae*
	亀裂・ガス発生	$7.2 \times 10^6 \sim 6.4 \times 10^7$	*Leu. citrovorum*
ヨーグルト	スライム	$6.5 \times 10^6 \sim 2.1 \times 10^7$	*Str. cremoris*
畜肉	酸臭・酸敗	$3.8 \times 10^6 \sim 5.2 \times 10^8$	*Ent. faecalis*
	粘質	$4.3 \times 10^7 \sim 2.4 \times 10^8$	*Leu. mesennteroides*
ハム	酸臭・酸敗	$1.0 \times 10^6 \sim 3.5 \times 10^7$	*Ent. faecalis*
	粘質・酸臭	$3.1 \times 10^7 \sim 7.1 \times 10^8$	*Leu. mesennteroides*
ベーコン	酸臭・酸敗	$2.5 \times 10^6 \sim 1.7 \times 10^7$	*Ent. faecalis*
	粘質・酸臭	$3.2 \times 10^6 \sim 8.1 \times 10^8$	*Leu. mesennteroides*
	粘質・酸敗	$2.5 \times 10^6 \sim 2.7 \times 10^7$	*Leu. mesennteroides*
かまぼこ	酸臭・カビ	$2.9 \times 10^6 \sim 1.4 \times 10^7$	*Ent. faecalis*
	粘質・酸臭	$1.5 \times 10^5 \sim 3.5 \times 10^6$	*Leu. mesennteroides*
ゆでめん	酸臭・酸敗	$5.5 \times 10^5 \sim 7.4 \times 10^7$	*Str. thermophilus*
	酸臭・酸敗	$4.5 \times 10^5 \sim 4.4 \times 10^7$	*Leu. mesennteroides*
液卵	酸敗	$7.3 \times 10^6 \sim 6.8 \times 10^8$	*Ent. faecalis*
	酸敗	$5.3 \times 10^6 \sim 5.8 \times 10^8$	*Leu. mesennteroides*
納豆	糸引き無・酸臭	$2.1 \times 10^6 \sim 3.0 \times 10^8$	*Ent. faecalis*
生ワカメ	酸敗	$1.5 \times 10^6 \sim 3.3 \times 10^7$	*Ent. faecalis*
山菜水煮	酸敗	$1.2 \times 10^6 \sim 2.2 \times 10^7$	*Ent. faecalis*
たらこ	酸敗	$6.2 \times 10^6 \sim 1.5 \times 10^7$	*Ent. faecalis*

出所）表3.2と同じ

表3.5　食品の特性と腐敗変敗に関する微生物

食品の特性	腐敗変敗状況	検出される主な微生物
酸性食品	ガス発生 異物形成 混濁	*Lactobacillus, Leuconostoc, Saccharomyces* *Moniliella* *Lactobacillus*
高糖度食品	ガス発生 異物形成（斑点）	*Saccharomyces, Zygosaccharomyces* *Eurotium, Wallemia*
高塩度食品	ガス発生 混濁 異味異臭	*Zygosaccharomyces* *Pediococcus* *Debayomyces*
他	ガス発生 異味異臭 変色 異物形成（斑点） 異物形成（粘性）	*Clostridium, Bacillus, Enterobacteriaceae* *Pseudomonas, Enterobacteriaceae,* *Hansenula, Candida, Enterococcus* *Micrococcus, Pseudomonas, Seratia,* *Bacillus, yeast* *fungi* *Bacillus, Leuconostoc*

出所）表3.2と同じ

3.1.1　腐敗，変敗，酸敗の違い

食品の変質は，変質の状況により，腐敗，変敗，酸敗と使い分けられる。腐敗は，主に，微生物によりタンパク質が分解され，硫化水素，アンモニア，アミン類などの有害物質や腐敗臭が生成することをいう。変敗は，主に，炭水化物，脂質が酵素的または非酵素的に分解され，有機酸やアルコールが生成し，劣化することをいう。酸敗は，主に，脂質が非酵素的に酸化分解され，有機酸やカルボ

ニル化合物などが生成し劣化することをいう。

3.1.2 微生物による食品成分の化学変化

図 3.2 に微生物による食品成分の変化を示した。食品のタンパク質は微生物のもつタンパク分解酵素によりアミノ酸からアンモニア，二酸化炭素，各種アミン類，硫化水素，フェノール，インドール，スカトール，メルカプタン，脂肪酸，メタンなどの腐敗生成物を生じ，悪臭を発する。好気的条件下では食品上で増殖した微生物が脱アミノ反応により，アンモニアを生成すると同時に，脂肪酸やケト酸など種々の有機酸の生成物が脱炭酸を繰り返し種々のアミン類を生成する。あじ，さば，いわし，さんまなどのヒスチジンを多く含む青魚では，脱炭酸酵素（デカルボキシラーゼ）活性の高いヒスタミン生成菌であるモルガン菌 *Morganella morganii* などの作用で生じたヒスタミンにより，アレルギー様食中毒が起こる。脱炭酸反応は食品の pH が酸性時に，脱アミノ反応は食品の pH が中性からアルカリ性で，アミノ酸の酸化，還元，不飽和化，加水分解が起こる。さらに，脱アミノ反応と脱炭酸反応が併行して起こる場合，脂肪酸，アルコール，炭化水素とアンモニア，二酸化炭素を生成する。その他に，食品中の炭水化物は微生物の持つ分解酵素によって，エタノールや乳酸，コハク酸，酢酸，蟻酸などの酸を生成し，脂質は微生物のもつリパーゼ等の分解酵素により脂肪酸を生成する。

＊揮発性塩基窒素　揮発性塩基窒素と鮮度の関係は以下の通りである。

5 ～ 10mg%　新鮮
15 ～ 20mg%　通常
30 ～ 40mg%　初期腐敗
50mg%以上　完全腐敗

3.1.3　食品の腐敗・鮮度の判別

食品が明白な腐敗に達していない状態を初期腐敗という。腐敗の段階を判別することは食品衛生上重要であるが，構成成分の異なる多くの食品について単一の方法のみで腐敗の有無を判別するのは困難である。このことから，官能検査，微生物学試験，化学的試験の結果を総合して判定する必要がある。

化学的試験として揮発性アミンなどの腐敗生成物を測定する揮発性塩基窒素（VBN：volatile basic nitrogen），ATP 関連化合物を測定し鮮度を判別する K 値，新鮮な魚肉ではほとんど存在しないトリメチルアミン（TMA）の分析，pH，有機酸を測定する方法，微生物学的試験として食品の生菌数を測定する方法，その他に五感によって判断する官能検査による場合もある。

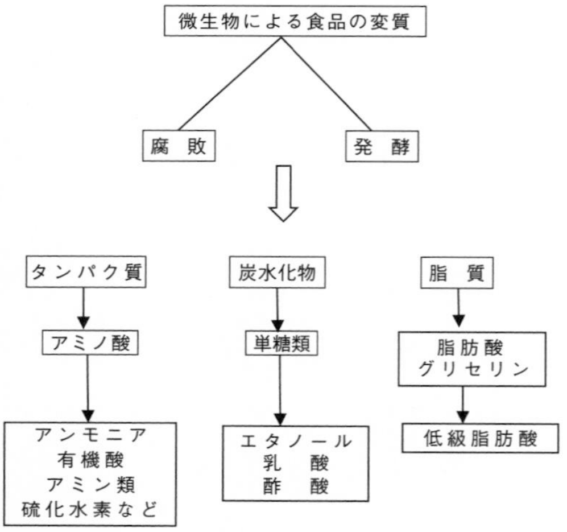

図 3.2　微生物による食品成分の変化

(1) 揮発性塩基窒素＊（VBN）

タンパク質食品が腐敗するときに蓄積される各種の揮発性アミンやアンモニアをコンウェイ拡散器で揮発性塩基窒素として分析する。魚肉類の鮮度判定の指標となるが，鮮度が良くてもアンモニアが存在するサメやエイには適用できない。試料 100g 中の窒素量 Nmg （mg%）で表す。

(2) *K* 値[*1]**（K value）**

魚の死後，筋肉中のATP（アデノシン三リン酸）は時間の経過に伴って次のように代謝・分解される。鮮度の低下に伴ってATPからIMPは減少，HxR，Hxが生成する。これらATP関連化合物のHxR，Hxの量の割合（%）が*K*値である。

ATP → ADP（アデノシン二リン酸）→ AMP（アデノシン一リン酸）→ IMP（イノシン酸）→ HxR（イノシン）→ Hx（ヒポキサンチン）

魚介類の鮮度の指標として利用されており，*K*値が低いほど新鮮とされている。

(3) トリメチルアミン[*2]**（TMA）**

海産魚介類がもつトリメチルアミンオキシドが，腐敗時に細菌によって還元されトリメチルアミンが生成される。新鮮な魚肉でほとんど存在しないトリメチルアミンを分析する。

(4) pH

腐敗の進行に伴って食品のpHは変動する。炭水化物を多く含む食品は，微生物の作用により加水分解と有機酸発酵が行われpHが低下する。また，魚肉では，炭水化物の自己消化により乳酸やリン酸が蓄積してpHが低下するが，腐敗の進行に伴いアンモニアが蓄積することによりpHは上昇する。食品の腐敗の判定にはpHの代わりに有機酸も用いられている。

(5) 生菌数

食品によって生菌数や大腸菌についての成分規格が設定されており，生菌数で判断する。しかし，食品によってはもともと菌数の多いものがあり，必ずしも菌数で腐敗・鮮度を測定することはできない。そういった場合は，食品本来の菌数との比較によって食品の腐敗・鮮度を判定することが有効である。一般的に，日常食べている食品には10^3～10^6cfu/g程度の生菌が存在しているが，10^7～10^8cfu/gに達した食品は初期腐敗と判定される。

(6) 官能検査

ヒトの五感（視覚，嗅覚，触覚，味覚，聴覚）で新鮮度を判定する。缶詰における打缶検査は，缶を叩いた時の音の違いから新鮮度を判別する聴覚を用いた方法である。

3.2 汚染指標細菌

食品には自然界に存在する細菌類や真菌類が付着しており，この汚染を確認するために一般細菌数や真菌数を調べる。また，糞便汚染の指標として大腸菌群や大腸菌（E.coli）を調べる。これらは細菌分類ではなく，食品衛生法

*1 ***K* 値**　*K*値と食品の鮮度の関係を以下に示した。

0～10%	市場に水揚げ直後の死後硬直の魚
～20%	さしみ，すし種として好適
～30%	新鮮な魚
～40%	煮魚，焼き魚用
40～60%	鮮度の落ちた魚，かまぼこ，すり身などの加工原料
60～80%	初期腐敗

*2 **トリメチルアミン**　トリメチルアミンと食品の基準は次の通りである。

≦3mg/100g　鮮度良好
4～5mg/100mg　初期腐敗

や上水試験法に規定されている公衆衛生的汚染指標菌である。

表 3.6 には「食品，添加物等の規格基準」「衛生規範」「乳及び乳製品の成分規格等に関する省令」に定められている，一部食品の微生物の規格基準を示す。これらの指標菌は食品の鮮度，動物やヒトの糞便の汚染，取り扱いの衛生度や皮膚表在菌による汚染を調べる意味合いで設定されている。しかしながら日常行う一般細菌や大腸菌の検査方法が必ずしも適当であるとはいえない。原因菌の推定には塩分や糖分などの食品の特性を理解し，培地や培養条件を選択する必要がある（**表 3.7**）。

危害要因となりうる微生物を制御するためには，食品等の製造施設の製造

表 3.6　食品の微生物の規格基準

分　類	一般生菌数	大腸菌群	黄色ブドウ球菌	E.coli	その他
清涼飲料水	100cfu/ml	陰性			
氷雪　融解水	100cfu/ml	陰性			
氷菓　融解水	10,000cfu/ml	陰性			
魚肉ねり製品		陰性			
生食用かき	50,000cfu/g			最確数 230/100g	腸炎ビブリオ最確数法　100/g
生食用鮮魚介類					腸炎ビブリオ最確数法　100/g
ゆでだこ，ゆでがに					腸炎ビブリオ　陰性
冷凍ゆでだこ，冷凍ゆでがに	100,000cfu/g	陰性			
食鳥卵（殺菌液卵）					サルモネラ属菌　陰性 /25g
食鳥卵（未殺菌液卵）	1,000,000cfu/g			陰性	
乾燥食肉製品				100cfu/g	
特定加熱食肉製品			1,000cfu/g		サルモネラ属菌　陰性 クロストリジウム属　1,000/g
加熱食肉製品（包装後殺菌）		陰性		陰性	クロストリジウム属　1,000/g
加熱食肉製品（加熱殺菌後包装）			1,000cfu/g		サルモネラ属　陰性
冷凍食品（無加熱摂取）	100,000cfu/g	陰性		陰性	
冷凍食品（加熱後摂取（凍結直前加熱））	100,000cfu/g	陰性			
冷凍食品（加熱後摂取（凍結直前加熱以外））	3,000,000cfu/g				
冷凍食品（生食用冷凍鮮魚介類）	100,000cfu/g	陰性			腸炎ビブリオ最確数法　100/g
生食用食肉（牛肉）				陰性	腸内細菌科菌群　陰性 /25g
惣菜類（サラダ，生野菜等，未加熱処理製品）	1,000,000cfu/g				
惣菜類（卵焼き，フライ等，加熱処理製品）	100,000cfu/g		陰性	陰性	
漬物（包装容器に充填後加熱殺菌したもの）					カビ　陰性 酵母　1,000/g
一夜漬け（浅漬け）				陰性	腸炎ビブリオ　陰性
洋生菓子	100,000cfu/g	陰性	陰性		
生めん	3,000,000cfu/g		陰性	陰性	

ゆでめん	100,000cfu/g	陰性	陰性		
めんの具等（天ぷら，つゆ等加熱したもの）	100,000cfu/g		陰性	陰性	
めんの具等（野菜等非加熱のもの）	3,000,000cfu/g				
牛乳，殺菌山羊乳，成分調整牛乳，低脂肪牛乳，無脂肪牛乳，加工乳	50,000cfu/ml	陰性			
加糖脱脂粉乳，全粉乳，脱脂粉乳，クリームパウダー，ホエイパウダー，タンパク質濃縮ホエイパウダー，バターミルクパウダー，加糖粉乳，調製粉乳，アイスミルク，ラクトアイス	50,000cfu/g	陰性			
クリーム	100,000cfu/ml	陰性			
アイスクリーム	100,000cfu/g	陰性			
発酵乳，乳酸菌飲料（無脂固形３％以上）		陰性			乳酸菌又は酵母　10,000,000 以上
乳酸菌飲料（無脂固形分３％未満）		陰性			乳酸菌又は酵母　10,000,000 以上

注）菌数は colony forming unit（集落数）で表示
出所）微生物の規格基準は「食品，添加物等の規格基準」「衛生規範」「乳及び乳製品の成分規格等に関する省令」参照

表 3.7　微生物の採集と選択分離培地

微生物	培地名	培養条件	温度	日数
好気性細菌	標準寒天，SCD 寒天	平板 / 好気性	30℃	2 日
嫌気性細菌	GAM 寒天	平板 / 嫌気性	30℃	2 日
	クックドミート	液体	30℃	2 日
非芽胞性グラム陽性菌	コロンビア CAN 寒天	平板 / 好気性	30℃	2 日
乳酸菌	MRS 寒天	平板 / 嫌気性	30℃	2 日
	トマトジュース	平板 / 嫌気性	30℃	2 日
グラム陰性菌	CVT 寒天	平板 / 嫌気性	30℃	2 日
腸内細菌	DHL	平板 / 好気性	30℃	2 日
	デソキシコレート寒天	平板 / 好気性	37℃	2 日
カビ・酵母	PDA，DG18 寒天	平板 / 好気性	25℃	7 日

出所）表 3.2 と同じ

環境（室内環境）の清浄度を高める必要があり，室内環境の清浄度の確認のため，食品の微生物基準の他に環境中の微生物汚染度の基準が設定されている。微生物の汚染度については，衛生規範による評価基準によると落下菌測定法によって落下細菌数と落下真菌数が定められており（**表 3.8**），日本建築学会が定める食品工場の空中微生物評価基準では浮遊菌数と落下菌数の基準値が設定されている（**表 3.9**）。特に殺菌工程のない生菓子類，弁当類の場合，落下微生物による製造施設の清浄度の管理が重要である。

3.2.1　一般生菌数

簡単な微生物の分類を**図 3.3** に示した。一般生菌数とは，**標準寒天培地***を

***標準寒天培地**　組成はペプトン 5 g，酵母エキス2.5g，ブドウ糖 1 g，カンテン1.5g，水 1 ℓ。食品の生菌数測定用に用いる。

表 3.8 各種衛生規範の作業領域における落下微生物の基準値

区分 / 各種食品	汚染作業区域	非汚染作業区域		
		準清潔作業区域	清潔作業区域	
	落下細菌*2	落下細菌	落下細菌	落下真菌*3
弁当及びそうざい	100 以下	50 以下	30 以下	10 以下
漬物（pH4.5 以上の製品）		100 以下	50 以下	10 以下
洋生菓子	100 以下	50 以下	30 以下	10 以下
セントラルキッチン／カミサリー・システム*1	100 以下	50 以下	30 以下	10 以下
生めん類	100 以下	50 以下	30 以下	10 以下

*1　セントラルキッチン／カミサリー・システムとは大規模な調理，加工，喫食，販売までの一貫した過程を有する業種のこと
*2　落下細菌測定法は標準寒天培地を使用，5 分間開放，35 ± 1℃，48 ± 3 時間培養
*3　落下真菌測定法はポテトデキストロース寒天培地を使用，20 分開放，23 ± 2℃，7 日間培養
出所）各種衛生規範を基に作成

表 3.9 日本建築学会における「食品工場」の空中微生物評価基準

区分	浮遊菌数*1 (cfu/L)*2	落下菌数*1 (cfu/L)*2
清潔作業区域（バイオロジカルクリーンルーム）	0.01 以下	3 以下
清潔作業区域	0.1 以下	30 以下
準清潔作業区域	0.4 以下	50 以下
汚染作業区域	1.0 以下	100 以下

*1　細菌，真菌の測定にはソイビーンカゼイン・ダイジェスト寒天培地を使用
空気採集量は 0.2m3 以上を推奨，直径 9cmのペトリ皿で作業中に空気曝露 20 分以上を推奨
*2　colony-forming unit（集落数）
出所）日本建築学会：日本建築学会環境基準　AIJES-A0002-2013　微生物による室内空気汚染に関する設計・維持管理規準（2013）参照

用いて好気性および通性嫌気性（p.24 参照），35 ～ 37℃，48 時間で培養して検出される細菌の数をいう。通常 1 g あるいは 1 ml あたりの生菌数であらわされる。食中毒菌の大部分は中温菌であり，至適温度が 25 ～ 45℃であることから，食品製造環境や食品における細菌汚染を反映している。一般細菌数が多い場合は，細菌が増殖している可能性があることを示すことから，製造時の加熱不足や二次汚染，保存時の温度管理に問題があったことが考えられる。食品の安全性，保存性，取り扱いの適否を総合的に評価する際の指標となる。ただし，嫌気性菌や腸炎ビブリオ（好塩性菌）等は含まれない。

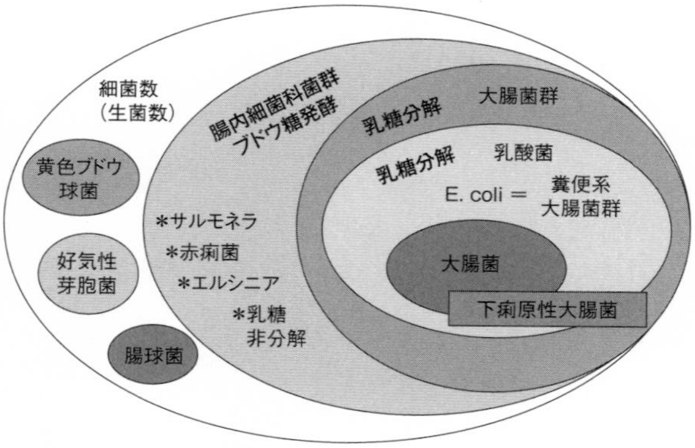

出所）日本食品微生物学会

図 3.3 微生物の分類

3.2.2 大腸菌群

グラム陰性の無芽胞桿菌のうち，乳糖を分解して酸とガスを産生する好気性または通性嫌気性菌を指す。大腸菌群は，通常人畜の腸

内に棲息していることから，糞便系の病原菌を含む汚染の指標となる。糞便性の病原菌は平常時観察されることはないが，大腸菌群が平常時に環境水中から検出されれば消化器系病原菌により汚染されている可能性があると考えられる。大腸菌群は易熱性であることから，加熱後の食品で検出された場合，加熱不足や加熱後の不適切な取り扱いが考えられる。大腸菌群の成分規格等が設定されている食品は，清涼飲料水，氷雪，氷菓，魚肉ねり製品，冷凍ゆでだこ，冷凍ゆでがに，加熱食肉製品（包装後殺菌），無加熱摂取冷凍食品，加熱後摂取冷凍食品，生食用冷凍鮮魚介類の冷凍食品，洋生菓子，ゆでめん，乳，乳製品などである。

3.2.3　糞便系大腸菌群

大腸菌群のなかで44.5℃で発育して，乳糖を分解しガスを産生する菌群を糞便系大腸菌という。大腸菌群と比較して人畜の糞便に存在する確率が高く，直接または間接的に，糞便汚染があったことが考えられる。指標菌としては，自然界からの汚染がそのまま反映される生野菜，生肉，魚介類などの未加熱食品に適用される。糞便系大腸菌群の成分規格が設定されている食品は，乾燥食肉製品，非加熱食肉製品，特定加熱食肉製品，加熱殺菌後に包装された食肉製品，生食用かき，加熱後摂取冷凍食品（凍結直前加熱以外）などである。

3.2.4　大腸菌

糞便系大腸菌群中で，IMViC試験で「＋＋－－」に判定されたものを食品衛生では大腸菌としている。

IMViC試験とは，インドール産生能（I），メチルレッド反応（M），Voges-Proskauer反応（Vi）およびクエン酸利用能（C）で，化学的な反応により判定する。

3.2.5　腸内細菌科菌群

大腸菌群および大腸菌群の定義から外れる乳糖非分解性の主要な腸管系病原菌であるサルモネラ，赤痢菌，エルシニアを含む細菌群で，生食用食肉において陰性でなければならないとされている。サルモネラ菌は糖耐性が強く，25％含有でも増殖することができる。また，赤痢菌は真水でも生存し感染の機会を待っている。エルシニア・エンテロコリチカは鳥類哺乳類から肉を介してヒトに経口感染する。低温でも発育し，耐熱性エンテロトキシンを生産する。この菌は多糖体の莢膜，粘液層を形成し，宿主のマクロファージなどによる食菌作用から逃れており，食品中に粘性物質を生産する。

3.2.6　芽胞形成菌

芽胞（内生胞子）とは，ある種の細菌が形成するカビの胞子（外生胞子）のようなもので，耐熱性を有しているためにHACCP（pp.146-149参照）システムでは，非芽胞形成菌と区別してハザード分析が行われる。その理由は芽胞が耐熱性を有するために通常の調理温度（100℃程度）では死滅しないために加熱済み食品においても腐敗の原因となるからである。

好気性芽胞形成菌としては，バチルス属のセレウス菌，納豆菌などが含まれる。嫌気性芽胞形成菌としては，クロストリジウム属があり，ウエルシュ菌，ボツリヌス菌が含まれる。これらの芽胞形成菌は胆汁による界面活性作用や消化酵素にも耐性を持ち，腸内細菌を構成している。芽胞形成菌の殺菌は高圧蒸気滅菌の 121℃を必要とする。

3.3　微生物の増殖要因

食中毒は原因微生物が食品中で増えたときに発生することから，食中毒予防には原因微生物の増殖を抑制する必要がある。微生物はその種類により発育や増殖条件が異なるが，細菌の増殖には，温度，水分，pH，酸素濃度，浸透圧，栄養素があり，増殖の条件が満たされると，二分裂を繰り返し，**図 3.4** のような増殖曲線を示す。すなわち，菌を培地に接種し，ほとんど菌数が変化しない時期（誘導期），細菌が二分裂を繰り返し急激に増殖する時期（対数増殖期），培地中の栄養の欠乏により増殖が認められなくなる時期（定常期），菌が死滅し減少していく時期（死滅期）である。

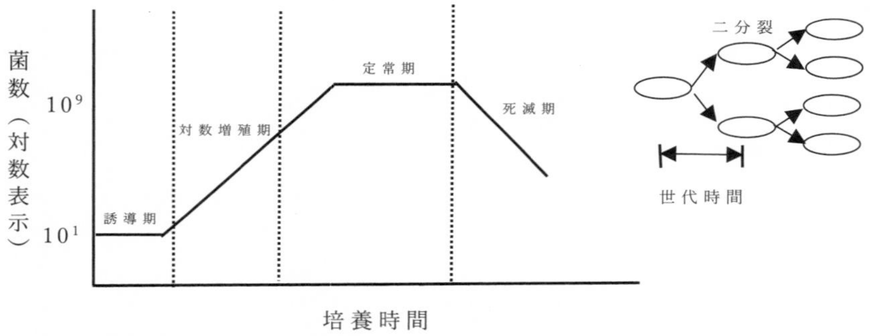

出所）石綿肇ほか編：新食品衛生学，11，学文社（2004），大橋典男編：栄養科学イラストレイテッド微生物学，羊土社（2020）を基に作成

図 3.4　細菌の増殖曲線

3.3.1　温　　度

微生物は種類によって生育可能な温度域が異なり，さらに生育に最も適した至適温度がある（**表 3.10**）。至適温度の範囲によって細菌を高温菌，中温菌，低温菌に分類している。食中毒原因菌の多くは中温菌であり，至適温度は体温に近い 37℃付近にある。一方，ブドウ球菌の至適温度は 7 ～ 46℃，リステリア菌は－0.4 ～ 45℃　エルシニア菌では 4 ～ 42℃と極めて広範囲であることから，これらの細菌は冷蔵庫内でも増殖可能であり，食中毒予防のうえで注意が必要である。

表 3.10 至適温度による細菌の分類

分類	至適温度	増殖可能な細菌
高温菌	50 ～ 60℃	ウェルシュ菌，セレウス菌などの芽胞形成菌
中温菌	20 ～ 40℃	ほとんどの病原菌
低温菌	15 ～ 20℃	芽胞形成菌，エルシニア菌，リステリア菌，エロモナス

出所）堀江正ほか編：食品衛生学（第 6 版），11，講談社（2020），石綿肇ほか編：新食品衛生学，25，学文社（2014），大橋典男編：栄養科学イラストレイテッド微生物学，44，羊土社（2020）より作成

3.3.2 水分活性（Aw）

食品の水分子には結合水と自由水の状態があり，結合水は水分子がすでに高分子や塩類と分子間結合しているため微生物には利用することができず，微生物は他成分と結合していない自由水を利用する。水分全体のうち自由水の割合を水分活性（Aw：Water activity）と呼ぶ。水分活性は 0.00 ～ 1.00 の範囲で示される。

Aw= 食品の水蒸気圧 / 純水の水蒸気圧（同一温度下）

微生物が増殖できる水分活性は，一般細菌で 0.9 以上，酵母で 0.88 以上，カビで 0.8 以上である。しかし，黄色ブドウ球菌は 0.83 以上で増殖可能である。また，0.6 ～ 0.8 では，好乾性カビの *Aspergillus restrictus* や *Waremia sebii*，好塩性細菌である *Micrococcus halodenitrificans*. *Halobacterium halobium*，耐浸透圧性酵母の *Zygosaccharomyces rouxii* などが増殖するが，0.6 以下では微生物は増殖しない（**表 3.11**）。

表 3.11 食品の水分活性と増殖可能な微生物

水分活性（Aw）	食品	増殖可能な微生物	
		細菌	カビ，酵母
0.98 以上	鮮魚介類 食肉 牛乳 果物 野菜	大部分の微生物	
0.97 ～ 0.93	加熱食肉製品 プロセスチーズ パン 低塩分の魚類加工品	大腸菌，サルモネラ菌，セレウス菌，ボツリヌス菌 A 型，ウエルシュ菌，腸炎ビブリオ，リステリア・モノサイドゲネス	ボトリチス，ムコール
0.92 ～ 0.85	乾燥食肉製品 コンデンスミルク	ミクロコッカス 黄色ブドウ球菌	サッカロミセス，酵母
0.84 ～ 0.60	ドライフルーツ 穀物 ナッツ 高塩分の魚類加工品		アスペルギルス・フラバス，ペニシリウム，ユーロチウム
0.59 以下	チョコレート ビスケット クッキー はちみつ 乾燥野菜		長期保存中に好乾性のユーロチウムなどのカビが発育してくることがある

出所）堀江正ほか編：食品衛生学（第 6 版），26，講談社（2020）を基に作成

3.3.3 pH

食中毒菌の多くは pH6.5 ～ 8.0 の中性付近に至適発育条件となるものが多いが，腸炎ビブリオやコレラ菌は pH8.2 ～ 8.6，逆に乳酸桿菌は pH5.5 ～ 6.5 でよく発育する。食中毒菌の多くは酸性で増殖が抑制されるが，酵母類・カビ類は酸性を好み pH3.0 ～ 6.0 でよく増殖する。乳酸菌は乳酸を産出して環境を酸性化し他の腐敗細菌等の発育を抑制する。また，すしや酢漬けは酸性で細菌類（なかでも腸炎ビブリオなど）の増殖を抑制し，保存性を高め食中毒を予防する。

3.3.4 酸素濃度

微生物は酸素に対する性質により 3 種類に大別される（**表 3.12**）。増殖に酸素を必要とする菌を好気性菌，酸素が存在すると増殖できない菌を（偏性）嫌気性菌，酸素の有無に関係なく増殖する菌を通性嫌気性菌という。嫌気性菌は無酸素状態を作ると増殖し，真空パック，腸詰，缶詰など密閉包装中や，深鍋で大量の液体を長時間加熱した後に増殖する。また，カンピロバクターやピロリ菌のように，大気中の酸素濃度（約 21％）より低い酸素分圧（5 ～ 15％）でないと生育できない菌を微好気性菌という。

表 3.12 酸素要求性による細菌の分類

分類	特徴	増殖可能な細菌
好気性菌	好気呼吸を行い発酵するが，嫌気的条件下では発育できない	結核菌，枯草菌，緑膿菌，酢酸菌，カンピロバクター，ピロリ菌など
通性嫌気性菌	好気的条件下でも嫌気的条件下でも発育する	黄色ブドウ球菌，大腸菌，腸炎ビブリオなど
嫌気性菌	好気的条件下では酸素耐性を持たないため死滅する。嫌気的条件下では発酵を行い発育する	ボツリヌス菌，ビフィズス菌，酪酸菌，ウエルシュ菌など

出所）図 3.4 に同じ

3.3.5 浸透圧

増殖に高い塩濃度を必要とする菌群を好塩菌という。好浸透圧性酵母や好塩微生物は浸透圧の高いジャムや濃厚果汁，シロップ，塩蔵食品などで増殖し食品を劣化させる。腸炎ビブリオの増殖可能食塩濃度は 0.5 ～ 8 ％で，増殖に高濃度の食塩を必要とはしないが，高濃度の食塩に耐えられる性質を持っている。しかし，真水には弱い。黄色ブドウ球菌も 7.5 ～ 15％の食塩濃度でも増殖できる。

3.3.6 栄養素

細菌には無機栄養成分（炭酸ガス，炭酸塩，アンモニアなど）を光合成や化学合成などを利用して生育できる独立栄養細菌と，炭素源として二酸化炭素などの無機物ではなく有機物を要求する従属栄養細菌がある。食中毒菌は全て従属栄養細菌である。

3.4　微生物制御法（細菌性食中毒防止三原則）

食品は微生物にとって栄養素のかたまりであり，微生物の増殖を抑制するためには栄養素以外の増殖要件である温度，水分活性（Aw），pH，酸素濃度，浸透圧をコントロールする必要がある。

3.4.1　殺菌，静菌，除菌

食品の微生物を制御する方法は，その目的（殺菌，静菌，除菌）によって３つに大別され，さらに物理的な方法と化学的な方法に分けることができる（**表 3.13**）。すなわち，食品の微生物の制御では，有害な微生物を殺滅させる手法を殺菌といい，この中には煮沸，蒸気，乾熱や消毒薬による消毒を含んでいる。また，静菌とは微生物の増殖条件である温度，水分，酸素量を調節する物理的な方法と防腐剤，殺菌剤，有機酸などを使用する化学的な方法があり，微生物は殺さないが増殖を阻止する方法である。また，除菌とは濾過や洗浄，殺菌料，有機酸，洗剤などによって微生物を取り除く方法である。食品の微生物の制御は，単に全ての微生物を殺すこととは限らない。その食品の風味，テクスチャー，機能性を損なうものであってはならないことから，その食品に適した制御方法を選択していく必要がある。

表 3.13　微生物の殺菌，静菌，除菌

<table>
<tr><th>方法</th><th>目的</th><th>物理的</th><th>化学的</th></tr>
<tr><td rowspan="2">殺菌</td><td>殺菌</td><td>乾熱，温熱，高圧，紫外線，放射線，急速冷凍</td><td>オゾン，電解機能水，燻蒸・燻煙</td></tr>
<tr><td>消毒</td><td>煮沸，蒸気，乾熱</td><td>消毒薬</td></tr>
<tr><td rowspan="4">静菌</td><td>温度調節</td><td>冷凍，冷蔵</td><td rowspan="4">防腐剤，殺菌剤，有機酸</td></tr>
<tr><td>水分調節</td><td>乾燥</td></tr>
<tr><td>酸素量調節</td><td>脱酸素</td></tr>
<tr><td>その他</td><td>包装</td></tr>
<tr><td rowspan="2">除菌</td><td>ろ過</td><td>空調，空気清浄</td><td rowspan="2">殺菌剤，有機酸，洗剤</td></tr>
<tr><td>洗浄</td><td>流水洗浄</td></tr>
</table>

出所）大橋典男：栄養科学イラストレイテッド微生物学，48，羊土社（2020）参照

3.4.2　微生物の制御方法

表 3.14 には加熱殺菌法，**表 3.15** には低温域貯蔵法，**表 3.16** には加熱殺菌法・冷蔵冷凍法以外の代表的な食品の変敗・防止方法を示した。**表 3.14** の加熱殺菌法は，加熱処理により菌体成分のタンパク質の熱変性をおこして，酵素を不活性化し，細胞を死滅させることである。つまり，加熱殺菌法は食品を加熱処理し，有害微生物を死滅させて保存性を高める方法である。

表 3.15 に示した低温域貯蔵法は，食品を低温に設定することにより，微生物の活動を抑制し食品の変敗を防止する方法である。冷蔵法では氷結しない温度である 0 ～ 10℃，冷凍法では 0 ℃以下での保存が設定されているが，エルシニア菌，リステリア菌などの低温微生物は 4 ℃でも増殖できる。また，

表 3.14 加熱殺菌法の特徴

殺菌法	到達温度と保持時間	特　徴
低温保持殺菌 low temperature long time pasteurization （LTLT 法）	63 ～ 65℃で 30 分	欧州では牛乳殺菌法の主流で 63℃ 30 分である。アルコール，酸，食塩などの保存性物質を含み，酒やしょうゆなどの微妙な香りを持つ食品の殺菌に適している
高温短時間殺菌 high temperature short time sterilization （HTST 法）	72 ～ 85℃で 1 ～ 15 秒	牛乳，ジュース，スープなどで行われる
煮沸殺菌 sterilization by boiling	100℃で 10 分程度	煮沸により殺菌すること。一般的に 100℃ 5 分の加熱で細胞は変性し，死滅する。耐熱性芽胞菌は生き残る
レトルト殺菌 retorting process	120℃で 4 分	容器包装詰加熱殺菌食品（pH が 5.5 をこえ，かつ水分活性が 0.94 をこえる）の殺菌を目的とする
超高温殺菌 ultra high temperature sterilization （UHT 法）	120 ～ 150℃で 1 ～ 5 秒 130 ～ 135℃で 2 秒	殺菌効果が高いため，現在，牛乳や飲料の殺菌には，ほとんどこの方法がとられている。LL 牛乳にも用いられる

出所）石綿肇ほか編：新食品衛生学，86，学文社（2014）

表 3.15 低温域貯蔵法の特徴

貯蔵法	温　度	特　徴
低温貯蔵	15℃以下	玄米を低温貯蔵することにより，食害虫や，カビの繁殖を防ぎ，香り・味などの劣化を少なくできる
冷　凍	10℃以下 （食品の規格基準による）	幅広い食品に利用される 食品によるが，3 ～ 4 日間程度の保存に適する
チルド	− 5℃～ 5℃	生鮮魚介類，食肉などに利用される 国際的な牛肉のチルドは − 1℃～ 1℃である
氷温貯蔵	氷結点付近の凍らない温度～ 0℃	食品により温度が異なり，厳密な温度管理が必要である
パーシャルフリージング	− 2℃～ − 5℃	半凍結状態で，魚・肉を 2 週間程度保存する方法である
冷凍貯蔵	− 15℃以下 （食品の規格基準による）	通常は − 18℃以下の凍結状態で貯蔵する長期貯蔵可能な方法である

出所）表 3.14 と同じ

表 3.16 その他の変質防止法（加熱殺菌法・冷蔵冷凍法以外）

変質防止法	概　要
乾燥・脱水法	水分除去により水分活性（Aw）を低下させる方法。Aw を 0.70 以下にして微生物の繁殖を防ぐ。乾燥は，天日，加熱，噴霧，凍結乾燥，赤外線，高周波などによる
包　装	無菌包装（無菌状態にした食品を無菌化した包装材料で包装する） ガス充填包装（不活性化ガスの窒素や静菌作用のある二酸化炭素を袋内に充填する） 真空包装（減圧下で密封シールする。嫌気性菌の汚染に注意が必要）
塩蔵・糖蔵	食塩や糖類により水分活性（Aw）を低下させる方法。耐塩性微生物や耐浸透性微生物のなかには生育するものがある
酸	一般細菌は中性付近で生育しやすいが，pH4.5 以下では乳酸菌・酢酸菌などを除き，ほとんど生育できない。食品の pH を乳酸・酢酸などで下げ，食中毒菌・腐敗菌の生育を阻止する
食品添加物	保存料，防カビ剤，酸化防止剤などを用いる
燻　煙	樹脂の少ない堅木をいぶし，食品にタール性の煙を付着させ，煙に含まれるフェノール，ホルムアルデヒド，蟻酸，酢酸などによる殺菌・静菌作用や糖質の酸化防止作用を利用する
電磁波	放射性同位元素 60Co（コバルト 60）のγ線照射：殺菌，線虫，発芽，発根の抑制作用を得ることができる。温度が上昇しない冷殺菌技術であり，透過性が大きく包装済みの食品を処理できる。照射によって食品成分の変化が生じるため，日本の食品では，ジャガイモの発芽防止のみに認められている。また，医療器具，包装容器，飼料などの殺菌に利用されている。 紫外線殺菌：強力な殺菌作用を有する。至近距離で紫外線殺菌灯（250nm 付近の波長が最も効果的）を 30 分程度照射すると殺菌できる。しかしながら，殺菌は照射された表面のみであり陰の部分は殺菌できない。プラスチック容器など加熱できない容器の殺菌や無菌環境の維持などに利用される。

出所）表 3.14 と同じ

冷凍法には急速凍結と緩慢凍結があるが，凍結時に食品の組織が破壊されて品質が変化することを防止するために，冷凍食品の製造では，－1℃～－5℃の最大氷結晶生成温度帯を迅速に通過させる急速冷凍を行っている（解凍の場合も同様）。この時，多くの細菌の増殖は抑制されているが，死滅することはなく休眠状態にあるため，解凍方法や解凍後の保存管理が重要である。

表3.16には加熱殺菌法と冷蔵冷凍法以外の微生物の制御法である乾燥・脱水法，包装，塩蔵・糖蔵，酸，食品添加物，燻煙，電磁波について示した。これらの方法も基本的には微生物の増殖条件を阻止することを目的に行う手法であるが，食品添加物では殺菌料，保存料，防カビ剤や酸化防止剤の使用や乾燥させた木を燃焼し，発生する成分を食品に付着させ保存性を高める燻煙方法などがある。微生物の制御に化学物質を用いる場合，添加した化学物質の分解により微生物の抑制効果が低下することがあり，これを賞味期限として定めている。微生物制御を目的とした食品添加物など化学物質の使用は，食品衛生法の使用基準に従って使用されなければならない。

3.4.3　細菌性食中毒三原則

食中毒を起こす細菌は，魚や肉，野菜などの食材に付着していることから，食材を使用前に流水洗浄することが重要である。また，この食中毒菌が手指や調理器具などを介して他の食品を汚染し，食中毒の原因となりうることから，手指や器具類の洗浄・消毒や，食品を区分け保管したり，調理器具を用途別に使い分けたりすることが必要である（つけない）。

また，たとえ食品に食中毒菌が付着しても，食中毒を発症する菌量まで増えなければ食中毒は起こらないことから，食品を室温に長時間放置せず，冷蔵庫に保管することが細菌の増殖を阻止する上で重要である（増やさない）。

一般的に，食中毒を起こす細菌は熱に弱く，食品に細菌がついていても加熱すれば死滅することから，HACCPの概念に基づいて原料の危害分析を実施し，対象となる細菌を確実に死滅させる条件（CCP：Critical Control Point）で加熱（調理）することで食中毒を予防することが可能である（やっつける）。

厚生労働省が推奨している細菌性食中毒予防三原則は，「つけない」，「増やさない」「やっつける」であり，食品の製造現場だけでなく家庭でもこの三原則を実施することが細菌性食中毒の予防につながる。

【演習問題】

問1　鮮度・腐敗・酸敗に関する記述である。正しいのはどれか。1つ選べ。

（2013年国家試験）

（1）揮発性塩基窒素量は，サメの鮮度指標に用いる。

（2）初期腐敗とみなすのは，食品1g中の生菌数が10^3～10^4個に達したときである。

(3) 酸価は，油脂の加水分解により生成する二酸化炭素量を定量して求める。

(4) K 値は，ATP の分解物を定量して求める。

(5) トリメチルアミン量は，食肉の鮮度指標に用いる。

解答 (4)

問 2 微生物に関する記述である。誤っているのはどれか。1 つ選べ。

(2017 年国家試験)

(1) クロストリジウム属細菌は，水分活性 0.9 以上で増殖できる。

(2) バシラス属細菌は，10%の食塩濃度で生育できる。

(3) 通性嫌気性菌は，酸素の有無に関係なく生育できる。

(4) 偏性嫌気性菌は，酸素の存在下で増殖できる。

(5) 好気性菌は，光がなくても生育できる。

解答 (4)

問 3 食品の水分に関する記述である。正しいのはどれか。1 つ選べ。

(2019 年国家試験)

(1) 水分活性は，食品の結合水が多くなると低下する。

(2) 微生物は，水分活性が低くなるほど増殖しやすい。

(3) 脂質は，水分活性が低くなるほど酸化反応を受けにくい。

(4) 水素結合は，水から氷になると消失する。

(5) 解凍時のドリップ量は，食品の緩慢凍結によって少なくなる。

解答 (1)

問 4 食品の変質に関する記述である。誤っているのはどれか。1 つ選べ。

(2019 年国家試験)

(1) 油脂の酸敗は，窒素ガスの充填によって抑制される。

(2) アンモニアは，魚肉から発生する揮発性塩基窒素の成分である。

(3) 硫化水素は，食肉の含流アミノ酸が微生物によって分解されて発生する。

(4) ヒスタミンは，ヒスチジンが脱アミノ化されることで生成する。

(5) K 値は ATP 関連化合物が酵素的に代謝されると上昇する。

解答 (4)

問 5 食品中の水に関する記述である。最も適当なのはどれか。1 つ選べ。

(2021 年国家試験)

(1) 純水の水分活性は，100 である。

(2) 結合水は，食品成分と共有結合を形成している。

(3) 塩蔵では，結合水の量を減らすことで保全性を高める。

(4) 中間水分食品は，生鮮食品と比較して非酵素的褐変が抑制される。

(5) 水分活性が極めて低い場合には，脂質の酸化が促進される。

解答 (5)

【参考文献】

小熊惠二編：シンプル微生物学，南江堂（2018）

菅家祐輔編：食べ物と健康 食品衛生学，光生館（2013）

小塚諭編：イラスト食品の安全性（第 4 版），東京教学社（2021）

公益社団法人日本薬学会編：衛生試験法・注解 2020，金原出版（2020）
田﨑達明編：栄養科学イラストレイテッド食品衛生学改訂第 2 版，羊土社（2019）
大橋典男編：栄養科学イラストレイテッド微生物学，羊土社（2020）

4 食中毒

4.1 食中毒とは

食中毒とは飲食に起因する健康障害（Foodborne disease）で，通常は比較的急性のものをいう。病因物質として，細菌やウイルスなどの微生物，寄生虫（原虫，蠕虫），植物性や動物性の自然毒，カビ毒や農薬，有害金属などの化学物質が挙げられ，その他にも放射性物質，食品添加物，食品関連器具，容器包装が原因の場合を含む（**表 4.1**）。しかし，慢性経過を示す食事性アレルギーや，生活習慣病，アルコール中毒などは除外している。

表 4.1 食中毒病因物質の分類

微生物による食中毒	細菌性食中毒	細菌感染または細菌毒素が原因
	ウイルス性食中毒	ノロウイルス，A 型および E 型肝炎ウイルスなどが原因
寄生虫による食中毒	原虫による食中毒	クリプトスポリジウム，サイクロスポラ，サルコシスティスなどが原因
	蠕虫による食中毒	アニサキスなどが原因
自然毒による食中毒	植物性自然毒食中毒	毒キノコ，有毒植物などが原因
	動物性自然毒食中毒	フグ毒，貝毒などが原因
化学物質による食中毒	カビ毒による食中毒	パツリン，デオキシニバレノールなどが原因
	農薬による食中毒	有機リン剤，有機塩素剤などが原因
	有害金属による食中毒	ヒ素，カドミウム，水銀などが原因
	その他	放射性物質，食品添加物，食品関連器具，容器包装などが原因

4.1.1 食中毒の届出制度

食中毒の発生に関する情報は，医師，保健所長，都道府県知事等を介して厚生労働大臣に報告される。厚生労働省は，この報告を集計し，「食中毒統計資料」としてホームページ上で公開している。

厚生労働大臣まで報告される流れは食品衛生法で以下の通り定められている。①食中毒患者等を診断した医師から保健所長に届出，②届出を受けた保健所長は都道府県知事等に報告し調査，③都道府県知事等は厚生労働大臣に届出する。

したがって，食中毒があっても，医師の診断を受けなければ食中毒とみなされない。このような理由から，食中毒の件数・患者数の実数は食中毒統計数よりもかなり多いと想定されている。

4.1.2　食中毒の発生状況

図 4.1 には 1981 年以降の食中毒発生状況を示した。この特徴をまとめると，①事件数はおおよそ 1,000 ～ 3,000 件の範囲で推移していたが，学校給食サラダの腸管出血性大腸菌汚染事故（1996 年：6,561 人），粉乳の黄色ブドウ球菌中毒事故（2000 年：14,780 人）などの**大規模食中毒**＊が連続した時期は件数が多かった。②患者数はおおよそ 20,000 ～ 50,000 人の範囲で推移していたが，近年は減少傾向にある。③死者数は毎年おおよそ 20 人未満である。

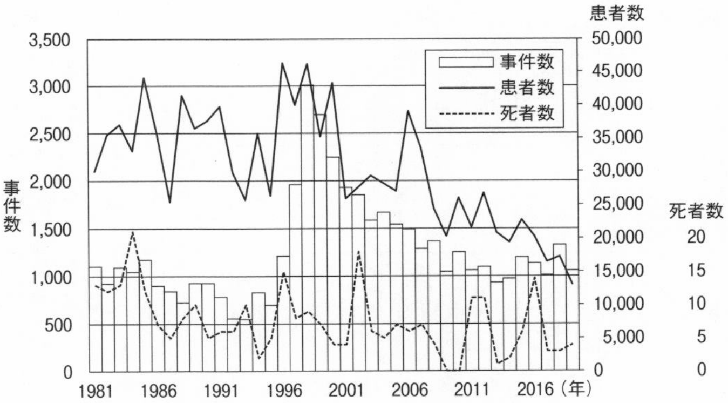

出所）食中毒統計資料（厚生労働省）

図 4.1　食中毒事件数，患者数，死者数の推移（1981 ～ 2019 年）

＊**大規模食中毒**　1 件あたりの患者数が500名以上の大規模食中毒は，ほぼ毎年，数件発生している。

2000 年までは，主な食中毒原因物質が細菌であったことから食中毒は夏季に多く発生していたが，食中毒統計にノロウイルスが追加された 1998 年以降はノロウイルス食中毒が激増し，近年は冬季（12 月～ 2 月）の食中毒発生件数が増加する傾向にある。また，2018 年あたりからアニサキスによる食中毒が増えている。

表 4.2 には最近の食中毒発生件数，患者数，死者数を原因別にまとめた。細菌性食中毒とウイルス性食中毒とを合わせると全食中毒事件数の半数以上

表 4.2　分類別食中毒発生状況（2017 ～ 2019 年）

年		件数（件）			患者数（人）			死者数（人）		
		2017	2018	2019	2017	2018	2019	2017	2018	2019
総　数		1,014	1,330	1,061	16,464	17,282	13,018	3	3	4
細菌	サルモネラ属菌	35	18	21	1,183	640	476	—	—	—
	ブドウ球菌	22	26	23	336	405	393	—	—	—
	腸炎ビブリオ	7	22	0	97	222	—	—	—	—
	腸管出血性大腸菌	17	32	20	168	456	165	1	—	—
	その他の病原大腸菌	11	8	7	1,046	404	373	—	—	—
	ウエルシュ菌	27	32	22	1,220	2,319	1,166	—	—	—
	カンピロバクター・ジェジュニ / コリ	320	319	286	2,315	1,995	1,937	—	—	—
	その他細菌	10	10	6	256	192	229	1	—	—
ウイルス	ノロウイルス	214	256	212	8,496	8,475	6,889	—	—	1
	その他のウイルス	7	9	6	59	401	142	—	—	—
寄生虫	アニサキス	230	468	328	242	478	336	—	—	—
	その他の寄生虫	12	19	19	126	169	198	—	—	—
自然毒	植物性自然毒	34	36	53	134	99	134	1	3	2
	動物性自然毒	26	25	28	42	34	38	—	—	1
化学物質		9	23	9	76	361	229	—	—	—
その他		4	3	4	69	15	37	—	—	—
不明		29	24	17	599	617	276	—	—	—

出所）図 4.1 に同じ

表 4.3　原因食品別食中毒発生件数（2019年，上位 3 食品）

	件数（件）	発生率（%）
総　数	1,061	100
魚介類	273	25.7
肉類及びその加工品	58	5.5
複合調理食品	53	5.0

表 4.4　原因施設別食中毒発生件数（2019年，上位 3 施設）

	事件数（件）	発生率（%）
総　数	1,061	100
飲食店	580	54.7
家　庭	151	14.2
販売所	50	4.7

を占め，次いで多いのが寄生虫（主にアニサキス）食中毒である。アニサキス，カンピロバクター・ジェジュニ / コリを原因とする件数が多いが，患者数で見るとノロウイルスを原因とする場合が圧倒的に多い。

食中毒の特徴として，ウエルシュ菌食中毒は大型化しやすく，事件数に比べ患者数が多くなる傾向（1 件あたり 53 名程度）にある。カンピロバクター食中毒は 1 件あたり 7 名程度，アニサキスは 1 件当たり 1 名程度で発生している（いずれも 2019 年の統計から）。

食中毒の原因となる食品を件数でみると，魚介類が最も多く 1/4 の割合を占めている。次いで，肉類及びその加工品，複合調理食品と続く（**表 4.3**）。また，食中毒の原因となった施設別でみると，飲食店が約半数以上を占め，次いで家庭，販売所となっている（**表 4.4**）。

4.1.3　感染症（法）と食中毒

1897 年（明治 30 年）に制定された伝染病予防法にかわり，1999 年 4 月「感染症の予防及び感染症の患者に対する医療に関する法律」（感染症法）が施行された。感染症法では，感染症を一～五類に分類している。微生物性食中毒および寄生虫による食中毒は，食中毒であると同時に感染症でもある。主な微生物性食中毒および寄生虫による食中毒の感染症法における分類を**表 4.5** に示す。

表 4.5　感染症法に規定されている主な食中毒関連疾患

二類感染症	結核菌（未殺菌乳）
三類感染症	細菌性赤痢，コレラ，腸チフス，パラチフス（状況に応じて入院），腸管出血性大腸菌感染症（特定職種への就業制限）
四類感染症	ボツリヌス症，炭疽，ウイルス性肝炎（A,E）型，ブルセラ症，野兎病，エキノコックス症，Q 熱，高病原性鳥インフルエンザ，など
五類感染症	感染性胃腸炎（食中毒を含む），アメーバ赤痢，A 型溶血性レンサ球菌咽頭炎，クリプトスポリジウム症，ジアルジア症（寄生虫），など

4.2　細菌性食中毒

食中毒統計で細菌性食中毒は，①サルモネラ属菌，②ブドウ球菌，③ボツリヌス菌，④腸炎ビブリオ，⑤腸管出血性大腸菌，⑥その他の病原大腸菌，⑦ウエルシュ菌，⑧セレウス菌，⑨エルシニア・エンテロコリチカ，⑩カンピロバクター・ジェジュニ / コリ，⑪ナグビブリオ，⑫コレラ菌，⑬赤痢菌，⑭チフス菌，⑮パラチフス A 菌，⑯その他の細菌（エロモナス・ヒドロフィラ，エロモナス・ソブリア，プレシオモナス・シゲロイデス，ビブリオ・フルビアリス，リステリア・モノサイトゲネス等）別に記載されている。その他の細菌でまとめられている理由は，それら細菌による発症菌数が少ないためである。ただし，リステリア・モノサイトゲネスは，日本での発症菌数は少ないものの，欧米では多発しており，注目を集めている食中毒原因菌である。

細菌性食中毒は，発症機序の違いにより，感染侵入型，感染毒素型，食品毒素型に分類される。それぞれの型に対応する原因菌と発症機序を**表 4.6** に示した。

表 4.6　主要な細菌性食中毒の分類

			感染侵入型	感染毒素型	食品毒素型
原因菌	グラム陽性菌	芽胞形成あり	—	ウエルシュ菌，下痢型セレウス菌	ボツリヌス菌， 嘔吐型セレウス菌
		芽胞形成なし	—	リステリア	黄色ブドウ球菌
	グラム陰性菌		サルモネラ属菌，エルシニア，腸管病原性大腸菌，腸管侵入型大腸菌	腸炎ビブリオ，ナグビブリオ，腸管毒素性大腸菌，腸管出血性大腸菌，腸管凝集性大腸菌，カンピロバクター・ジェジュニ／コリ，その他	—
発症機序			食品に付着 →食品で増殖 →摂取 →腸管内で増殖 →腸管上皮細胞の破壊	食品に付着 →食品で増殖※ →摂取 →腸管内で増殖※ →毒素産生 →腸管上皮細胞の破壊 ※グラム陽性菌の場合は，一般に腸管内での増殖は少なめのため，食品での増殖が発症に影響する。グラム陰性菌の場合は，腸管内で増殖しやすく潜伏期間が比較的長めとなる場合が多い。	食品に付着 →食品で増殖 →毒素産生 →摂取 →腸管上皮細胞の破壊

4.3　感染性食中毒

4.3.1　感染性食中毒の特徴

感染性食中毒は，食品を汚染した細菌が消化管内で増殖し，消化管の上皮細胞などに付着または侵入し，食中毒症状を引き起こす感染侵入型（感染型）食中毒（**表 4.7**）と，細菌が消化管内で増殖後，毒素を生成し，その毒素により食中毒症状を引き起こす感染毒素型（生体内毒素型）食中毒（**表 4.8**）の 2 つに分けられる。どちらの食中毒も消化管内で細菌が活動することが共通していることから，一般に，感染性食中毒を引き起こす細菌は，消化管内で生育しやすいグラム陰性菌が多く，反対に構造上，すなわち，細胞壁におけるグラム陽性菌の厚いペプチドグルカン層とグラム陰性菌の薄いペプチドグルカン層およびリポ多糖の存在の違いにより，消化管内で生育しにくいグラム陽性菌は感染性の食中毒を起こしにくい。感染性食中毒は，症状を起こすには消化管内で活動する時間が必要であるために，摂食から食中毒症状があらわれるまでの潜伏期間が長い傾向があり，おおよそ半日から 7 日程度の範囲である。また，症状の特徴としては，主に嘔吐や下痢など消化器系の症状であるが，グラム陰性菌が原因菌の場合は発熱を伴うことも多い。

表 4.7　主な感染侵入型食中毒の特徴

	特徴	原因食品	潜伏期間	症状	最少発症菌数
Salmonella Typhimurium	乾燥に強い	肉類とその加工品	12 ～ 72 時間	下痢，頭痛，発熱，嘔吐	100 ～ 1,000 個
Salmonella Enteritidis	低温保存で菌数減少	卵類とその加工品	12 ～ 48 時間		
Yersinia enterocolitica	10℃以下でも増殖可能	家畜（特に豚）	3 ～ 7 日	発熱，下痢，腹痛	10^9 個
EPEC	細胞吸着性	人，動物の糞便，乳，食肉，食鳥肉	12 ～ 72 時間	発熱，倦怠感，嘔吐 幼児は脱水症状	10^6 ～ 10^8 個
ETEC	細胞侵入性	人，動物の糞便，乳，食肉，食鳥肉	12 ～ 72 時間	下痢，発熱，腹痛 重症化で血便	10^6 ～ 10^8 個

表 4.8　主な感染毒素型食中毒の特徴

	特徴	原因食品	潜伏期間	症状	最少発症菌数
Vibrio parahaemolyticus	好塩性（3%程度） 耐熱性溶血毒，神奈川現象	海産魚介類	8 ～ 24 時間	下痢，発熱	10^7 ～ 10^9 個
Campylobacter jejuni/coli	微好気性（5 ～ 15%酸素濃度） ギランバレー症候群 生育温度域：30 ～ 46℃	鶏肉	2 ～ 7 日間	下痢，腹痛，発熱，頭痛，嘔吐	数 100 個程度
Clostridium perfringens	偏性嫌気性，芽胞形成 芽胞形成時にエンテロトキシン産生 土壌に存在	大量調理したシチュー，煮物	6 ～ 18 時間	水様性下痢	10^6 個以上
Bacillus cereus	芽胞：耐熱性				
嘔吐型[注)]	毒素：セレウリド（耐熱性）	米飯類	1 ～ 5 時間	嘔吐	10^5 個以上
下痢型	毒素：エンテロトキシン（易熱性）	肉類，スープ類	8 ～ 20 時間	下痢	10^5 個以上
ETEC	毒素：易熱性と耐熱性の 2 種を産生	人，動物の糞便，乳，食肉，食鳥肉	12 ～ 72 時間	腹痛，下痢（水様性）	10^6 ～ 10^8 個
EHEC	ベロ毒素産生 溶血性尿毒症症候群（HUS） 第三類感染症 ヒトからヒトへの二次感染	牛肉，野菜サラダ等多岐にわたる（発症菌数が少ないため二次汚染による）	2 ～ 7 日	下痢（血便），腹痛	10 ～ 100 個
Listeria monocytogenes	4℃で増殖 耐塩性（12%食塩） リステリア症（敗血症や髄膜炎）を引き起こす	チーズ等の乳製品，食肉類（生ハム），魚介類	数時間から数か月	悪寒，発熱，下痢 妊婦の場合，流産になる可能性がある	10^3 ～ 10^6 個（健常者とハイリスクグループで異なる）

注）嘔吐型は，食品毒素型に分類される。

4.3.2　感染侵入型食中毒の原因となる細菌

(1) サルモネラ属菌（*Salmonella*）

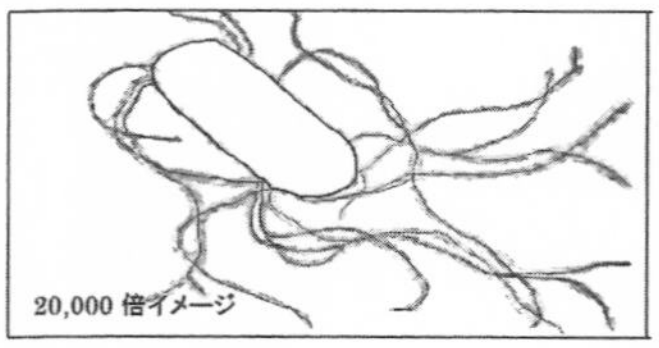

1）特　徴

通性嫌気性，グラム陰性，無芽胞性の桿菌である。腸内細菌科に属する細菌で，主に哺乳類，鳥類，爬虫類などの腸管に分布する。サルモネラ菌による感染症は，人獣共通感染症である。サルモネラ属菌は，**豚コレラ**[*1]に罹患したブタから1885年SalmonとSmithにより分離され，後に*Salmonella*と名付けられた。1888年Gartner[*2]により，集団食中毒の死亡患者から本菌の1種である*Salmonella* Enteritidis（*S.* Enteritidis：腸炎菌）が分離され，食中毒の原因細菌であることが判明した。サルモネラ属菌は，*S. enterica*と*S. bongori*の2種に分けられる。このうち*S. enterica*は6亜種に分けられ，その一つの亜種*S. enterica* subsp. *enterica*は，さらに血清型[*3]により，*S.* Cholerasuis（ブタコレラ菌），*S.* Typhi（**チフス菌**[*4]），*S.* Paratyphi-A（**パラチフス菌**[*5]），*S.* Typhimurium（ネズミチフス菌），*S.* Enteritidisなどに分類される。この6つは，サルモネラ属菌の中でヒトに対し病原性をもつ代表的な血清型である。現在では，サルモネラ食中毒事故からの分離株では*S.* Enteritidisが最も多いが，1988年ごろまでは*S.* Typhimuriumが多かった。回腸の上皮細胞を破壊して上皮組織に侵入し腸炎を発症させ，発熱を伴うことが多い。20℃以上でよく増殖し，乾燥に抵抗性を示す。最少発症菌数は10万個以上であるが，場合によっては100個程度でも感染する。

2）症　状

S. Typhimuriumの場合，潜伏期間は12～72時間で症状は発熱，頭痛，下痢，嘔吐などで，下痢は水様で時には粘膜や血液が混じる場合がある。成人は胃腸炎程度であるが，小児や高齢者は敗血症に至る場合がある。

S. Enteritidisの場合，潜伏期間は平均12時間（12～48時間）程度で，症状は*S.* Typhimuriumの場合と同様である。

3）経　路

S. Typhimuriumは，鶏肉，豚肉，牛肉とその加工品，チョコレートなどの菓子類を汚染している。2008（平成20）年度の調査結果では鶏肉（30検体）のサルモネラ汚染率47%でそのうち*S.* Typhimuriumは10%であった。

S. Enteritidisの鶏卵における汚染率は0.03%であるが，未殺菌液卵の汚染率は4%である。したがって，未殺菌液卵を使用する場合には十分な加熱処理が必要である。なお，殺菌液卵からはサルモネラは検出されていない。

4）対　策

グラム陰性で芽胞を形成しないことから熱に弱く，十分な加熱処理（75℃，1分以上の加熱）で予防できる。また，低温で保存し，菌の増殖を抑制することも重要となる。殺菌液卵については，25g中サルモネラ属菌0個の規格がある，さらに，食品衛生法施行規則では，殻付き卵について生食用等の表示基準が，液卵については殺菌方法等の表示基準が定められている。

*1 **豚コレラ**　豚コレラの原因はウイルスであり，この時に分離されたサルモネラ属菌が原因ではない。

*2 **Gartnerの発見**　サルモネラ属菌が食中毒の原因菌である，という発見は，食中毒が細菌によって起こることを人類史上初めて明らかにした発見であった。

*3 **サルモネラ属菌の血清型**　サルモネラ属菌は，O抗原（細胞壁のリポ多糖）とH抗原（鞭毛の易熱性タンパク質）の組み合わせで，2,500種類以上の血清型に分けられる。Kaufmann-Whiteの分類として知られている。

*4, 5 **チフス菌とパラチフス菌**　第4章4.6.1参照。

(2) エルシニア菌

(*Yersinia enterocolitica, Y.e.* ／ *Yersinia pseudotuberculosis, Y.p.*)

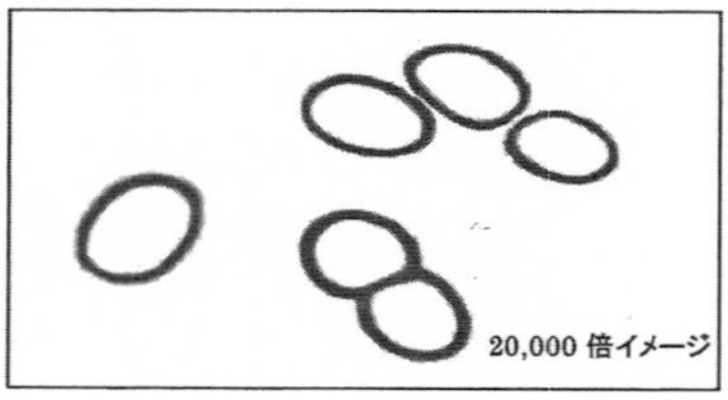

1) 特　徴

通性嫌気性，グラム陰性，無芽胞性桿菌である。生育至適温度は28～29℃であるが，0～5℃でも増殖できる低温細菌である。エルシニア菌（*Y.e.*, *Y.p.*）は，ペスト菌（*Yersinia pestis*）と近縁の細菌で，腸内細菌科に属し，動物の腸管などに生息する。家畜では特にブタで保菌率が高い。本菌による感染症は，人獣共通感染症である。

2) 症　状

エルシニア食中毒の症状は，細菌の腸管上皮細胞への付着，侵入，サイトカインの過剰産生の誘導などが原因となり，発熱や胃腸炎がみられる。原因菌が *Y.e.* の場合，虫垂炎もよくみられる。*Y.p.* は重症化しやすく，発熱，苺舌，頸部リンパ腫大，咽頭炎，急性腎不全，結節性紅斑，敗血症などもみられる。

3) 経　路

感染侵入型の食中毒で，**世代時間***は40分と増殖速度が遅めであることから，潜伏期間は2～20日間と長めで幅も大きい。

***世代時間**　細菌が1回分裂するのに必要とされる時間

腸内細菌科の細菌であり，動物の糞便（ペット動物に注意）に汚染された水やブタ肉，それらから二次汚染された食品などから感染する。わが国では，加工乳およびリンゴサラダによる食中毒がある。わが国で生産された豚肉の本菌による汚染率は82％（1990年前半）である。最少発症菌数は10^9個程度とされている。

4) 対　策

低温でも増殖する特徴があるため，冷蔵保存は短期間にとどめ，長期保存する場合は冷凍保存とする。グラム陰性・無芽胞性で加熱に弱いため，十分な加熱調理（75℃，1分以上の加熱）を行う。また，低温の水中では長期間生残することが知られており，井戸水を使用しないことも肝要である。

(3) 病原性大腸菌（下痢原性大腸菌）

大腸菌（*Escherichia coli*）とは，腸内細菌科に属するグラム陰性，無芽胞性桿菌で，ヒトや動物の大腸内に常在している。大腸菌は通常病原性を有しないが，特異な病原性遺伝子を保有し，特定の疾病を惹起する大腸菌を病原性大腸菌と呼ぶ。病原性大腸菌は下痢原性大腸菌と腸管外病原性大腸菌に大別され，さらに下痢原性大腸菌は少なくとも，下記の6種に分けられる。

① 腸管病原性大腸菌：Enteropathogenic *E. coli*（EPEC）
② 腸管侵入性大腸菌：Enteroinvasive *E. coli*（EIEC）
③ 腸管毒素原性大腸菌：Enterotoxigenic *E. coli*（ETEC）
④ 腸管出血性大腸菌（ベロ毒素産生性大腸菌，志賀毒素産生大腸菌）：Enterohemorrhagic *E. coli*（EHEC），Verotoxin-producing *E. coli*（VTEC），Shigatoxin-producing *E. coli*（STEC）
⑤ 腸管凝集性大腸菌：Enteroaggregative *E. coli*（EAggEC）
⑥ びまん付着性大腸菌：Diffusely adherent *E. coli*（DAEC）

これらのうちETECとEHECは感染毒素型であり，EAggECとDAECも病原性は不明であるが，腸管内でエンテロトキシンや分泌性毒素を産生し発症すると考えられている。

(4) 腸管病原性大腸菌（EPEC：Enteropathogenic *Escherichia coli*）

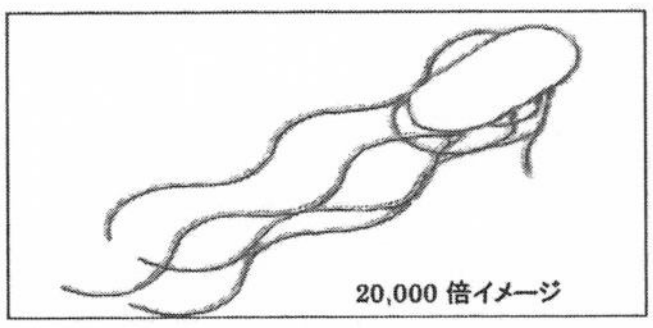

1) 特　徴

EPECは，小腸粘膜上皮細胞に接着（限局型接着，**図4.2**参照），密生することにより，栄養素を吸収する働きのある微絨毛を破壊するとともに，上皮細胞を破壊・変形させることによりサルモネラ食中毒と似た下痢症状を引き起こす。

また，EPECによる食中毒の発生は発展途上国で多く，特に乳幼児下痢症の原因菌（35％程度）として知られている。日本やその他先進国では少ないが，まれに散発下痢症の原因菌として分離される。

2) 症　状

潜伏期間は半日～3日程度である。乳幼児で発症しやすく，成人では少ない。また，保育園等での接触感染による集団食中毒が報告されている。最少発症菌数は10^6～10^8である。

3) 経　路

保菌者や家畜などの糞便に汚染された生水や食品から感染する。

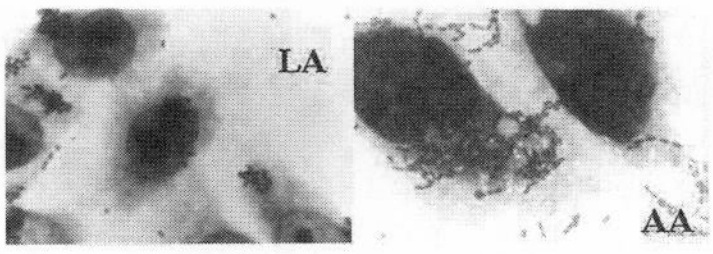

図4.2　グラム染色による下痢原性大腸菌（左：EPEC，右：EAEC）の培養細胞に接着している様子（LA［localized adhesion］：限局型接着，AA［aggregative adhesion］：凝集型接着）

出所）国立感染症研究所：下痢原性大腸菌感染症とは，https://www.niid.go.jp/niid/ja/kansennohanashi/399-ecoli-intro.html（2021/05/08）

4）対　策

加熱に弱いため，十分な加熱処理（75℃，1分以上の加熱）を行う。また，接触感染が起こることが知られているので二次汚染にも注意する必要がある。

(5) 腸管侵入性大腸菌（EIEC：Enteroinvasive *Escherichia coli*）

1）特　徴

EIECは，坂崎利一博士によりはじめて報告された病原性大腸菌の一つで，大腸粘膜の上皮細胞に侵入し，増殖しながら隣接細胞に広がり，潰瘍性の炎症を引き起こすことから腸管侵入性大腸菌と呼ばれている。

2）症　状

潜伏期間は1～5日間である。症状は，下痢，嘔吐，発熱などで，赤痢様の血便が高頻度で起こることが特徴の一つである。衛生状態の悪い地域で食中毒が発生しやすく，先進国では少ない。最少発症菌数は10^6～10^8である。

3）経　路

汚染された生水や食品から感染する。

4）対　策

グラム陰性・無芽胞性細菌で加熱に弱いため，十分な加熱処理を行う。また，増殖抑制のために食品を低温で維持する。

4.3.3　感染毒素型食中毒の原因となる細菌

(1) 腸炎ビブリオ（*Vibrio parahaemolyticus*）

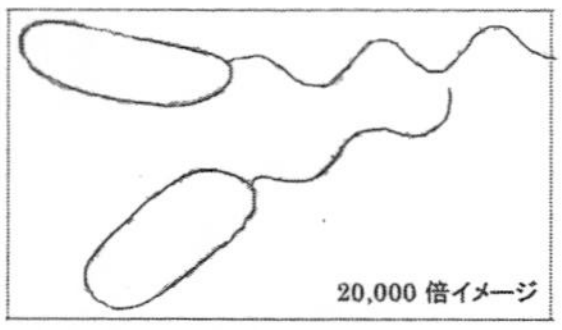

1）特　徴

通性嫌気性，グラム陰性，無芽胞性桿菌である。海に生息する好塩細菌で，弱アルカリ性の環境を好み，塩分濃度が1～10%で生育することができる。塩分濃度が10%を超えると生育できず，真水では死滅する。低温やpHの低い環境ではほとんど増殖しないことから，腸炎ビブリオ食中毒は夏場に多く発生する。腸炎ビブリオ菌は，1950年に大阪で発生したシラス干し食中毒事件の原因菌として藤野恒三郎らによって発見された。また，腸炎ビブリオ菌は，食品とともに摂取され腸管に到達すると上皮細胞に定着し，毒素を産生する。産生される主要な毒素は，耐熱性溶血毒（TDH：Thermostable direct hemolysin）とよばれ，赤血球や腸管上皮細胞などに孔を開けることで，その細胞を破壊する。また，TDHは産生せず，耐熱性溶血毒類似毒素（TRH：TDH-related hemolysin）を産生する菌も存在する。近年の食中毒原因の主流をしめるのは，血清型 O3:K6 や O4:K68 である。

2) 症　状

潜伏期間は，感染型食中毒のなかでは短く，半日程度である。主な症状は，下痢，嘔吐および腹痛である。下痢は，水様性の便で，稀に血便を伴うこともある。

3) 経　路

主に加熱してない生鮮海産魚介類からの感染が多い。海産魚介類以外でも調理器具等を介した二次感染もある。海産魚介類から漬物が汚染され，原因食品となった例もある。

4) 対　策

真水（水道水など）で十分洗う。また塩分濃度を 10％以上にする。輸送，保管時など，常に低温（5℃以下ではほとんど増殖しない）を保つことと，十分な加熱処理（65℃，1分以上）を行うことである。また，法律で本菌の生食用生鮮魚介類の基準は1gあたり 100 個以下と定められていることから，近年における食中毒発生件数は少なくなっている（2019 年の発生件数は0件）。また，まな板等を介した二次汚染に注意する必要がある。

本菌は食中毒原因菌のなかで，増殖速度が最も速い細菌で，条件が揃えば，約 10 分（通常の細菌は 20 ～ 30 分）で分裂・増殖する。したがって，刺身等は提供されてから2時間以内に喫食することが肝要である。

(2) ナグビブリオ（***Vibrio cholerae*** **non-O1, non-O139/** ***Vibrio mimicus***）

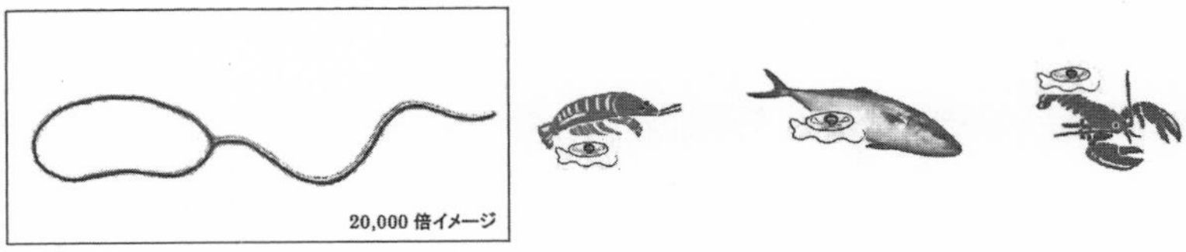

1) 特　徴

通性嫌気性，グラム陰性，無芽胞性桿菌である。コレラ菌（*V. cholerae*）は，菌体外膜の O 抗原の型により 210 種類以上に分けられる。O 抗原の型が O1 と O139 のコレラ菌を除いた種類を *V. cholerae* non-O1, non-O139 といい，近縁種の *V. mimicus* とともにナグビブリオ（non-agglutinable *Vibrio**）とよぶ。ナグビブリオは，同じビブリオ属の腸炎ビブリオと同様に，好塩細菌で海に生息するが，海水よりも塩分濃度の低い河川が流入する汽水域を好み，また水温が高くなる夏季に菌数が増え食中毒の原因となりやすい。東南アジア，アフリカ，南米などコレラ流行地ではナグビブリオ食中毒は日常的にみられ，日本や欧米では散発的に発生する。腸管内で生成する毒素は，コレラ毒素，耐熱性エンテロトキシン，腸炎ビブリオの耐熱性溶血毒類似毒素，赤痢菌の

＊ **non-agglutinable *Viblio***　直訳すると非凝集性ビブリオで，抗体 O1 と O139 に凝集しないビブリオ，という意味である。

志賀毒素様毒素などである。主症状は水様性下痢と嘔吐であり，発熱や粘血便がみられることもある。

2）経路および症状

潜伏期間は半日から１日程度であり，症状は水様性下痢と嘔吐が主症状である。主要な汚染食品は，沿岸地域に生息する魚介類である。生または加熱不足の汚染された魚介類の摂取により感染する。輸入魚介類におけるナグビブリオの汚染率は37％程度であるが，汚染菌数は少なく（10^3/100g 以下），最少発症菌数（10^6 個）を下回ることから食中毒の心配はない。

3）対　策

生食用の魚介類とその加工品は，製造，流通，調理の全過程で，８℃以下に保つ。加熱用の食品は，十分な加熱処理を行う。二次汚染を防ぐため，まな板，包丁，その他の調理器具は熱湯消毒などで，十分殺菌する。生体防御機能が低下している胃切除者や免疫不全者は，感染率や重症化率が高いため生食を避ける。

(3) カンピロバクター・ジェジュニ / カンピロバクター・コリ（*Campylobacter jejuni/Campylobacter coli*）

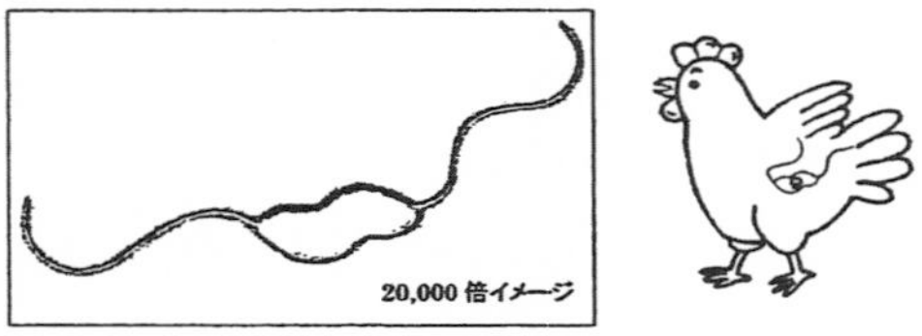

1）特　徴

微好気性＊，グラム陰性，無芽胞性のらせん菌である。カンピロバクターは，カンピロバクター・ジェジュニ（*C. jejuni*）とカンピロバクター・コリ（*C. coli*）を含め 25 種類以上の菌種が知られている。主に動物の腸管内に分布し，古くは家畜の下痢や流産の原因菌として知られていた。ヒトの食中毒症状の原因菌として注目されたのは，1970 年代に入ってからであり，日本では 1982 年に *C. jejuni* と *C. coli* が食中毒菌として指定された。カンピロバクター食中毒のうち，原因菌として特定されるのは，ほとんどが *C. jejuni* で，残り数％が *C. coli* である。経口感染すると，腸管内で増殖し，上皮細胞に接着，侵入，または毒素を生成することで炎症を引き起こす。主な症状は，腹痛，下痢であるが，発熱を伴うことも多い。致死率は低めである。本菌による感染症は，人獣共通感染症である。エネルギー源として糖質は利用せず，アミノ酸や有機酸を利用する。少量の感染（数百個 /g）でも発症する，微好気性のため大気中で死滅しやすい，潜伏期間が長く，食中毒の原因として特定することが困難な細菌の一つである。食中毒の特徴としては，発生件数に対す

＊微好気性細菌　酸素濃度が，５～15％程度の環境下で生育できる。大気の酸素濃度は約21％であるため，大気中で増殖できない。

る患者数が低いことである（約6人/件）。また，重症化すると**ギランバレー症候群***を発症することがある。

＊ギランバレー症候群　末梢神経が障害を受け，脱力，しびれ，痛みなどの症状を示す。重症化する場合もある。

2）症　状

発熱，倦怠感，頭痛などの後に，下痢，嘔吐，腹痛がある。また，下痢は血便が高頻度でみられる。

3）経　路

動物，特に鶏における保菌率が高く，生または加熱不足の鶏肉が主な感染食品である。鶏における本菌の保有率（20～80%）は夏場に高くなっている。また，鶏肉の汚染率は60～100%である。一方，豚挽肉・牛挽肉で0.3%の汚染率である。その他，食肉，乳製品からの感染もみられる。また，生肉や調理器具等からの二次汚染により，野菜が原因食品となった例もある。

4）対　策

グラム陰性・無芽胞性細菌で加熱に弱いため，十分な加熱処理を行う。また，食品を低温で保持し，菌の増殖を抑制する。

(4) 腸管毒素原性大腸菌（ETEC）

開発途上国で深刻な乳幼児下痢症の主要な病原体の一つ。また，先進国の旅行者が開発途上国で感染する旅行者下痢症の主要な病原体でもある。コレラ毒素に類似したエンテロトキシンを産生し，60℃，10分の加熱で失活する易熱性エンテロトキシン（LT）と100℃，30分の加熱に耐える耐熱性エンテロトキシン（ST）の2種類がある。エンテロトキシンにより，腸管上皮細胞が破壊されコレラのような激しい水様性の下痢を起こす。潜伏期間は12～72時間である。

(5) 腸管出血性大腸菌（EHEC）

1）特　徴

1982年に米国のオレゴン州とミシガン州で発生したハンバーガーによる食中毒において，その原因菌として，それまで知られていなかった新しいタイプの大腸菌O157:H7が分離されたのが最初である。本菌はベロ毒素（志賀毒素）という病原毒素を産生することが確認されたことから，最近でO157:H7を含め，O26，O111，O128など，本毒素を産生する菌はすべてベロ毒素産生性大腸菌（志賀毒素産生性大腸菌）と総称するようになった。本菌による食中毒の症状は，腹痛を伴う水様性下痢が1～2日続いた後，鮮血様下痢（出血性大腸炎）となる。これに風邪様症状が伴い，悪寒，軽い悪心，嘔吐，発熱，上気道感染が約半数でみられる。数日～2週間以内に6～8%の患者がベロ毒素による溶血性尿毒症症候群（HUS：hemolytic uremic syndrome）が起こり，乏尿，溶血性貧血，血小板減少，尿潜血反応などがみられる。本菌のなかでもO157:H7は一般に病原性が強く，少量菌（10～数百個）

でも感染が起こり，感受性の高い幼・小児，高齢者や，免疫不全などの基礎疾患をもつヒトではその症状も一般に重症で，2週間～数か月の入院加療を必要とする症例も数多く報告されている。また，HUSを併発して死に至る例も少なくないので，注意を要する。牛レバーの組織内からも本菌が検出されており，牛レバーの生食は禁止されている。1996年に大阪府堺市で発生した食中毒では17,877名の患者が発生，12名が死亡している。本菌は感染症法では，第三類に属する。

2）経　路

1997～2003年までにEHECが分離された78件の事例の原因食品をみると，カイワレ大根，キャベツ，牛レバー，ハンバーグ，うどん，和風キムチ，飲料水，井戸水など，さまざまな食品，食材からEHECが分離されている。2004～2006年にわが国のと畜場に搬入された牛のEHEC保菌状況を調べた成績ではEHEC O157およびO26の保菌率は，それぞれ14.4%および1.5%と報告されており，牛を起点とする汚染拡大の可能性は依然として否定できない。米国，豪州，EUでも牛枝肉，牛挽肉，牛乳，チーズなどの牛関連食品の他，芽野菜や食用の貝類などからもEHECが分離されている。一方，大腸菌は65℃以上の加熱で容易に死滅する。牛乳中のEHEC O157:H7は64.5℃，16秒の加熱処理で死滅する。食品の中心温度が75℃，1分以上の加熱により，病原性大腸菌などの食中毒菌は死滅するといわれている。

3）対　策

調理者の手は逆性石けんなどで十分消毒する。調理器具は熱湯消毒する。食品の中心部を75℃以上で1分間以上加熱する。二次汚染防止のため，包丁，まな板は下処理用と仕上げ用に区別する。飲料水などの汚染による水系感染の起こることも報告されていることから，生水は煮沸後に飲む。食材や完成献立は冷蔵庫で保存する。EHECはヒト間の伝播があり，用便後と喫食前の手消毒を励行する。患者とは風呂を別にし，原則シャワーとする。患者糞便のついた衣類は逆性石けん，アルコール，次亜塩素酸などで消毒し，別に洗濯する。

（6）腸管凝集性大腸菌（EAggEC）

1985年に，旅行者下痢症の患者からEPECとよく似た付着特性をもつ菌（血清型O78:H33，菌株名211株）が分離された。1987年に詳細な細胞付着実験が行われた結果，本株が新しい付着パターン（aggregative adherence）を示すことが分かり，1989年からEAggECと呼ばれるようになった。開発途上国で深刻な乳幼児の持続性水様下痢と関連しており，旅行者下痢症の原因菌でもある。また，AIDS患者の慢性下痢とも関連している。プラスミド性の凝集付着性線毛（AAF/I：aggregative adherence fimbriae/I）により宿主粘膜に定着したEAggECは，至近距離からエンテロトキシンを作用させて下痢を惹起すると考えられている。エンテロトキシンはEAST1とPetの2種類が報告されており，約50%のEAggECはEAST1を産生する。30%では血性下痢を認める。

(7) びまん付着性大腸菌（DAEC）

1985年にHEp-2細胞とHeLa細胞に対する付着性がEPECの限局性付着（localized adherence）とは明らかに区別できる，びまん性付着（diffuse adherence）であることが示された菌株が発見された。先進国では原因が特定できない腸管病原体の大部分を占めると推察されている。非線毛性のAfa-Drアドヘジンによる付着と分泌性毒素（Sat：Secreted autotransporter toxin）の作用により透過性の亢進が起こると考えられており，これらの作用により，血便を伴わない水様下痢を引き起こす。

(8) ウエルシュ菌（*Clostridium perfringens*）

1) 特　徴

ウエルシュ菌は，芽胞を形成する偏性嫌気性のグラム陽性桿菌で，ヒトや動物の腸管内，土壌，下水，食品または塵埃（じんあい）など自然界に広く分布している。ウエルシュ菌は産生する毒素であるエンテロトキシン（腸管毒）によってA型からE型までの5種類に分類されるが，食中毒を引き起こす菌のほとんどはA型ウエルシュ菌に属する。自然界に分布するウエルシュ菌は，易熱性芽胞（100℃数分で死滅）を形成するものが多いが，食中毒は主に耐熱性芽胞（100℃で1～6時間でも生残）を形成する菌によって引き起こされる。ウエルシュ菌は，嫌気性菌の中では比較的低い嫌気度（沸騰程度）でも増殖し，12～50℃の広範囲の温度域（至適温度43～45℃）で増殖することが知られている。増殖速度は速く至適条件で世代時間10～12分である。食品中での菌量が多いと胃酸に耐えて腸管に達する。ウエルシュ菌の産生するエンテロトキシンは易熱性のタンパク質で，熱（60℃，10分）や酸（pH4以下）で容易に不活化される。

2) 症　状

10^8cfu/g以上の栄養型菌摂取で菌が空腸に達し，増殖して芽胞をつくるときにエンテロトキシン（腸管毒）を産生する。ウエルシュ菌食中毒はこのエンテロトキシンの作用により胃腸炎の症状が起こる感染毒素型（生体内毒素型）食中毒で，6～18時間（平均10時間）の潜伏期間の後，主に腹痛と下痢等の症状を起こすが，発熱や嘔吐はほとんどみられない。ほとんどの場合，発症後1～2日で回復するが，基礎疾患のある患者，特に子供や高齢者ではまれに重症化することが知られている。

3）経　路

ウエルシュ菌食中毒の原因食品としては，カレー，シチュー，およびパーティー・旅館での複合調理食品によるものが多く，特に食肉，魚介類および野菜類を使用した煮物や大量調理食品で多くみられる。これらの食品中では，加熱調理後，そのまま放置することによって，ウエルシュ菌が 10^6 ～ 10^7cfu/g まで増殖する。この過程では，①加熱調理により共存細菌の多くは死滅するが熱抵抗性の高いエンテロトキシン産生ウエルシュ菌の芽胞のみが残存すること，②加熱により芽胞の形成が促進されること，③加熱により食品内に含まれる酸素が追い出されること，⑤緩慢に冷却すると本菌は 55℃位から急速に増殖すること，が知られている。原因施設としては，飲食店，仕出屋および旅館など大量に調理する施設で多くみられる。

4）対　策

ウエルシュ菌は自然界の常在菌であるため，食品への汚染を根絶することは不可能であるが，発症には多くの菌量が必要とされるため，加熱殺菌（温め直しなどの再加熱による発芽細菌の殺菌およびエンテロトキシンの不活化）と増殖阻止（調理後の速やかな喫食，小分けと 10℃以下又は 55℃以上の温度での保存）が感染防止のための最も有効な手段となる。

(9) リステリア菌（*Listeria monocytogenes*）

1）特　徴

リステリア症を起こすリステリア菌は通性嫌気性で芽胞を形成しないグラム陽性短桿菌である。1980 年代以降，牛乳，チーズなどの食品を介してリステリア症の集団発生が欧米諸国で相次ぎ，重要な食品媒介感染症の一つとして捉えられるようになった。本菌は土壌や河川等の自然環境中や動物の腸管内に広く生息しており，感染動物との接触や，その糞便に汚染された土壌，農業用水，サイレージ等を通じて野菜や食肉，乳が汚染され，これらの食品を介してヒトに感染する。また，食品製造工場における二次汚染も大きな要因となっている。発育可能温度域は－0.4 ～ 45℃と幅広く，低温下でも増殖可能で，食塩耐性があり乾燥にも強い。

2）症　状

潜伏期間は１日～３か月で，健康な成人の場合には感染しても軽い胃腸炎症状や無症状であることも多いが，高齢者，免疫不全者，乳幼児等は髄膜炎や敗血症など，重篤な症状に陥ることもあり，致死率も 20 ～ 30％と非常に高い。また，妊婦は流産や早産，死産の原因となる。本菌のつくる溶血因子リステリオリシンＯ（listeriolysin O）が髄膜炎や敗血症の病原性と関係する。

3）経　路

本菌は通常の加熱調理条件で死滅するが，低温増殖性を有し冷蔵庫内の温度でも増殖することが可能なため，消費者が購入後に加熱調理をしない非加熱喫食食品（スモークサーモン等の燻製魚介類，チーズ，サラダなど）を介して食中毒を起こす。わが国においては，リステリア症が多発している欧米諸国と同様に，市販の非加熱喫食食品（ready to eat 食品）におけるリステリア汚染が確認されている。特に燻製魚介類，ネギトロ，魚卵製品（明太子，筋子，たらこ）においては汚染率の高さが注目される。

4）対　策

本菌は低温下でも増殖するため，保存時は4℃以下として長期間保存を避け，喫食前に加熱（70℃以上）することが重要である。妊婦などのハイリスクグループに属する人々はリステリア菌の汚染が報告されている食品をできるだけ避けることなどが重要である。

4.4　毒素型食中毒

毒素型食中毒（食品毒素型，食物内毒素型ともよばれる）は，食品に付着した細菌が食品中で増殖し，その間に産生された毒素を摂取することによって起こる食中毒である。したがって感染型に比べて潜伏期間が短いのが特徴である。また，グラム陽性菌が起因菌になっている。一般的にグラム陰性菌の細胞壁は薄いが密にできているため，物質の細胞からの流出あるいは外部から細胞への流入は起こりにくくなっている。一方，グラム陽性菌の細胞壁は厚いが疎にできているため，流入・流出が起こりやすい。したがって，細胞内で生成された毒素が流出，細胞外（食品）に蓄積され，それが食中毒の原因となる。同様に，殺菌剤等の薬剤に対してもグラム陰性菌は強く，グラム陽性菌は弱い。

表 4.9　主な毒素型食中毒の特徴

	特徴	原因食品	潜伏期間	症状	最少発症菌数
Stapylococcus aureus	耐塩性（15%食塩存在下で増殖） エンテロトキシン：耐熱性 100℃ 30分でも安定	おにぎり，漬物，人（化膿巣）	0.5～6時間	嘔吐，腹痛，下痢（無熱）	10^5～10^6 個
Clostridium botulinum	芽胞：耐熱性 毒素：易熱性 偏性嫌気性菌，土壌に存在	嫌気的食品（ハム，いずし，真空調理食品）	12～48時間	呼吸困難，嚥下不良，死に至る場合がある。	10^2～10^3 個

(1) 黄色ブドウ球菌（*Stapylococcus aureus*）

1）特　徴

黄色ブドウ球菌は，通性嫌気性，グラム陽性の球菌である。ヒトを取り巻く環境中に広く分布し，健常人の鼻腔，咽頭，腸管等にも生息しており，その保菌率は約40%と報告されている。また，化膿菌の一つとしても知られており，手指等の傷口から感染して化膿巣を形成する。この化膿巣には本菌が多量に存在しているため，食品取扱者を介した食品汚染の機会は高くなっている。本菌は家畜を含むほ乳類，鳥類にも広く分布しており，牛乳房炎の起因菌の一つでもある。65℃，30分の加熱で死滅し，5～48℃の温度域で増殖（至適増殖温度：30～37℃）する。また，耐塩性であり7.5～18％の食塩濃度でも増殖する。2000年に低脂肪乳を原因とする食中毒（患者数14,780名）は本菌のエンテロトキシンが原因である。

2）症　状

ブドウ球菌食中毒では潜伏期間が0.5～6時間（平均3時間）と短く，悪心（おしん），嘔吐，下痢，腹痛などの臨床症状がみられる。下痢は通常水様性で，発熱することはまれである。また，重症例では，下痢や嘔吐が激しく，脱水症状を呈し，急激に衰弱をきたすこともある。一般的に経過は短く，1～2日で自然治癒し，予後は良好で，死亡することはほとんどない。本菌による食中毒は毒素型食中毒の代表であり，食品中で大量に増殖した菌が食中毒の原因毒素であるエンテロトキシンを産生し，食品を汚染する。エンテロトキシンが産生されるのは10～46℃の温度域である。通常，エンテロトキシンは分子量約27,000の蛋白で，抗原性の異なるA～E型があるが，A型の食中毒が90％近くを占める。

3）経　路

本菌食中毒の原因食品は，欧米では牛乳，クリームなどの乳製品や，ハム，ソーセージなどの肉類が主体であるが，わが国では，植物性の食品，とくにでんぷん質を多く含む弁当類，握り飯といった米飯によるものも多い。

4）対　策

エンテロトキシンは耐熱性が高く，100℃，30分間の加熱でも安定である。そのため，通常の加熱調理では活性を失わない。多くの食中毒事例では，原材料由来の黄色ブドウ球菌汚染によるものだけでなく，ヒト由来の黄色ブドウ球菌が手指を介して食品を汚染することによって発生していると考えられている。従ってブドウ球菌食中毒を予防するには，素手で食品に触れない，手指にキズのある者は調理しない，マスクや帽子を着用する，調理済み食品は早期に喫食する，保存が数時間以上なら低温で保存する，などの対策を行い，食品中での本菌の増殖を防ぎ，エンテロトキシンを産生させないようにすることが重要である。

(2) ボツリヌス菌（*Clostridium botulinum*）

1）特　徴

ボツリヌス菌は芽胞を形成する偏性嫌気性のグラム陽性桿菌であり，鞭毛をもち芽胞を形成する。本菌は現在知られている物質の中で最強の致死性毒素（ボツリヌス毒素，神経毒）を産生する。本菌は，生物学的性状と遺伝学的分類でⅠ群からⅣ群に分けられている。ボツリヌス毒素は抗原性の違いによってA型からG型までの7型が知られている（**表 4.10**）。タンパク分解性のA, B, F型菌（Ⅰ群）は熱抵抗性が高く，最低発育温度は10℃ ,pHは4.6である。タンパク非分解性のB，E，F型菌（Ⅱ群）は芽胞の熱抵抗性は低いが，Ⅰ群菌と比べて最低発育温度は3.3℃と低く, pHは5.0と高い。本菌芽胞は土壌，河川，海水など自然界に分布する。ヒトに中毒を起こすのは，A，B，E，F，の各型で，CおよびD型は主として水鳥など，鳥類のボツリヌス症の原因となる。

2）症　状

食餌性ボツリヌス症は，食品中でボツリヌス菌が増殖し，産生された毒素を経口的に摂取することによって発症する毒素型食中毒である。潜伏期間は12時間から48時間程度，多くは12～24時間である。摂取した毒素の量が発症までの時間に影響する。初期症状で眼症状（複視，弱視，眼瞼下垂，瞳孔散大，対光反射の遅延・消失など）が観察された後，主な臨床症状として脱力感，倦怠感，嚥下困難，発声困難，口の渇き，しわがれ声，腹部膨満，腹痛，便秘，歩行困難，握力低下，尿閉，呼吸失調などを呈する。重症例では，呼吸困難によって死亡することも少なくない。予後は一般的に不良で，致命率は平均25％であるが，早い時期に抗毒素血清を投与すればかなり救命される。

3）経　路

通常，酸素のない状態になっている食品（真空包装食品）が原因となりやすく，ビン詰，缶詰，容器包装詰め食品，保存食品（ビン詰，缶詰は特に自家製のもの）を原因として食中毒が発生している。ボツリヌス菌の芽胞は野菜，

表 4.10　ボツリヌス毒素産生菌の分類と生物学的性状

性状／菌名 産生毒素型	Ⅰ A, B, F	Ⅱ B, E, F	Ⅲ C, D	Ⅳ[1] G	*C. butyricum* (E)	*C. baratii* (F)
タンパク分解性	+	−	−	+	−	−
ゼラチン液化	+	−	+	+	−	−
ブドウ糖分解性	+	+	+	−	+	+
マンノース分解性	−	+	+	−	+	+
白糖分解性	−	+	−	−	+	+
リパーゼ	+	+	+	−	−	−
運動性	+	+	+	+	−	−
トリプシンによる毒素活性化	−	+	−	+		
芽胞耐熱性	120℃ 4分	80℃ 6分	100℃ 15分			
温度／	112℃	80℃	104℃	104℃		
D値	1.23	0.6-1.25	0.1-0.9	0.8-1.12		
発育至適温度	37-39℃	28-31℃	40-42℃	37℃	30-37℃	30-45℃
発育最低温度	10℃	3.3℃	15℃	10℃		
類似菌種	*C. sporogenes*	あり[2]	*C. novyi*	*C. subterminale*		

注1　Ⅳ群菌は，*C. argentinense* として独立した（Suen，1988）。
注2　認められるが，相当する菌種はない。
出所）国立感染症研究所：病原体検出マニュアル　ボツリヌス症 2012年12月版，3

コラム4　乳児ボツリヌス症

ボツリヌス症には別に乳児ボツリヌス症があり，6か月未満の乳児が主に蜂蜜中の芽胞を摂食し，腸管内で発芽，増殖して，毒素を産生して発症することがある。症状は，便秘が数日間続き，全身の筋力低下，脱力状態，哺乳力の低下，泣き声が小さくなる，特に，顔面は無表情となり，頸部筋肉の弛緩により頭部を支えられなくなるといった症状を引き起こすことがある。ほとんどの場合，適切な治療により治癒するが，まれに死亡することもある。そのため，1歳未満の乳児には蜂蜜を与えてはならない。また，1歳以下の健康に見えていた乳児が通常は睡眠中に予期せず突然死亡する，乳児突然死症候群（SIDS）と関連があり，諸外国では突然死例の10～20%がボツリヌス菌と関連していると考えられている。

食肉，魚介類などに付着している。A，B，E型がヒトに食中毒を起こし，C，D型は主に動物に病原性を示す。毒素型に地域分布の偏りがあり，北欧および北日本でE型菌の検出頻度が高い。従来，北海道や東北地方でいずし（魚を塩と米飯で乳酸発酵させた食品）を原因食としたE型食中毒が多発したが，1984年に熊本県産の真空包装された「からしレンコン」によって全国14府県で患者36名，死者11名をみたA型菌事例，および同年，栃木県で発生したB型菌事例（原因食品不明）なども発生している。本菌による食中毒は酸素を遮断した容器・包装や自家料理のなかで菌が増殖し，産生した毒素を非加熱で喫食して起こる。ヨーロッパではハム・ソーセージ食中毒として1000年の歴史がある。

4）対　策

ボツリヌス毒素は，易熱性であるため100℃，10分（80℃，30分）の加熱で失活する。喫食前に十分加熱すれば防ぐことができる。また，いずしなどの自家調理食品で本菌食中毒を起こさないためには，新鮮な食材を十分洗浄し，調理は低温で短時間に行い，食酢か乳酸菌を添加してpHを下げること，さらに熟成は清潔な冷所で行うことが有効である。

(3) セレウス菌（*Bacillus cereus*）

1）特　徴

セレウス菌は，芽胞を形成する通性嫌気性の桿菌で，土壌，空気及び河川水等の自然環境をはじめ，農産物，水産物及び畜産物などの食料，飼料等に広く分布している。タンパク質や多糖体の分解性が強いため腐敗，変敗に関与している。本菌は，10～50℃の温度域で増殖（増殖至適温度28～35℃）するが，7℃以下の低温で増殖する菌株も存在する。本菌の芽胞は，90℃，60分の加熱でも生残し，高い耐熱性を有している。一部の株が産生するセレウリドは，耐熱性ペプチドで，126℃，90分の加熱処理，pH2，11の強酸性・アルカリ性，ペプシン，タイロシンでも失活されない。

2）症　状

原因はそれぞれ本菌が生産する嘔吐毒（セレウリド）および下痢を引き起

表 4.11　セレウス菌食中毒の臨床症状

	嘔吐型食中毒	下痢型食中毒
発症菌量	10^5 ～ 10^8/g	10^5 ～ 10^8/g
毒素産生場所	食品	小腸
潜伏期間	0.5 ～ 6 時間	8 ～ 16 時間
発症期間	6 ～ 24 時間	12 ～ 24 時間
主症状	悪心（おしん），嘔吐	腹痛，水様下痢
原因食品	米飯類，麺類等	肉類，野菜類，乳製品等

出所）食品安全委員会：ファクトシート　セレウス菌食中毒，平成 23 年 11 月 24 日版，2（2011）

こす毒素（エンテロトキシン）によって食中毒が発症する。我が国では嘔吐型食中毒が多くみられる。一般的に経過が良好であり，ほとんど一両日中に回復する。通常は，下痢や嘔吐に対する水分や栄養補給などの対症療法程度で，特別な治療は行われない。ただし，まれに急性肝不全などで死亡する事例もある。

3）経　路

我が国で発生の多い嘔吐型の食中毒ではチャーハン，ピラフなどの焼飯類による事例が最も多く，次いで焼きそばやスパゲッティなどの麺類を原因食品とするものが多くなっている。下痢型食中毒は生体内で本菌が増殖する過程で産生する毒素によって起こる感染毒素型（生体内毒素型）食中毒である。欧米で発生が多い下痢型の食中毒では肉類，スープ類，ソーセージ，プリンなど多様な食品で起こっており，大半が調理済み食品や半製品の長時間放置によるといわれ，夏季に多発している。

4）対　策

一般食品で通常みられる程度の菌数（10 ～ 10^3/g 程度）では発症しないが，セレウス菌は耐熱性の芽胞を形成するため，加熱調理された食品でも室温で放置すれば，この菌の発芽増殖を招く。食中毒予防のためには。本菌を発芽増殖させてはならず，炊飯でも芽胞は生き残るので，調理後は 60℃ 以上に保つか冷却し，米飯・焼き飯は 10 ～ 50℃ では保存をしてはならない。

4.5　経口感染症

食中毒には，食品を媒介して感染する**食品媒介性経口感染症**（Food-born oral infection）としての側面がある。手指，食器，衛生動物（ハエ，ゴキブリ等の昆虫類，ネズミ類など）を媒介して汚染された非加熱の食品や生水と共に経口摂取された病原体が，消化器内で定着・増殖して発症する。糞便中に排出された病原体が，ヒトからヒトに二次感染することもある（糞口感染）。経口感染するため必然的に消化器症状を伴うことが多く，食水系・消化器系感染症ともいう。

【学修目的】

典型的な食中毒以外の食品媒介性の経口感染症について，その病原体となる各種細菌を熟知し，食品由来の経口感染症（食中毒）の発生を予防しうる衛生管理ができるようになることである。

【学修目標】

上記の学修目的を達成するために最低限必要な学修目標を以下に示す。

①水系および食品媒介性の経口感染症の病原体について説明できる。
②汚染食品と感染経路を理解する。
③食品を媒介して感染する細菌やウイルスの種類を理解し，どのような食品が，どのような病原体に汚染されているか把握する。

【要点整理】

食品衛生分野における経口感染症を理解する上での要点は，

①感染源となる汚染食品／水系を把握する。経口感染症の病原体は，患者や健康保菌者（キャリア）の腸管内等で増殖して，糞便，尿，吐物と共に排泄され，周囲の水源や食品を汚染する。その結果，汚染された水や食品は新たな感染源になる。
②感染経路を把握する。汚染された水や食品を摂取することで経口感染する。食品を媒介せず汚染された手指等から直接，接触感染する場合もある。
③予防・衛生管理の原則は，加熱調理である。汚染食材の生食（不完全加熱）を忌避することでほぼ確実に予防できる。

表 4.12 主な経口感染症／寄生虫症

疾病 感染症	病因微生物	感染源 感染経路	主な原因食品 （食材・調理）	潜伏期間	主な症状	主な予防法
細菌性赤痢 【三類感染症】	赤痢菌 （志賀赤痢菌） 志賀毒素（溶血毒）	患者・保菌者の排泄物 手指・食器・ハエ	飲料水・氷水・氷菓 生野菜・果実類	1～7日 平均2～3日	発熱・腹痛・下痢 倦怠感・しぶり腹 重症：濃粘血性下痢 溶血性腎障害（HUS）	生食忌避 加熱殺菌 二次汚染防止
コレラ 【三類感染症】	コレラ菌 O1型/O139型 コレラ毒素（腸管毒）	患者・保菌者の排泄物 汚染された飲料水・食品	飲料水・氷水 流行地から輸入された魚介類	数時間～5日 平均1～3日以内	悪心・嘔吐・水様性下痢 （発熱・腹痛を伴わない） 重症：高度脱水→電解質異常・乏尿・意識消失	生食忌避 加熱殺菌 二次汚染防止
チフス パラチフス 【三類感染症】	チフス菌 パラチフスA菌	患者・保菌者の糞便・尿	飲料水・氷水 生野菜・果実類	3～60日 平均10～14日	発熱（39℃以上持続） 発疹（バラ疹），重症：下痢（腸出血），腸管穿孔	生食忌避 加熱殺菌 二次汚染防止 検便
腸管出血性 大腸菌感染症 【三類感染症】	腸管出血性大腸菌 ベロ毒素（溶血毒）	ウシ・トリ 排泄物	汚染水 食肉類 牛生レバー	2～7日	発熱・腹痛・下痢 重症：濃粘血性下痢 溶血性腎障害（HUS）	生食忌避 加熱殺菌 二次汚染防止

旧伝染病予防法時代の食品衛生行政では，チフス，パラチフス，コレラ，細菌性赤痢等は食水系の経口感染症として食中毒と区別されてきた。しかし，1999年の食品衛生法施行規則の改正に伴い，チフス，パラチフス，コレラ，細菌性赤痢（**表 4.12**）に腸管出血性大腸菌を加えた5つの経口感染症が「三類感染症」として分類されるとともに，2000年12月末に保健所の食中毒事件票の病因物質に追加され，飲食物が原因となった場合には，食中毒としても取り扱うことになっている。

4.5.1 チフス・パラチフス

腸チフスとパラチフスは，ともにサルモネラ属に属するチフス菌（*Salmonella* Typhi）およびパラチフスA菌（*Salmonella* Paratyphi A）の感染によって発症する全身性疾病である。特に重篤なチフスは，感染後3～60日（平均10～14日）の潜伏期間を経て発症し，40℃以上の発熱，バラ疹と呼ばれる特徴的な皮疹，脾腫等から敗血症（菌血症）に至る。

戦前までは赤痢に次ぐ経口感染症で，年間3～4万人の患者がいたが，その後減少し，現在では年間100人以下で推移している。患者の多くは，アジアやアフリカ等流行地への渡航による輸入感染例である。

(1) 病原体：チフス菌（*Salmonella* Typhi）およびパラチフスA菌（*Salmonella* Paratyphi A）

(2) 感染源：チフス菌やパラチフスA菌の感染宿主はヒトのみであり，感染患者および回復期保菌者，健康保菌者（不顕性感染）の胆嚢や胆管，腎盂に長期間保菌され，胆汁（糞便）あるいは尿と共に排泄され，飲料水や食品を二次汚染する。

(3) 感染経路：チフス菌やパラチフスA菌に汚染された食品の生食や，生水の摂取により経口感染する。

(4) 潜伏期間：感染後3～60日（平均10～14日間）

(5) 感染機序と主症状：小腸回盲部にあるリンパ節に侵入後，マクロファージによる殺菌に抵抗して細胞内寄生する。増殖した菌は血管内に播種され菌血症を引き起こし，発熱（39～40℃以上），皮疹（バラ疹），脾腫を引き起こす。一部が胆汁を介して小腸に排泄されるようになると重症化し，腸出血を誘発する。パラチフスも同様の経過をたどるが，チフスより軽症で推移する。

(6) 予防対策（衛生管理）：

① やっつける：水は煮沸消毒し，食品は中心部まで加熱調理する。

② つけない：手指の洗浄・消毒を徹底する。

③ チフス患者は回復後も長期間保菌されるため（10年以上保菌しつづける例もある），糞便中に排菌しつづける健康保菌者（キャリア）として感染源になる。そのため，食品従事者には定期的な検便が義務付けられている。

4.5.2　コレラ

コレラは元々，インド亜大陸（主にガンジス川下流域～ベンガル湾）の地域限局的な風土病（エンデミック）である。しかし，植民地時代以降のオランダやイギリス等西欧列強の勢力拡大に伴い，19世紀以降の200年間で7回の世界流行（パンデミック）を引き起こしている。日本においても，幕末期の江戸や長崎等で「三日コロリ」として猛威をふるい，数万人の死者が記録されている。19世紀から流行してきたアジア型（古典型，O1血清型）と20世紀中頃からインドネシアのセレベス島を中心に流行したエルトール型に分類される。さらに20世紀末にベンガル湾沿岸のマドラスで新たに発生したO139血清型は，新興感染症の一つでもある。

近年，国内でのコレラは，熱帯・亜熱帯地域のコレラ流行地で感染し，帰国後に発症する輸入感染症（旅行者下痢症）である。国内での食中毒事例は，コレラ菌に汚染された輸入魚介類によるものと推定される。

(1) 病原体：コレラ菌（*Vibrio cholerae* O1およびO139血清型）は，海洋細菌であるビブリオ科ビブリオ属に属する。

(2) 感染源と感染経路：コレラ菌に汚染された水（生水）や野菜類（生野菜サラダ）が原因食品となる。生水の飲水や，非加熱あるいは加熱不十分な食材の摂取により経口感染する。

(3) 発症菌量：少量（10^2 個程度）の菌の経口摂取でも感染が成立する。

(4) 潜伏期間：数時間～5日（通常1～3日間）

(5) 感染機序と主症状：経口摂取後，胃酸で死滅しなかったコレラ菌が小腸下部で定着・増殖してコレラ毒素（腸管毒）を産生する。コレラ毒素の作用により，1日に頻回の下痢（米のとぎ汁様と称される灰白色水様便）が引き起こされる。下痢に伴う高度の脱水症状（乏尿，循環器障害，血圧降下，低カリウム血症等電解質異常による痙攣）に対する治療（主に輸液）が遅れると死亡する。脱水により独特のコレラ顔貌やスキン・テンティングが認められるが，コレラ菌は腸管粘膜上皮組織内に侵入しないため，炎症に伴う発熱や腹痛はみられない。

(6) 予防対策（衛生管理）：

① やっつける：流行地域における生水（氷含む）の忌避（＝煮沸消毒），生食（特に流行地域から輸入された魚介類）の忌避（＝加熱調理の徹底）

② つけない：患者の排泄物を処置後の手指消毒を徹底し，食品への二次汚染を防止する。

③ もちこまない：流行海域からの輸入生鮮魚介類の検疫

4.5.3 細菌性赤痢

赤痢には，細菌性赤痢とアメーバ性赤痢がある。アメーバ性赤痢（五類感染症）が赤痢アメーバ（原虫）感染に起因するのに対し，細菌性赤痢（三類感染症）は腸内細菌科に属する赤痢菌（*Shigella* 属菌）の感染に起因する。*Shigella* 属には4菌種が知られているが，志賀毒素（ST）産生性の志賀赤痢菌（*Shigella dysenteriae*）が最も病原性が強い。戦後しばらくは年間10万人以上の患者（死者2万人）が発生していたが，1960年代以降激減している。近年の国内発生例は，東南～南アジアの流行地域から帰国した青年層による輸入感染例（旅行者下痢症）が多く，集団発生が散発している。

(1) 病原体：腸内細菌科赤痢菌属には，志賀赤痢菌（*Shigella dysenteriae*），フレキシネル菌（*S. flexneri*），ボイド菌（*S. boydii*），ソンネ菌（*S. sonnei*）の4菌種が属している。日本国内発症例は，大正時代までは志賀赤痢菌が流行の主流であったが，現在では，病原性の弱いソンネ菌が主流になっている。もっとも病原性が強い志賀赤痢菌が産生する志賀毒素（Shigatoxin: ST）は，腸管出血性大腸菌（EHEC）が産生するベロ毒素（VT）と同一の外毒素である。

(2) 感染源と原因食品：患者や健康保菌者由来の赤痢菌を含む糞便に汚染された水（生水／井戸水）や手指，ハエ，調理器具類等を媒介して二次汚染された食品が原因となる。赤痢菌に汚染された食品や水を非加熱のまま摂取することで，経口感染する。調理従事者が保菌している場合，大規模な集団食中毒事例になりうる。ただし，発症菌量が少ないため検査で検出できず，原因食品が特定されない事例が多い。井戸水を原因とする大規模食中毒や，生牡蠣を原因とする集団食中毒事例が散発している。

(3) 発症菌量：極少量（10 ～ 100 個程度）の菌の経口摂取でも感染が成立する。

(4) 潜伏期間：１～７日間（平均２～３日以内）

(5) 感染機序と主症状：大腸粘膜上皮細胞内に侵入後，細胞内寄生して隣接細胞への再侵入をしながら病変組織を拡大し，大腸粘膜に潰瘍を形成する。その結果，全身倦怠感・悪寒を伴う発熱（38℃前後），腹痛，水様性下痢，しぶり腹を引き起こす。強毒性の志賀赤痢菌の場合，重症化して濃粘性血便を伴う。

(6) 予防対策（衛生管理）：

極少量の摂取でも感染が成立するため，熱帯・亜熱帯の流行地域では，

① やっつける：流行地域では，生水・氷水，生野菜を忌避し，加熱された水や食品のみを喫食する。

② つけない：用便後や感染患者の排泄物処理後や食前の手指の洗浄・消毒を徹底し，食品への二次汚染を防止する。また，菌の伝播を媒介する衛生動物（鼠族，昆虫類）の駆除を徹底する。

③ 下水が混入するおそれがある生水や井戸水を忌避する。

4.6　ウイルス性食中毒

1990 年代後半頃から，食品中のウイルス検出技術の普及に伴い，小型球状ウイルス（現ノロウイルス）による食中毒が報告されるようになってきた。2000 年代に入って，流行の主流だったサルモネラや腸炎ビブリオ等による細菌性食中毒の減少に伴い，ノロウイルスによる食中毒が急増した。ウイルス性食中毒の発生件数は年間約 200 ～ 250 件（全体の 30％前後）であるが，患者数では年間約 7,000 ～ 9,000 人と患者全体の半数以上を占め，21 世紀の食中毒流行の主流となっている。

4.6.1　ウイルス学総論

食品由来でヒトに感染性胃腸炎をひきおこす病原ウイルスとして，カリシウイルス科ノロウイルス属に属するノーウォークウイルスや類縁のサポウイルス，乳幼児下痢（白痢）を引き起こすロタウイルスが知られている。

【学修目的】

食品媒介性のウイルス感染症について，その病原体となるウイルスを熟知し，食品由来のウイルス感染症（＝ウイルス性食中毒）の発生を予防しうる衛生管理ができるようになることである。

【学修目標】

上記の学修目的を達成するために最低限必要な学修目標を以下に示す。

①ウイルス汚染に対する衛生管理の要点を把握し，実践できる。

②ウイルス汚染食品と感染経路を理解する。

【要点整理】

①原因食品（一次汚染食品）は，海産の二枚貝（牡蠣等）である。

②ノロウイルス食中毒は，牡蠣を生食する冬季に多発する。

③少量のウイルス粒子（約100個以下）でも感染が成立するため，ヒト－ヒト感染（＝伝染）も成立する。そのため，発生規模は１件あたり平均35 ～ 40人と比較的大規模な集団食中毒事例になる

④回復期でもウイルス粒子を排泄している。また感染しても発症しない不顕性感染も多いため，健康保菌者（キャリア）として感染源になりうる。

⑤予防・衛生管理の原則は，「やっつける」「つけない」である。

(1) ウイルス粒子の構造

ウイルス粒子は，ウイルス遺伝子（DNAもしくはRNA）と，遺伝子を包むカプシド（タンパク質）で構成されている。さらに，ウイルスの種類によっては，その外側に宿主細胞の細胞膜に由来するエンベロープ（脂質二重膜）をもつウイルスもある。エンベロープには外側にスパイク（タンパク質）等が突き出ている。スパイクは，宿主細胞に感染する際に，宿主細胞上のウイルス受容体に特異的に結合する。

(2) ウイルスの増殖

ウイルスは代謝酵素や遺伝子複製酵素，リボソーム等をもたないため，独立して増殖することができず，増殖するためには，必ず宿主細胞に感染し，その遺伝子を宿主細胞内に送り込まなければならない（偏性細胞内寄生性）。

宿主細胞内に送り込まれたウイルス遺伝子を複製するとともに，その遺伝情報を元にウイルスタンパク（カプシドやスパイク）が合成され，新たなウイルス粒子として組み立てられ，感染細胞外に放出される。

(3) ウイルスの構造と抵抗性

ウイルスタンパク質は加熱により不可逆的に変性するため，ウイルス粒子の感染性は加熱工程中に失われる（不活化）。また，脂質で構成されているエンベロープは，アルコール等の脂溶性消毒剤や界面活性剤に弱く，エンベロープが破壊されると感染性を失うため，アルコール消毒が有効である。一方，エンベロープをもたないウイルスにはアルコール消毒の効果は限定的であり，次亜塩素酸ナトリウム等の塩素系消毒剤による消毒が必要になる。

(4) ウイルス性食中毒に対する衛生管理

① やっつける：ウイルス粒子は加熱により感染性を失うため，ウイルスが一次汚染している可能性が高い食材の生食を忌避し，必ず加熱調理する。

② つけない：また加熱調理後の食品にウイルスを付着させないように，加熱調理工程以降の二次汚染（交差汚染）防止を徹底する。

③ 一方，ウイルスは生きた細胞中でしか増殖できないので，食材中では増殖しない。したがって，「(菌を）ふやさない」ための衛生管理は効果がない。

4.6.2 ノロウイルス食中毒

ノロウイルス（Norovirus）は1972年に糞便中から急性ウイルス性胃腸炎の病因物質となる小型球状ウイルス（SRSV：small round-structured Virus）として発見された。日本では，1998年より厚生労働省の食中毒統計に新たに追加された新興の食中毒である。2002年にノロウイルスに命名された。

21世紀に入ると，サルモネラや腸炎ビブリオによる食中毒が激減する一方で，カンピロバクターとノロウイルスによる食中毒は増加し，発生件数では第1～2位，患者数では第1位を占め，現在では年間の食中毒患者数の50％以上がノロウイルスによる。

(1) 病原体：ノロウイルス（Norovirus）

カリシウイルス科ノロウイルス属の一本鎖RNAウイルスで，エンベロープを有さない。遺伝子はRNAで，遺伝子群（G）Ⅰ～Ⅴに分類され，日本での流行は主にGⅠ型とGⅡ型である。ノロウイルスの感受性宿主はヒトとチンパンジーのみで，ヒトの腸管上皮細胞内で増殖し，糞便中に排泄される。なお，培養細胞を用いた人工培養法はまだ確立されていない。

(2) 食品汚染経路と原因食品：

患者や健康保菌者（不顕性感染のキャリア）の腸管内で増殖した感染性ウイルス粒子が糞便や吐瀉物とともに排泄され，以下の経路で原因品を汚染する（**図4.3**）。

① 一次汚染の場合：生活排水（下水）から河川へと流入し，河口付近の海水を汚染する。その結果，ノロウイルスに汚染され水域で養殖された海産の二枚貝（カキ等）等に取り込まれ，中腸腺（肝膵臓）内に蓄積して生物濃縮される（一次汚染）。そのため，ノロウイルス食中毒は，カキを生食する冬季（12～3月）に多発する。

② 二次汚染の場合：感染性ウイルス粒子を含む排泄物を処理した手指の洗浄・消毒が不十分な場合，ウイルスが付着した手指で加熱調理

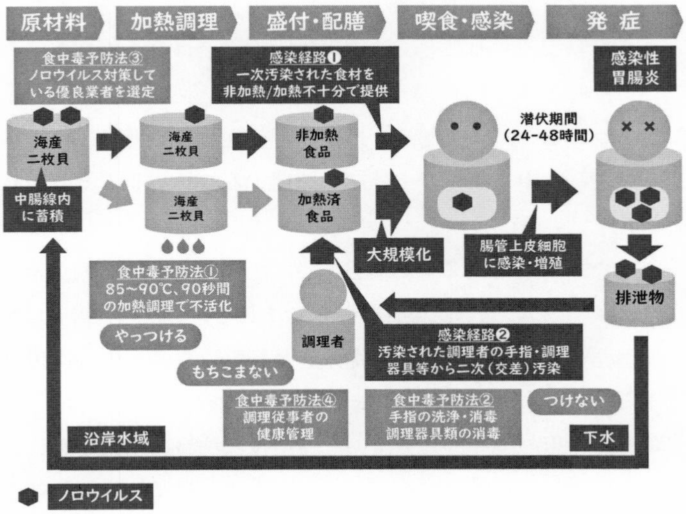

図4.3　ノロウイルスの感染経路と予防対策

済食品を交差汚染する。この汚染経路の場合，食中毒はしばしば大規模化する傾向がある。

③ 食品を媒介しない場合（ヒト－ヒト感染）：ウイルスに汚染された手指で触れた施設内のドアノブや手すり，電灯のスイッチ等が汚染され，次に触れた人の手指を汚染する。

　また，乾燥した吐瀉物等が舞い上がり，ウイルス粒子を含む塵埃が施設内や食品を汚染する可能性も指摘されている。

(3) 発症ウイルス粒子量：少量のウイルス粒子（約100個以下）でも感染が成立するため，ヒト－ヒト感染（＝伝染）も成立する。そのため，発生規模は1件あたり平均35～40人と比較的大規模な集団食中毒事例になる。

(4) 潜伏期間：24～48時間

(5) 主な症状：嘔気・嘔吐，腹痛，水様性下痢，発熱（37～38℃）。予後は良好で，通常1～3日で自然治癒するが，高齢者や乳幼児の場合，脱水症状に留意して経過観察する。ただし，症状が治まった回復期の患者や，感染しても発症しない不顕性感染の**健康保菌者（キャリア）**もウイルス粒子を排泄しているため汚染源になりうるので十分留意する必要がある。

(6) 予防対策（衛生管理）：

① もちこまない：非加熱で提供する可能性のある食材（原材料）を仕入れる際には，ノロウイルス対策をしている優良業者を選定することで，**ノロウイルスに一次汚染されていない安全な原材料の入手**に努める*1。また，調理従事者の健康状態を確認して，特に本人あるいは同居家族が下痢を発症している場合，調理業務に携わらせないよう業務管理することで，調理施設内にノロウイルスを持ち込まないよう管理する*2。

② やっつける：ノロウイルス汚染の可能性が高い海産二枚貝等の生食を忌避し，**中心部まで十分加熱調理する（85～90℃そのまま90秒間以上）***3。

③ つけない：患者あるいは健康保菌者（不顕性感染）の排泄物（便・吐瀉物）には多数の感染性粒子が含まれているため取扱いに留意する。調理作業前，配膳前の手指洗浄を励行し，**食品への二次汚染を防止**することが重要である*4。また，ノロウイルス汚染の可能性が高い魚介類専用の調理器具を用い，使用後は洗浄・消毒する。ノロウイルスはエンベロープを有さないためアルコール消毒は無効で，非加熱で提供する食品には塩素消毒が必要である（200mg/L・5分間以上）。

*1「大量調理施設衛生管理マニュアル」 表12.3の重要管理事項1(2)(3)

*2「大量調理施設衛生管理マニュアル」 表12.3の重要管理事項5(4)

*3「大量調理施設衛生管理マニュアル」 表12.3の重要管理事項2

*4「大量調理施設衛生管理マニュアル」 表12.3の重要管理事項3(1)

④ 患者の吐瀉物にも感染性ウイルス粒子が含まれ，吐瀉物が乾燥すると塵埃に混じって飛散し，食品への二次汚染や，直接，経口感染する可能性も指摘されている。したがって，患者の吐瀉物は直ちに塩素消毒処理する。

4.6.3　ロタウイルス感染症

冬季（2～4月）の2歳以下の乳幼児胃腸炎（嘔吐下痢症）の30～50%は，ロタウイルス感染症である。

(1) 病原体：A群ロタウイルス（Rotavirus）は，レオウイルス科に属する直径約70～80nmのエンベロープをもたない二本鎖RNAウイルスである。

(2) 食品汚染経路と原因食品：患者排泄物によって二次汚染された食品等を媒介して経口感染する（糞口感染）。過去の事例では，ちらし寿司，にぎり鮨，サラダ，サンドイッチ等，非加熱で提供される料理が多い。

(3) 発症菌量：感染成立に必要なウイルス粒子数は1～10個程度と，きわめて感染力が強く，ヒト－ヒト感染もありうる。

(4) 潜伏期間：1～4日間（平均2日間）

(5) 主な症状：急な下痢（米のとぎ汁様の白色水様便）ではじまり，嘔吐，腹痛，発熱を伴う。7～10日で回復し，予後は良好。

(6) 予防対策（衛生管理）：

① つけない：感染力が強いため，感染性のウイルス粒子を含む患者の排泄物によって汚染された手指を媒介した二次汚染を防止するため，調理前や食前の手指の洗浄・消毒を徹底する。

4.6.4　A型肝炎ウイルス感染症

ウイルス性肝炎を引き起こす肝炎ウイルスのうち，A型肝炎ウイルスおよびE型肝炎ウイルスも食品媒介性経口感染症（食中毒）の病因物質となる。

(1) 病原体：A型肝炎ウイルス（HAV：Hepatitis A virus）は，ピコルナウイルス科ヘパトウイルス属のRNAウイルスである。

(2) 保菌動物と原因食品：ヒトの肝細胞でのみ増殖し，胆汁中に排泄される。下水を介して河川や近海湖沼を汚染し，その汚染水域で養殖・水揚げされた魚介類中に蓄積する（ノロウイルスに類似）。A型肝炎ウイルスが蓄積した生カキ等の魚介類，鮨，飲料水（井戸水）等を摂取することで経口感染する。また，発症前から患者の排泄物（糞便・吐瀉物・唾液など）中にも多量に排出されており，汚染された手指を媒介して食品，飲料水を二次汚染する。

(3) 潜伏期間：平均25日間（2～6週間）

(4) 感染機序と主症状：胃酸に抵抗性があり，腸管門脈経由で肝臓内に移行後，肝細胞に感染・増殖して，急性肝炎を引き起こす。発熱（38℃前後），感冒様症状，強い全身倦怠感に続き，嘔気・嘔吐，食欲不振等の消化器症状や，黄疸，肝腫脹，褐色尿等の肝炎症状が認められる。稀に重症化し，劇症肝炎や腎不全へと移行するが，通常，予後は良好で黄疸出現後軽快に転じ1～2か月で肝機能が正常に回復し，終生免疫が成立する。

(5) 予防対策（衛生管理）：四類感染症

① やっつける：東南アジアや中近東，アフリカ等の流行地を旅行する際には生水・生食を忌避し，魚介類は加熱調理（85℃そのまま1分間以上）する。1％次亜塩素酸ナトリウム処理でも不活化される。

② つけない：患者の排泄物によって汚染された手指を媒介した交差汚染防止を徹底するため，手指の洗浄・消毒を励行する。
（食品内では増殖しないので「ふやさない」は無効）

③ A型肝炎ワクチン（不活化ワクチン）による予防接種も有効なので，医療従事者や流行地へ渡航する際にはワクチン接種を検討する。

4.6.5 E型肝炎ウイルス感染症

肝炎ウイルスのうち，E型肝炎ウイルスは，ブタや野生イノシシ等に感染しており，これらの食肉を媒介してヒトに経口感染する**人獣共通感染症**の一つでもある。従来，日本におけるE型肝炎はアジア地域等からの輸入感染症であるとされてきた。2003年頃から国内感染例（鹿肉由来）が報告されているが，2012年に牛生レバーの提供が禁止され，代替食として豚生レバーを提供する飲食店が増加したため，国内でのE型肝炎が急増したといわれている。そのため，生食用の豚肉（内臓含む）も2015年に販売・提供が禁止されている。

(1) 病原体：E型肝炎ウイルス（HEV：Hepatitis E virus）は，ヘペウイルス科の一本鎖RNAウイルスで，エンベロープをもたない。

(2) 保菌動物と原因食品：ブタ（主に6か月未満），ヒツジ，ヤギ，野生イノシシ，野生シカ，イヌ，ネコ，ニワトリ等が保菌している。E型肝炎ウイルスに感染した動物由来の豚の肝臓（生レバー），野生イノシシや野生シカの内臓肉（レバー）等を加熱不十分なまま摂取して経口感染する。

(3) 潜伏期間：平均6週間（2～9週間）

(4) 主な症状：発熱，悪心，嘔気，食欲不振，腹痛等の消化器症状を伴う一過性の急性肝炎症状（肝腫大，肝機能低下，黄疸）を呈するが，B型肝炎やC型肝炎のように慢性化することはない。まれに劇症肝炎になり死亡する（致死率は1～2％）。妊婦が罹患した場合は劇症化しやすく，致死率は15～20％に上る。

(5) 予防対策（衛生管理）：四類感染症

① やっつける：豚生レバーや獣肉類の生食を忌避し，中心部まで十分に加熱調理する（71℃・5分間以上／63℃・30分間以上）。

② つけない：豚肉や獣肉を扱う際には，手指や調理器具類を媒介した他の食材への交差汚染を防止するため，洗浄・消毒を徹底する。

4.7　人獣共通感染症（動物由来感染症）

人獣共通感染症（zoonosis）は，世界保健機関（WHO）と国連食糧農業機関（FAO）の合同専門家会議により，「自然の状態で，ヒトと脊椎動物との間で伝播する感染症」と定義され，約700種以上が知られている。畜獣や家禽を宿主（保菌動物）とする病原体（細菌，リケッチア，ウイルス，真菌，寄生虫等）は，それらの動物由来の食肉・乳・卵およびそれらの加工食品等を媒介して，ヒトに経口感染し，その結果，人獣共通感染症（急性胃腸炎／食中毒）を引き起こす。動物からヒトに感染する動物由来感染症（厚生労働省）が公衆衛生上の脅威になる一方，ヒトから動物に感染する人獣共通感染症も動物愛護・生物多様性維持の観点から注意が必要である。

先に解説した**エルシニア腸炎**や**リステリア症**も人獣共通感染症であるが，本節ではそれら以外の食品媒介性の人獣共通感染症を紹介する。

4.7.1　ブルセラ症（マルタ熱／地中海熱）

ブルセラ症は，家畜動物の流産・早産等の原因になる人獣共通感染症である。ヒトへは保菌動物由来の乳・乳製品の摂取で経口感染する。保菌動物との濃厚接触の機会が多い，酪農従事者，獣医師，と畜従事者等で感染リスクが高い職業病でもある。

(1) 病原体：ブルセラ属菌（*Brucella* spp.）は好気性のグラム陰性小桿菌で，芽胞は形成しない。細胞内寄生性細菌であるが，菌種により宿主動物域があり，ヤギやヒツジの流産，ヒトではマルタ熱の原因になるマルタ熱菌（*B. melitensis*），ウシ流産菌（*B. abortus*），ブタ流産菌（*B. suis*）等の菌種がある。マルタ熱菌は，大英帝国の植民地であった地中海のマルタ島の風土病であったマルタ熱（波状熱）の病原体として，

【学修目的】

食品衛生上問題となる食品媒介性の人獣共通感染症として，サルモネラ症，カンピロバクター感染症，腸管出血性大腸菌感染症等の他，エルシニア腸炎，リステリア症，ブルセラ症，炭疽，結核，E型肝炎等の食品媒介性感染症の発生を予防しうる衛生管理ができるようになることである。

【学修目標】

上記の学修目的を達成するために最低限必要な学修目標を以下に示す。

①人獣共通感染症の主な病原体とその宿主動物（保菌動物），および原因食品を説明できる。

②病原体に汚染されている可能性がある食材（食肉類，卵・卵加工品，乳・乳製品等）の調理工程において有効な衛生管理を実践できる。

【要点整理】

代表的な人獣共通感染症について，表4.13にまとめた。

①人獣共通感染症の感染源となる原因食品は，罹患動物あるいは保菌動物（ウシ・ブタ・ウマ・ヒツジ・ヤギ等）由来の食肉類や乳・乳製品，卵・卵加工品等，およびそれらの糞尿で汚染された生水である。

②人獣共通病原体とその宿主動物（保菌動物），および原因食品の組合せを整理する。

③予防対策としては，と畜場法等に従い，と畜場等における食肉検査および食鳥（家禽）検査，患畜や斃死した動物由来の食肉・乳等の生食を忌避し，加熱調理を徹底する。自然水や井戸水は煮沸消毒する。

表 4.13　主な人獣共通感染症（動物由来感染症）

疾病 感染症	病因微生物	保菌動物 感染経路	主な原因食品 （食材・調理）	潜伏期間	主な症状・予後等	主な予防法
ブルセラ症 （マルタ熱） 【四類感染症】	ブルセラ属菌	ヤギ・ヒツジ ウシ・ブタ イヌ	保菌動物由来の未殺菌乳（生乳） 乳製品 食肉類，血液	10 〜 30 日	波状熱（マルタ熱／地中海熱），全身倦怠感，筋肉痛，発汗	生食忌避 加熱殺菌 家畜の予防接種
腸炭疽 肺炭疽 皮膚炭疽 【四類感染症】	炭疽菌 （有芽胞菌）	ウシ ヒツジ・ヤギ ウマ	保菌動物由来の牛肉・羊肉	4 日以内	腸炭疽 発熱・悪心・嘔吐 食欲不振・腹痛 重症：出血性腸炎 急性敗血症	芽胞摂取で感染 →加熱殺菌無効 保菌動物由来の生肉摂取の忌避
腸結核	ウシ型結核菌	ウシ（乳牛）	未殺菌牛乳（生乳） 乳製品	4 〜 8 週間	咳嗽・喀痰 発熱・胸痛・リンパ節腫脹	生食忌避 加熱殺菌
野兎病 【四類感染症】	野兎病菌	野ウサギ 野ネズミ・リス	汚染河川・沢水 保菌動物由来の食肉	2 〜 10 日	高熱・悪寒・筋肉痛 チフス様症状（腹痛・嘔吐・下痢・リンパ節腫脹）	生食忌避 加熱殺菌 二次汚染防止
レプトスピラ症 （ワイル病） 【四類感染症】	レプトスピラ	野ネズミ	保菌動物由来の尿で汚染された河川・沢水	2 〜 10 日	黄疸出血性レプトスピラ症 咳嗽・高熱・筋痛 出血傾向・黄疸・腎不全 致死率：5 〜 30%	生食忌避 加熱殺菌 二次汚染防止

陸軍軍医だったブルース卿により発見された。

(2) 保菌動物と原因食品：ヤギ，ヒツジ，ウシ，ブタおよびイヌ等が保菌動物である。保菌動物由来の生乳・乳製品および食肉，血液が原因食品になる。

(3) 潜伏期間：10 〜 30 日

(4) 主な症状：感染後，リンパ節で増殖し血中に移行する。波状熱（朝方，解熱し，午後，発熱を繰り返す），倦怠感，全身疼痛等のインフルエンザ様症状を呈する。ヒトでは流産を引き起こさない。

(5) 予防対策（衛生管理）：と畜検査，保菌動物由来の生乳や病肉等，汚染食材の忌避。

4.7.2　炭疽（腸炭疽）

炭疽は，ウシ，ヒツジ，ヤギ，ウマ等の草食動物が罹患する急性熱性疾患である。ヒトの炭疽は，感染経路と感染部位（臓器）によって，①保菌動物との接触・経皮感染による皮膚炭疽，②保菌動物由来の汚染食肉の生食・経口感染による腸炭疽，③芽胞の吸入・経気道感染による肺炭疽がある（感染症法上，四類感染症に分類）。その高い病原性と芽胞形成能から生物兵器としても研究され，2001 年には，米国で炭疽菌の芽胞が入った郵便物を受け取った人々が炭疽を発症した生物テロ事件が発生している。

(1) 病原体：炭疽菌（*Bacillus anthracis*）は，好気性のグラム陽性大桿菌で，芽胞を形成するため加熱調理後も芽胞が生残する。D-グルタミン酸で構成される莢膜をもち，宿主免疫細胞による貪食・殺菌を免れるため，病原性が高い。

(2) 保菌動物と原因食品：ウシ，ヒツジ，ヤギ，ウマ等の草食動物。芽胞で汚染された飼料を経口摂取した動物は，（腸内で菌が出芽・増殖すると）発熱，出血性腸炎を発症し，敗血症性ショックで死亡する。保菌動物（患畜）由来の牛肉や羊肉の不完全調理あるいは生食が原因となる。

(3) 潜伏期間：4日以内

(4) 主な症状：腸炭疽は，4日以内の潜伏期間の後，悪心，嘔吐，食欲低下，発熱で始まり，2～3日後から激しい腹痛と血性下痢を呈する。重症化すると急性敗血症となり，致死率25～50%と予後不良である。

(5) 予防対策（衛生管理）：

① やっつける：耐熱性芽胞の摂取で感染が成立するため，加熱調理による殺菌は有効ではない。

② もちこまない：したがって，保菌動物（患畜）由来食肉の摂取を忌避するため，と畜場での獣医師による検査により，患畜を確実に除外する（と殺場法第14条）。

③ ひろげない：家畜の予防接種，罹患動物の早期発見・隔離・治療が必要になる。また，炭疽菌芽胞は土壌中に長期間生残するため，罹患動物の死体はその場で焼却処分して家畜動物間の感染拡大を防止する。

4.7.3 結核（腸結核・肺外結核）

結核は，人類が草食動物を家畜化した頃から蔓延している人獣共通感染症である。古代エジプトのミイラにも結核菌が骨に感染した病痕（脊椎カリエス）が検出されている。日本では，明治維新後，人口過密な都市部で流行し，年間死亡者10万人以上の死因第1位として国民病（亡国病）となっていたが，第二次世界大戦後，抗結核薬による化学療法が確立され激減した。しかし，近年，高齢者の再燃による集団感染，多剤耐性結核菌の出現により再興感染症として問題になっている。日本は先進諸国の中で唯一の中蔓延国である。なお，結核は，感染症法では二類感染症に分類されている。

(1) 病原体：抗酸菌属（*Mycobavterium* 属）には，ヒトの結核の原因になる（ヒト型）結核菌（*Mycobacterium tuberculosis*），ウシ型結核菌（*M. bovis*），非結核性抗酸菌症の原因になるトリ型結核菌（*M. avium*）およびハンセン病（らい病）の原因になるらい菌（*M. leprae*）等が属する。ウシ型結核菌は，主に未殺菌乳を媒介して経口感染し，腸結核を引き起こす。なお，結核の予防接種に用いられる弱毒生ワクチン（BCG 株）は，ウシ型結核菌の弱毒変異株である。

(2) 保菌動物と原因食品：ウシ型結核菌に感染した乳牛由来の牛乳が，十分な加熱殺菌処理がなされなかった場合（未殺菌乳），食中毒の感染源となりうる。日本の市販牛乳は乳等省令に従い加熱殺菌処理されているので，経口感染による結核はほとんどない。

(3) 潜伏期間：4～8週間

(4) 主な症状：未殺菌牛乳の摂取により経口感染したウシ型結核菌は，小腸パイエル板から侵入して腸骨髄リンパ節に定着して腸結核を引き起こす。さらに骨・関節・泌尿器等肺外組織に播種し病変を形成する。

(5) 予防対策（衛生管理）：

① ひろげない：乳牛の感染対策（家畜伝染病予防法に従い検査され，結核菌陽性の患畜は家畜伝染病予防法第十七条により殺処分される）。

② やっつける：搾乳後の加熱処理（乳等省令に従い，62～65℃・30分：低温長時間殺菌，135℃・数秒：超高温瞬間殺菌）の徹底。

4.7.4 野兎病

野兎病は，野生動物（野ウサギ，野ネズミ，リス等）に自然感染し維持されているが，保菌動物から昆虫類（ダニ等）やヒトにも感染する人獣共通感染症である（四類感染症）。蚊やダニ等の昆虫を媒介して感染したり，保菌動物の剥皮や調理で，菌を含む血液や臓器に触れて感染する。

(1) 病原体：野兎病菌（*Francisella tularensis*）は，好気性のグラム陰性短桿菌で芽胞を形成しない。

(2) 保菌動物と原因食品：北米など北緯30度以北の各国に分布し，日本では，東日本や北日本の野生動物（野ウサギ，野ネズミ，リス等）間で維持されており，汚染河川水，沢水の生水，感染動物由来の生肉の摂取が原因となる。

(3) 発症菌量：10～50個と少なく，感染性が極めて高い。

(4) 潜伏期間：2～10日

(5) 主な症状：突然の悪寒，発熱（40℃以上），筋肉痛，関節痛につづき，チフス様症状（腹痛・嘔吐・下痢・リンパ節腫脹）が長く続く。

(6) 予防対策（衛生管理）：

① やっつける：水の煮沸消毒，ウサギ肉等の加熱調理（55℃・10分で死滅）。

② つけない：アルコール消毒による二次汚染防止。

4.7.5 レプトスピラ症（ワイル病）

比較的軽症の秋やみ，重症の黄疸出血性レプトスピラ症（ワイル病）として知られている人獣共通感染症である（四類感染症）。

(1) 病原体：レプトスピラ（*Leptospira interrogans*）は，好気性または微好気性のグラム陰性らせん菌である。
(2) 保菌動物と原因食品：イヌ，野ネズミ等のげっ歯類。保菌動物の腎臓中に保菌され，尿中に排菌されるため，保菌動物の尿に汚染された生水や土壌（泥），食品から経皮あるいは経口感染する。
(3) 主な症状：
軽症型（秋やみ）：急な発熱，悪寒，頭痛，腹痛等の感冒様症状
重症型（ワイル病：黄疸出血性レプトスピラ症）：約1週間の潜伏期間の後，菌血症により発熱，出血，黄疸（肝機能障害），腎機能障害。
(4) 予防対策：山水，井戸水の煮沸消毒。調理前の手指洗浄・消毒の徹底。生食の忌避。

4.8 アレルギー様食中毒

ヒスタミンは，アレルゲン暴露時の局所粘膜において肥満細胞や好塩基球が脱顆粒によって放出する炎症メディエーターの一つで，血管透過性の亢進作用や気管支・消化管等の平滑筋の収縮作用，粘液の分泌促進作用等の生理活性がある。ヒスタミンの生理作用により，紅斑，発疹，発熱，動悸，頭痛，嘔吐，下痢，呼吸困難等の炎症・アレルギー症状が引き起こされる。一方，ヒスタミンを大量に含む食品から直接経口摂取した場合でも，アレルギーに似た症状を引き起こす。この現象を**アレルギー様食中毒**といい，**化学物質による食中毒（化学性食中毒）**に分類されている。

(1) 発生状況：ヒスタミンによるアレルギー様食中毒は，年間約10～20件前後，発生している。
(2) 発生規模（1件あたりの患者数）：平均20名程度で，死亡例はない。
(3) 原因物質と発生機序：タンパク質を多く含む食肉類や魚介類では，保存期間中の時間経過に伴い，タンパク質が分解されアミノ酸が生じる。さらにアミノ酸が分解されると，アンモニアや**腐敗アミン類**等の窒素含有物が生成する（食品の変質・腐敗）。
　魚介類（特に背中の青い赤身魚）に豊富に含まれる**遊離ヒスチジン**が，

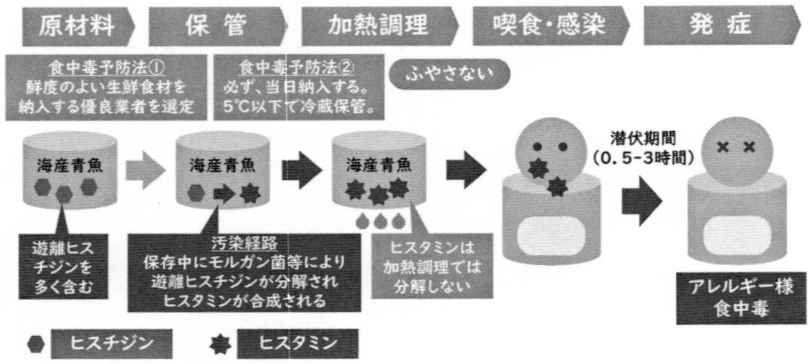

図 4.4　ヒスタミン食中毒と予防対策

エラや消化管に常在しているヒスタミン産生菌（**モルガネラ菌**：*Morganella morganii* 等）がもつヒスチジン脱炭酸酵素の活性によって脱炭酸化されて，腐敗アミンの一種であるヒスタミンが生成される（**図 4.4** 参照）。食品中にトリメチルアミン等の他のアミン類が共存していると，より低濃度でも発症しうる。

ヒスタミン産生菌としては，*Morganella morganii*，*Klebsiella oxytoca* 等の腸内細菌，*Photobacterium phosphoreum* 等の好塩性細菌等が知られている。

(4) 原因食品：上記の化学反応は時間経過に伴うタンパク質（アミノ酸）の腐敗反応の一種であるため，ヒスタミンは鮮度の低下した青魚（イワシ，サンマ，サバ，アジ，カツオ，マグロ，カジキ等）の赤身肉に多量に含まれる（新鮮な魚では通常 1 mg/kg 以下であるが，原因食品中では 1,000 ～ 5,000mg/kg 以上検出される）。ヒスタミンは加熱調理では分解・除去されないため，焼魚や煮魚に加え，適切に温度管理されなかった干物・みりん干し等の加工食品も原因食品になる。

(5) 潜伏期間：食物アレルギーと同様，食後 30 ～ 60 分以内に発症する。

(6) 主な症状：口の周り，まぶた，耳たぶなどに熱感につづき，眠気や酩酊感，そして口腔内の掻痒感，顔面紅潮，蕁麻疹様発疹や紅斑等，食物アレルギーに似た炎症反応があらわれる。アナフィラキシーのような重症化はほとんどなく，6 ～ 10 時間程，遅くとも 24 時間以内に自然回復する。抗ヒスタミン薬はこれらの症状を緩和する。

(7) 予防対策（衛生管理）：ヒスタミンは加熱調理しても分解されない。したがって，腐敗の進行に伴い原材料中にヒスタミンが産生されてしまわないよう鮮度管理が重要である。

「**大量調理施設衛生管理マニュアル**」に従い，

① 調理前日までに納入し冷蔵保管するのではなく，必ず当日朝の納入を徹底する*。

*「大量調理施設衛生管理マニュアル」表12.3の重要管理事項 1 (5)

② また，検収時に食材の品温測定を行うなど，5℃以下の冷蔵保存が遵守された鮮度のよい魚介類のみを見極めて納入し，鮮度のおちた原材料は受入れないようにする*。

③ コーデックス規格では，食品中のヒスタミンが200mg/kgを越えないこととされている。

*「大量調理施設衛生管理マニュアル」表12.3の重要管理事項1(4)

【演習問題】

問1　食中毒の原因となる細菌およびウイルスに関する記述である。最も適当なのはどれか。1つ選べ。（2020年国家試験）

(1) リステリア菌は，プロセスチーズから感染しやすい。
(2) サルモネラ菌は，偏性嫌気性の細菌である。
(3) 黄色ブドウ球菌は，7.5%食塩水中で増殖できる。
(4) ボツリヌス菌の毒素は，100℃，30分の加熱で失活しない。
(5) ノロウイルスは，カキの中腸腺で増殖する。

解答　(3)

問2　細菌性およびウイルス性食中毒に関する記述である。正しいのはどれか。1つ選べ。（2019年国家試験）

(1) ウェルシュ菌は，通性嫌気性芽胞菌である。
(2) 黄色ブドウ球菌の毒素は，煮沸処理では失活しない。
(3) サルモネラ菌による食中毒の潜伏期間は，5～10日程度である。
(4) ノロウイルスは，乾物からは感染しない。
(5) カンピロバクターは，海産魚介類の生食から感染する場合が多い。

解答　(2)

問3　腸管出血性大腸菌による食中毒に関する記述である。誤っているのはどれか。1つ選べ。（2019年国家試験）

(1) 少量の菌数でも感染する。
(2) 毒素は，テトロドトキシンである。
(3) 潜伏期間は，2～10日間程度である。
(4) 主な症状は，腹痛と血便である。
(5) 溶血性尿毒症症候群（HUS）に移行する場合がある。

解答　(2)

問4　カンピロバクターとそれによる食中毒に関する記述である。正しいのはどれか。1つ選べ。（2018年国家試験）

(1) 潜伏期間は，サルモネラ菌よりも短い。
(2) 大気中で増殖する。
(3) 耐熱性エンテロトキシンを産生する。
(4) 芽胞を形成する。
(5) 人畜共通感染症の原因菌である。

解答　(5)

問5　微生物に関する記述である。誤っているのはどれか。1つ選べ。

(2017年国家試験)

(1) クロストリジウム属細菌は，水分活性0.9以上で増殖できる。
(2) バシラス属細菌は，10％の食塩濃度で生育できる。
(3) 通性嫌気性菌は，酸素の有無に関係なく生育できる。
(4) 偏性嫌気性菌は，酸素の存在下で増殖できる。
(5) 好気性菌は，光が無くても生育できる。

解答　(4)

問6　食中毒の原因菌と原因食品の組合せである。正しいのはどれか。1つ選べ。

(2017年国家試験)

(1) 腸管出血性大腸菌 ―― 卵焼き
(2) サルモネラ属菌 ―― しめさば
(3) 腸炎ビブリオ ―― あゆの塩焼き
(4) ボツリヌス菌 ―― ソーセージの缶詰
(5) 下痢型セレウス菌 ―― はちみつ

解答　(4)

問7　腸管出血性大腸菌による食中毒に関する記述である。正しいのはどれか。1つ選べ。

(2015年国家試験)

(1) 細菌性食中毒の原因菌として，最も多い。
(2) 主な症状は発熱である。
(3) 重篤な場合，溶血性尿毒症症候群（HUS）を引き起こす。
(4) 真空包装食品が主な原因となる。
(5) 食後数時間で発症する。

解答　(3)

問8　細菌性食中毒の原因菌と主な発生源となる食品の組合せである。正しいのはどれか。1つ選べ。

(2014年国家試験)

(1) 腸炎ビブリオ ―― 野菜
(2) カンピロバクター ―― きのこ類
(3) サルモネラ ―― 鶏卵
(4) ブドウ球菌 ―― 二枚貝
(5) ウェルシュ菌 ―― はちみつ

解答　(3)

問9　人畜共通感染症に関する記述である。誤っているのはどれか。1つ選べ。

(2017年国家試験)

(1) リステリア症は，髄膜炎の原因となる。
(2) 炭疽は，感染動物との接触によって感染する。
(3) ブルセラ症は，感染動物由来の乳製品が感染源となる。
(4) レプトスピラ症は，汚染した水が原因となる。
(5) プリオン病は，ワクチンで予防できる。

解答　(5)

【参考文献】

石綿肇，西宗高弘ほか編：新食品衛生学：食品の安全性（食物と栄養学基礎シリーズ５），学文社，35-38，39-43（2014）

国立感染症研究所：食中毒と腸管感染症，https://www.niid.go.jp/niid/ja/route/intestinal.html（2021/05/08）

国立感染症研究所 レファレンス委員会：ボツリヌス病原体検査マニュアル 121207．地方衛生研究所全国協議会，1-11（2012）

坂崎利一，島田俊雄，村瀬稔ほか：各論 細菌性感染症，新訂食水系感染症と細菌性食中毒，（坂崎利一），89-452，中央法規（2000）

食品安全委員会：ファクトシート　セレウス菌食中毒（Bacillus cereus foodborne poisoning）．食品安全委員会，1-5（2011）

食品安全委員会：ファクトシート　ブドウ球菌食中毒（Staphylococcal foodborne poisoning）．食品安全委員会，1-5（2011）

食品安全委員会報告書：食品により媒介される感染症等に関する文献調査報告書（社団法人 畜産技術協会作成）．食品安全委員会，218-227（2010）

廣末トシ子，安達修一：食べ物と健康・食品と衛生　新食品衛生学要説　2021年版．医歯薬出版，59-63，70-74（2021）

吉田幸雄・有薗直樹・山田稔編：医動物学（第７版），南山堂（2018）

5　食品を原因とする寄生虫症

【学修目的】
食品媒介性の寄生虫症について，その病原体となる各種寄生虫を熟知し，食品由来の経口寄生虫症（＝寄生虫性食中毒）の発生を予防しうる衛生管理ができるようになることである。

【学修目標】
上記の学修目的を達成するために最低限必要な学修目標を以下に示す。
①寄生虫汚染に対する衛生管理の要点を把握し，実践できる。
②寄生虫汚染食品と感染経路を理解する。
③食品を媒介して感染する寄生虫の種類と生態（生活環）を理解し，どのような食品が，どのような寄生虫に汚染されているか把握する。

【要点整理】
食品衛生分野における寄生虫症を理解する上での要点は，
①寄生虫は固有宿主に寄生し，虫卵→幼虫→成虫へと発育し，終宿主内で産卵する，という生活環（ライフサイクル）を形成している。この生活環は，一つの宿主動物内で完結する場合もあるが，多くの場合，食物連鎖に依存して，被捕食者（中間宿主）から上位の捕食者（終宿主）へと移行する。
②ヒトが虫卵や幼虫を経口摂取すると感染し，寄生虫症を発症する。ヒトが固有宿主（終宿主）の場合，比較的症状は穏やかに推移するが，非固有宿主の場合，成虫になれない幼虫が幼虫移行症を引き起こす。
③予防・衛生管理の原則は，加熱調理と冷凍保存である。汚染食材の生食（不完全加熱）を忌避することでほぼ確実に予防できる。

食品を媒介して感染する病原体は，細菌やウイルス，真菌等の微生物だけではない。さまざまな食材の元となる生物に寄生している寄生虫もまた，食品を媒介して，食品を摂取したヒトに経口的に感染して寄生虫症を発症させる。第二次世界大戦後の日本における国民の保虫率は高く，公衆衛生上の重要課題であったが，寄生虫病予防法（1994 年廃止）に基づく集団検診や駆虫剤の服用，上下水道の整備等により衛生環境が向上した結果，1970 年代以降，保虫率は大幅に低下した。しかし，流行地からの渡航帰国者や外国人入国者による輸入事例の増加，輸入農産物の増加等により，2010 年代に入ってから寄生虫による食中毒は急増し，2011 年より保健所における食中毒事件票の病因物質の種別として，「寄生虫」が独立した項目に変更された（以前は「その他」）。さらに 2018 年から，病因物質別の食中毒発生件数第 1 位は「ノロウイルス」や「カンピロバクター」を抑えて「アニサキス」になっている。

経口感染する寄生虫症（食中毒）に対する確実な予防法は，生食を忌避し加熱調理することに尽きる。しかし，海産魚介類を中心に生食が食文化となっている日本において，すべての食材を加熱調理することは不可能である。また，衛生レベルが低く寄生虫症が流行している地域に海外旅行した際に，現地で感染して帰国してから発症する輸入感染症（旅行者下痢症）も課題となる。したがって，どのような食材がどのような寄生虫に汚染されているか熟知し，リスクの高い食材の生食を忌避することが寄生虫性食中毒予防の要となる。

5.1　寄生虫総論（入門）

5.1.1　寄生虫の分類

人体寄生虫は分類学的には，一般に 4 つの動物門に含まれている。

① 原生動物門（原虫：赤痢アメーバ／マラリア原虫）：内部寄生虫／寄生原虫
② 扁形動物門（吸虫／条虫）：内部寄生虫／寄生蠕虫
③ 線形動物門（線虫）：内部寄生虫／寄生蠕虫
④ 節足動物門（昆虫）：外部寄生虫

これらの寄生虫は，体表面に寄生する外部寄生虫と体内（腸管内，胆管内，血管内，肺内，脳内等々）に寄生する内部寄生虫に大別される。外部寄生虫は蚊やシラミ，ノミ，ダニ等の節足動物で，さまざまなウイルスや細菌，寄生原虫のベクター（運び屋）としてヒトと動物の間を媒介する。一方，ヒト寄生虫症の原因になる内部寄生虫は，原生生物（主に真核単細胞生物）の**原虫**（Protozoa）と動物（多細胞生物）の**蠕虫**（Helminth）に分けられる。さらに，蠕虫は，線形動物門の**線虫類**と扁形動物門の**吸虫類**および**条虫類**に分けられる。

5.1.2　生活環（ライフサイクル）と固有宿主

ヒト寄生虫症を理解する上での要点は，その「生活環（ライフサイクル）」を把握することである。

寄生虫のライフステージを区分すると，それぞれに呼称は異なるが，概ね「虫卵」「幼虫」「成虫」に区分できる。

・「幼虫」は，「虫卵」から孵化後，「成虫」に至るまでのステージである。
・「幼虫」ステージが複数（第一期・第二期等…）あるものも多い。
・成長の最終段階で，産卵可能なステージが「成虫」である。

真核単細胞生物である原虫は，細胞分裂によって増殖する（無性生殖）。
真核多細胞生物である蠕虫のうち，線虫は雌雄異体で有性生殖を行う。
（住血吸虫以外の）吸虫および条虫は雌雄同体で有性生殖を行う。

5.1.3　寄生虫の感染性

ヒトへの感染性は，寄生虫の種類やライフステージによって異なる。

・虫卵・嚢子の経口摂取で感染する寄生虫…回虫，クリプトスポリジウム等
・幼虫の経口摂取で感染する寄生虫…アニサキス，日本海裂頭条虫等

5.1.4　寄生虫の感染経路

① 経口感染…虫卵あるいは幼虫に汚染された食品を生食して感染
② 経皮感染…水中あるいは土壌中の幼虫が皮膚（傷口）から侵入して感染
③ 自家感染…虫卵・幼虫が体外に排泄されずに（同一宿主内で）孵化・発育し感染

食品衛生上，問題になるのは汚染された食品を生食することによって経口感染する場合である。

5.1.5　寄生虫の宿主特異性と組織特異性

・寄生虫と宿主の関係は，特異的である（宿主特異性）。
・宿主内での寄生部位（臓器・組織）も限局されている（組織特異性）。

ライフステージによって宿主内の臓器から臓器へと**体内移行**する寄生虫もある（例：回虫）。

5.1.6　寄生虫症の症状

寄生虫が寄生した部位（臓器）・寄生虫数等に応じた症状が顕れる。

・ヒトを終宿主（固有宿主）とする寄生虫の多くは，病原性が弱く不顕性感染である。

固有宿主と非固有宿主

・寄生虫が正常な発育段階をふむことができる宿主を「固有宿主」という。
・一つの宿主内で，虫卵から成虫まで発育できる場合とできない場合がある。
・虫卵から幼虫までしか発育できない場合，その宿主を「中間宿主」という。
　また幼虫が終宿主に移行するまで一時的に留まる宿主を「待機宿主」という。
・幼虫から成虫まで発育して産卵できる宿主を「終宿主」という。
　終宿主の消化管内で産卵された虫卵は，排泄物（糞便）と共に排出されて，再び固有宿主（中間宿主あるいは終宿主）に捕食される機会を待つ。

・中間宿主から終宿主への移行は，「食物連鎖」に依存していることが多い。
　ヒトが捕食されることはないので，ヒトが中間宿主になる例は少ない。
　一方，中間宿主を（固有宿主ではない）ヒトが捕食すると，中間宿主内に寄生していた幼虫がヒトに感染するが，幼虫は成虫になれないまま人体内に留まるので人獣共通寄生虫症（幼虫移行症）の原因になる。
　したがって，このような中間宿主が，食品媒介性寄生虫症（寄生虫性食中毒）の原因食品（感染源）になりやすいため，食中毒を予防する上で寄生虫とその中間宿主の組合せを把握しておく必要がある。

ただし，通常の寄生部位と異なる臓器に**異所寄生**した場合には，強い症状が顕れる場合もある。

・ヒトが非固有宿主の場合，成虫に発育できない幼虫が幼虫移行症を発症する。

（例）

皮下を爬行するとミミズ腫れのような炎症

眼球内に移行して視神経を傷害すると失明

脳・神経系に移行して，てんかん様発作を誘発

5.2 寄生虫の汚染経路と汚染食品

いずれの寄生虫も，虫卵（幼虫包蔵卵）あるいは幼虫（嚢子，前擬充尾虫）に汚染された食品の「生食」，あるいは不完全加熱な食品を摂取することで経口感染する。したがって，

① 中間宿主→終宿主，動物種および寄生部位と原因食品・調理法との関連性

② 感染宿主であるヒトの体内での寄生部位と症状との関連性を関連づけて理解する必要がある。以下，食品のカテゴリ別に，汚染している主な寄生虫（原虫・線虫・吸虫・条虫）および代表的な寄生虫症について紹介する。

5.2.1 海産魚介類から経口感染する寄生虫症

主な海産魚介類由来の寄生虫症を，**表 5.1** に示す。

(1) 病因寄生虫：主にヒトを終宿主とする条虫類と幼虫移行症をひきおこす線虫類である。

(2) 原因食品：海産魚介類の活魚を食材とした刺身や鮨等

(3) 感染経路：多くの場合，幼虫で汚染されている海産魚の生食（加熱不十分）で経口感染する。

(4) 予防対策（衛生管理）：十分な加熱調理が基本。食材の冷凍保管で死滅する寄生虫もいる。

5.2.1.1 アニサキス

2013 年 1 月から，保健所の食中毒事件票の病因物質として，「寄生虫（アニサキス）」の項目が（その他から独立して）新設され，統計上，発生件数，患者数が公表されるようになった。2015 年頃から急増し，2018 年からはカンピロバクターを抜いて食中毒病因物質別の発生件数第 1 位となっている（直近 5 年平均 307 件，全体の約 30%）。ただし，1 件あたりの患者数は平均 1 名と小規模であるため，年間の総患者数に占める割合は低く（全体の約 2 ～ 3 %），死亡例も報告されていない。

表 5.1　海産魚介類から経口感染する寄生虫

食品	病因寄生虫	分類	生活環と主な原因食品 中間宿主 ［幼虫／寄生部位］	→　終宿主 ［成虫］	潜伏期間	ヒト寄生部位	主な症状・予後等	主な予防法 衛生管理法
海産物	アニサキス	線虫	①オキアミ **②サバ・サケ・アジ・サンマ・イカ等（内臓→筋肉）** ［第 3 期幼虫］	クジラ イルカ	1 時間～十数時間	胃壁腸壁	幼虫移行症 急性胃アニサキス症 激しい腹痛・嘔吐等 食物アレルギー	生食忌避 加熱（60℃・1 分） 冷凍（-20℃・24 時間） 漁獲後，内臓除去
海産物	旋尾線虫	線虫	**ホタルイカ（内臓）** スルメイカ（内臓） タラ（内臓） ［幼虫 typeX］	海棲哺乳類 鳥類		腸管 皮下	幼虫移行症 腸閉塞（腹痛・嘔吐等） 皮膚爬行症	内臓の生食忌避 冷凍（-30℃・4 日間） 冷凍（-30℃・15 時間） 冷凍（-40℃・40 分）
海産物	日本海裂頭条虫 広節裂頭条虫	条虫	**サクラマス（筋肉）** **サケ（筋肉）** タラ（筋肉） ［前擬充尾虫］	**ヒト**		小腸腔内	自覚症状は少ない 食欲不振・腹部膨満感・腹痛・下痢等	生食忌避 加熱（56℃以上） 冷凍（-20℃・24 時間）
海産物	クジラ複殖門条虫（旧名：大複殖門条虫）	条虫	**カタクチイワシ・シラス・サバ** カツオ・アジ ［プレロセルコイド］	ヒゲクジラ類 アザラシ		小腸腔内	自覚症状は少ない 食欲不振・腹痛・下痢等	生食忌避 加熱（56℃以上） 冷凍（-20℃・24 時間）
海産物	クドア・セプテンプンクタータ（ナナホシクドア）	原虫 粘液胞子虫	環形動物 （ゴカイ・イトミミズ等？）	**ヒラメ（筋肉）** 主に養殖ヒラメ	2～7 時間 2～20 時間	小腸壁	嘔気・嘔吐・腹痛・下痢・発熱等 24 時間程度で自然治癒	加熱（75℃・5 分） 冷凍（-20℃・4 時間） 冷凍（-80℃・2 時間） 出荷前検査

(1)　病原体：アニサキス亜科の線虫。クジラやイルカ等の海棲哺乳動物を終宿主とするアニサキス（*Anisakis*）属およびアザラシやトド等を終宿主とするシュードテラノバ（*Pseudoterranova*）属の**第 3 期幼虫（2～3 cm）**が含まれる。

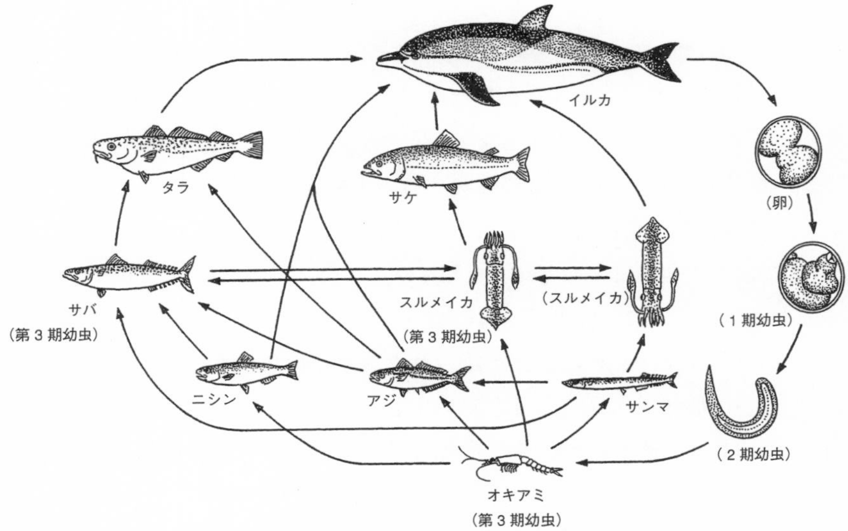

出所）石井明ほか：標準医動物学，医学書院（1998）

図 5.1　アニサキスの生活史

＊**待機宿主**　待機宿主とは，寄生虫の生活環において必要ではないが，終宿主と中間宿主との間で介在することによって，終宿主への感染機会を増加させる動物。

(2) 保虫動物と原因食品：アニサキスの第二中間宿主（**待機宿主**＊）であるサバ，イワシ，カツオ，サケ，サンマ，アジ，イカ等の海産魚介類が第３期幼虫を保虫している。内臓に寄生している虫体は，宿主の死後，内臓から筋肉内に移行する。したがって，これらの生鮮魚類の内臓や筋肉を非加熱のまま生食することで感染する。太平洋側に多いアニサキス・シンプレックス（*A. simplex*）は，日本海側に多いアニサキス・ペグレフィ（*A. pegreffii*）よりも筋肉移行率が高いため，太平洋産の魚介類の方が原因食品になりやすい傾向がある。

(3) 発症菌量：１匹の幼虫でも感染が成立する。

(4) 潜伏期間：食後１～十数時間以内

(5) 感染機序と主症状：経口摂取された第３期幼虫が胃粘膜に穿入する幼虫移行症である。その結果，激しい腹痛，嘔気・嘔吐を呈する（急性胃アニサキス症）。しばしば，胃粘膜の浮腫や出血もみられる。最近の研究では，アニサキス虫体に対するⅢ型アレルギー反応が関連していると考えられている。胃内視鏡で虫体を確認して確定診断するとともに，内視鏡の生検鉗子で虫体を摘除すると治癒する。胃から腸管に至った場合，十数時間後に激しい下腹部痛や腹膜炎症状を呈する（急性腸アニサキス症）。

(6) 予防対策（衛生管理）

① やっつける：生食を忌避し，加熱調理（60℃・１分間以上，70℃・数秒）で虫体は死滅する。あるいは冷凍保管（－20℃以下・24時間以上）でも感染性を失う。一方，酢締め等の加工・調理では死滅しない。

② つけない：中間宿主である魚介類の死後，鮮度が落ちると内臓から可食部である筋肉に移行するので，すみやかに内臓を除去して筋肉への移行を阻止する。また目視で虫体を確認して，摘除する。

5.2.2　淡水産魚介類から経口感染する寄生虫症

主な淡水産魚介類由来の寄生虫症を，**表 5.2** に示す。

(1) 病因寄生虫：ほとんどが吸虫類である。

(2) 原因食品：淡水産の川魚や貝類，甲殻類等

(3) 感染経路：多くの場合，汚染された淡水産の魚・貝・カニ等の生食あるいは加熱不十分で経口感染する。

(4) 予防対策（衛生管理）：十分な加熱調理が基本。食材の冷凍保管でも死滅する。

5.2.3　食肉・獣肉類から経口感染する寄生虫症

主な畜肉・獣肉由来の寄生虫症を，**表 5.3** に示す。

表 5.2　淡水産魚介類から経口感染する寄生虫

食品	病因寄生虫	分類	生活環と主な原因食品		潜伏期間	ヒト寄生部位	主な症状・予後等	主な予防法 衛生管理法
			中間宿主 ［幼虫／寄生部位］	→　終宿主 ［成虫］				
淡水産 魚介類	有棘顎口虫	線虫	①ケンミジンコ ②ライギョ（筋肉） ドジョウ（筋肉） ナマズ（筋肉） ［第3期幼虫］	ネコ（胃壁） イヌ（胃壁）		消化管 皮下 眼 脳	幼虫移行症 遊走性限局性皮膚腫脹 好酸球増多	生食忌避 加熱（60℃・1分） 冷凍（-20℃・数時間）
淡水産 魚介類	剛棘顎口虫	線虫	ドジョウ （中国等から輸入）	ブタ（胃壁）		消化管 皮下	幼虫移行症 皮膚爬行症 好酸球増多	加熱（60℃・1分） 冷凍（-20℃・数時間）
淡水産 魚介類	宮崎肺吸虫	吸虫	②サワガニ モクズガニ （甲羅内膜） ［メタセルカリア］	**イタチ** テン （肺間質）		肺（間質） 脳	胸痛，気胸，胸水貯留 脳腫瘍様障害 頭痛，てんかん様発作	生食忌避 加熱（55℃・5分） 調理器具を媒介する交差汚染防止 冷凍（-18℃・2時間）
淡水産 魚介類	ウェステルマン肺吸虫	吸虫	①カワニナ ②サワガニ モクズガニ （鰓・肝臓・筋肉） ［メタセルカリア］	**ヒト** イヌ・ネコ （肺実質）		肺（実質） 脳	血痰，咳嗽，喀痰 胸痛，気胸，胸水貯留 脳腫瘍様障害 頭痛，てんかん様発作	生食忌避 加熱（55℃・5分） 調理器具を媒介する交差汚染防止 冷凍（-18℃・2時間）
淡水産 魚介類	肝吸虫	吸虫	①マメタニシ **②コイ（筋肉）** **フナ（筋肉）** **ウグイ（筋肉）** **［メタセルカリア／被嚢幼虫］**	**ヒト** イヌ・ネコ イタチ・ネズミ ［肝内胆管］	23～26日	肝内胆管 胆管	少数：不顕性感染 多数：肝臓ジストマ 胆管塞栓，胆汁うっ滞 胆管炎，肝硬変・黄疸	生食忌避 加熱
淡水産 魚介類	横川吸虫	吸虫	①カワニナ **②アユ（鱗下）** シラウオ（鱗下） フナ・ウグイ ［メタセルカリア］	**ヒト**	約1週間	小腸粘膜	少数：不顕性感染 多数：嘔吐・腹痛・下痢，腸穿孔・腸閉塞等	生食忌避 加熱 冷凍（-20℃・4時間）

(1) 病因寄生虫：ヒトを終宿主とする条虫類と幼虫移行症を引き起こす線虫類および原虫類である。これらは人獣共通感染症（寄生虫症）としての側面もある。

(2) 原因食品：ウシやブタ等の畜肉および野生動物（イノシシやシカ等）の獣肉が原因となる。

(3) 感染経路：多くの場合，汚染畜肉の加熱不十分で経口感染する。

(4) 予防対策（衛生管理）：十分な加熱調理が基本。食材の冷凍保管でも死滅する。

5.2.4　野菜・果物類から経口感染する寄生虫症

主な野菜類由来の寄生虫症を，**表 5.4** に示す。

(1) 原因食品：堆肥を利用する有機栽培野菜，家畜の屎尿や下水が流入する水辺の野草（クレソンやセリ等）

(2) 感染経路：多くの場合，虫卵や幼虫に汚染された野菜や果物の生食あ

表 5.3　食肉・獣肉類から経口感染する寄生虫

食 品	病因寄生虫	分類	生活環と主な原因食品		潜伏期間	ヒト寄生部位	主な症状・予後等	主な予防法 衛生管理法
			中間宿主 ［幼虫／寄生部位］	→ 終宿主 ［成虫］				
畜産物 （食肉）	有鉤条虫 有鉤嚢虫	条虫	**ブタ（豚肉）** **イノシシ（猪肉）** ［有鉤嚢虫／筋肉］	**ヒト** **［虫卵の自家感染→有鉤嚢虫症］**		小腸腔内 **諸臓器**	腹痛・下痢等 **有鉤嚢虫症** てんかん様発作・痙攣	生食忌避 加熱（60℃・1分） 冷凍（−20℃・数時間）
畜産物 （食肉）	無鉤条虫	条虫	**ウシ（牛刺し）** **ヒツジ（羊肉）** ［無鉤嚢虫／筋肉］	**ヒト**		小腸腔内	悪心・食欲不振 腹痛・下痢 不快感等	加熱 冷凍（−10℃・6日間）
畜産物 （食肉）	旋毛虫 （トリヒナ）	線虫	**クマ（熊肉）** **シカ（鹿肉）** **イノシシ（猪肉）** **ブタ（豚肉）** ウマ・イヌ・ネコ・ヒト ［幼虫／横紋筋］⇔［成虫／腸管粘膜］			小腸粘膜 ［成虫］ 横紋筋 ［幼虫］	人獣共通感染症 悪心・腹痛・下痢 高熱・顔面浮腫・筋肉痛・全身浮腫・肺炎等 重症化：痙攣・呼吸困難・髄膜炎（死亡率高）	生食忌避 加熱（55℃以上） 冷凍では死滅しない
水系 畜産物 （食肉）	トキソプラズマ	原虫	ネズミ・ヒト **ブタ（豚肉）** **ヒツジ（羊肉）** **ヤギ（山羊肉・乳）** ［シスト（嚢子）］	ネコ科 ［オーシスト／糞便］ **に二次汚染された食品・水**		諸臓器 胎児	後天性トキソプラズマ症（発熱・リンパ節炎・心筋炎・脳炎等） 先天性トキソプラズマ症（流産・水頭症等）	加熱（67℃） 冷凍（−12℃）
畜産物 （馬肉）	サルコシスティス・フェアリー（フェイヤー住肉胞子虫）	原虫 胞子虫	**ウマ（馬刺し）** **シカ（鹿刺し）** ［肉胞嚢／筋肉］	イヌ・ヒト ［オーシスト］	1～8時間	小腸	急性中毒 嘔吐・下痢等	加熱 冷凍（−20℃・48時間） 冷凍（−30℃・36時間） 冷凍（−40℃・18時間）

るいは加熱不十分な野菜類の摂取で経口感染する。

(3) 衛生管理：十分な洗浄および加熱調理が基本。食材の冷凍保管でも死滅する。

5.2.5　水から経口感染する寄生虫症

主な水系由来の寄生虫症を，**表 5.4** に示す。

(1) 病因寄生虫：主に水系感染する原虫である。

(2) 原因食品：水道水，井戸水，北海道の自然水

(3) 感染経路：多くの場合，生水の飲水で経口感染する。

(4) 衛生管理：飲水前の加熱（煮沸消毒），塩素消毒（上水）が有効である。ただし一部塩素消毒に抵抗性を有する原虫（クリプトスポリジウム等）もいるので過信しないこと。

5.2.5.1　クリプトスポリジウム

塩素消毒に抵抗性があり，飲料水（上水）の水源がクリプトスポリジウムに汚染されると，水道水を媒介する集団下痢症が引き起こされる。日本では，1987 年に青森県黒石市，1994 年に神奈川県平塚市，1996 年に埼玉県越生町

表 5.4　野菜／水系から経口感染する寄生虫症

食品	病因寄生虫	分類	生活環と主な原因食品		潜伏期間	ヒト寄生部位	主な症状・予後等	主な予防法 衛生管理法
			媒介食品・水 ［虫卵・幼虫］	→ 終宿主 ［成虫］				
水系	赤痢アメーバ	原虫	**水** ［シスト（嚢子）］	**ヒト** ［栄養型］		大腸粘膜 ↓ 肝臓	**アメーバ性赤痢** （発熱・腹痛・下痢・潰瘍性大腸炎・濃粘血性下痢） 肝膿瘍・肝腫大・膿胸	生食忌避 加熱（60℃・1分） 二次汚染防止
水系	ランブル鞭毛虫	原虫	**水** **野菜** ［シスト（嚢子）］	**ヒト** ［栄養型］	2～8週間	十二指腸 空腸上部 胆管	**ジアルジア症** 下痢（軟便～水様性） 腹痛・鼓腹・食欲不振・胆嚢炎等	生食忌避 加熱（60℃・数分） 冷凍（-20℃・48時間）
水系	クリプトスポリジウム	原虫	**生水** **水道水** ［オーシスト］	ウシ・ブタ・イヌ・ネコ・ネズミ・**ヒト**		小腸上皮 大腸	腹痛・下痢・嘔吐等 10日前後で治癒	加熱（70℃・2分） 冷凍（-20℃・30分） 塩素消毒抵抗性
水系	サイクロスポーラ	原虫	**生水** **野菜・果物** ［成熟オーシスト］	**ヒトを含む霊長類**		小腸上皮 ↓ 横紋筋	悪心・嘔気・腹痛 軟便・水様性下痢 高熱・心筋炎等 1～2週間で自然治癒	生食忌避 加熱（70℃以上） 冷凍（-18℃・24時間）
水系	多胞条虫 エキノコックス	条虫	野ネズミ（尿） **生水** ［虫卵］	キツネ イヌ	数十年	肝臓	腹水・浮腫・黄疸 血痰・胸膜炎・気管支炎	生食忌避 加熱（60℃・10分）
淡水系	巨大肝蛭	吸虫	水草・木片 **（クレソン・セリ・ミョウガ）** ［メタセルカリア］	ヒト ウシ（牛レバー） ヒツジ **［胆管内］**		肝臓 胆管内	胆石様の疝痛発作，発熱，食欲不振，併発：胆管炎・胆管閉塞・黄疸・肝膿瘍等	加熱（75℃・5分） 冷凍（-20℃・4時間）
野菜系	ヒト回虫	線虫	**野菜（堆肥）** ［幼虫包蔵卵］	**ヒト** ［小腸→肺→消化管内］		消化管［成虫］ 肺［幼虫］	少数：食欲異常・悪心・嘔吐 多数：腸閉塞 肺炎	加熱（45℃以上） 堆肥の滅菌処理
野菜系	鉤虫類	線虫	**野菜（堆肥）** ［幼虫］	**ヒト** ［小腸→肺→消化管内］		消化管［成虫］ 肺［幼虫］	少数： 多数：皮膚炎・貧血 肺炎	加熱

で，水道水を媒介したクリプトスポリジウムによる集団下痢症が発生している。

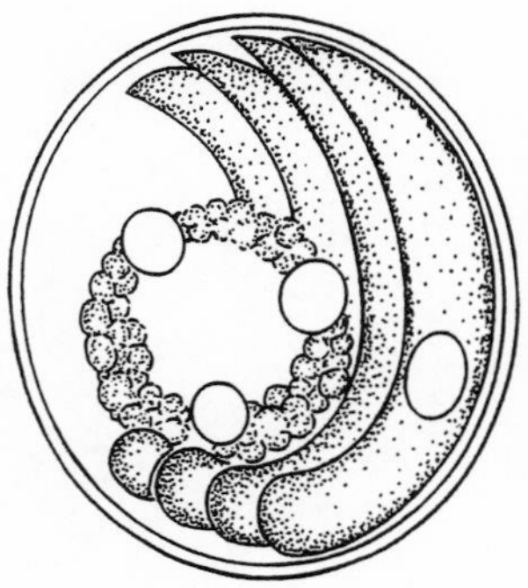

出所）石井ほか：標準医動物学，医学書院（1998）

図 5.2　クリプトスポリジウムのオーシスト
（井関　原図）

(1) 病原体：クリプトスポリジウム（*Cryptosporidium parvum*）（胞子虫類に属する原虫）
(2) 保虫動物と原因食品：ウシ，ブタ，イヌ，ネコ，ネズミ等（腸管内に寄生し，下痢を引き起こす）が保虫している。患者や保虫動物の便と共に排泄された成熟オーシスト（接合子嚢）に汚染された水や野菜類等が原因食品になる。
(3) 発症菌量：1～数個のオーシストの摂取で感染が成立する。
(4) 潜伏期間：4～5日

(5) 感染機序と主症状：経口摂取されたオーシストが小腸に至ると，感染性のスポロゾイト（虫体）が遊離して，小腸粘膜上皮細胞の微絨毛に侵入し，増殖する。腹痛，嘔気・嘔吐，軽度の発熱を伴い1日頻回（数回～10回）の水様性下痢を呈するが，治療を行わなくても1～2週間で自然治癒する。

(6) 予防対策（衛生管理）

① やっつける：加熱（70℃以上）あるいは冷凍（−20℃以下・30分）で死滅する。常温・乾燥下では4日以内に感染性を失う。飲料水は煮沸消毒する。ただし，塩素抵抗性があるため，水道水の残留塩素基準である0.1mg/L程度の塩素濃度では死滅しない。

② つけない：患者の排泄物の取扱いに留意し，ヒトからヒトへの二次感染，手指を介した食品への二次汚染防止に努める。

5.2.5.2　アメーバ性赤痢

アメーバ性赤痢（五類感染症）は，寄生虫（原虫）の赤痢アメーバに汚染された生水や食品によって経口感染する。世界人口の約1％（約7000万人）が感染しており，毎年，4～7万人の死亡者がいると推定されている。日本では，流行地への渡航による輸入感染例（旅行者下痢症）である。また，男性同性愛者間で流行する性感染症でもある。

＊シスト　シストとは，生物体が作る嚢子，被嚢，包嚢のことで，生活環の一時期である。カビでの胞子，あるいは，蝶々の生活環は，卵→青虫→サナギ→成虫であるが，サナギできなものである。

オーシストとは，原虫の生活環における一つ時期である。シストと同じであるが原虫の場合のみオーシストが使用される。

(1) 病因寄生虫：赤痢アメーバ（*Entamoeba histolytica*）の**シスト**＊。栄養型（感染性なし）とシスト（嚢子：感染型）の生活環をもつ根足虫類に属する原虫。

(2) 原因食品：患者や健康保菌者由来のシストを含む糞便に汚染された水（生水），野菜類。人糞が堆肥として再利用されると，農作物が一次汚染されて原因食品（感染源）になる。

(3) 潜伏期間：不定（数日～数週～数年）

(4) 感染機序と主症状：発熱，しぶり腹，水様性下痢，濃粘血性下痢。腸管外感染すると重症化し，肝膿瘍，肝腫大，膿胸を認める。

(5) 予防対策（衛生管理）：

① やっつける：流行地では，生水や野菜・果物類の生食を忌避し，加熱調理（55℃以上）する。次亜塩素酸ナトリウムによる消毒には抵抗性を示す（1％・30分間以上）。

② つけない：糞便汚染に留意し，調理前や配膳前，食前における手指消毒を励行する。

5.2.5.3　ジアルジア（ランブル鞭毛虫）

ジアルジアは，熱帯・亜熱帯地域を中心に数億人の感染者（患者数は数百万人）がいる腸管寄生虫である。日本では第二次世界大戦後には5～10%の国民が感染していたが，現在では流行地への渡航者による輸入感染例（旅行者下痢症）となっている。

(1) 病原体：ランブル鞭毛虫（*Giardia lamblia*）。　栄養型とシスト（嚢子：感染型）の生活環をもつ原虫。
(2) 原因食品：感染性のシストで汚染された飲料水（生水），生野菜類の摂取により経口感染する。
(3) 発症虫量：10～25個のシスト
(4) 潜伏期間：2～8週間
(5) 感染機序と主症状：十二指腸に寄生し，しばしば逆行性に総胆管や胆嚢へ寄生する。通常，発熱はなく，軟便または水様性下痢，ときに脂肪便を呈する。不顕性感染（無症候感染）も多い。
(6) 予防対策（衛生管理）：
　① やっつける：流行地では，生水や野菜類の生食を忌避し，加熱調理する。
　② つけない：調理前や配膳前，食前における手指消毒を励行する。

5.2.5.4　サイクロスポーラ

サイクロスポーラは，腸管寄生性のコクシジウム類に分類される寄生原虫である。腸炎症状は，クリプトスポリジウム感染症やジアルジア症に類似している。日本の報告例は，ほとんどが東南アジアへの渡航者による輸入感染例（旅行者下痢症）である。

(1) 病原体：サイクロスポーラ（*Cyclospora cayetanensis*）
(2) 原因食品：患者便中に排泄された未熟オーシストが，水中で感染性を有する成熟オーシストに成熟化した後，生水あるいは二次汚染された野菜・果物類の生食によって経口感染する。成熟化しないと感染性を獲得できないため，ヒトからヒトに直接，二次感染することはない。
(3) 潜伏期間：平均1週間
(4) 感染機序と主症状：持続する水様性下痢（1日8回以上），食欲不振，倦怠感，体重減少等。症状は1～2か月（平均6週間）持続するが，その後自然治癒する。
(5) 予防対策（衛生管理）：

① やっつける：流行地では，生水や野菜類の生食を忌避し，加熱調理する。流行地からの輸入食材も同様に生食を忌避し，よく洗浄・消毒するか加熱調理する。

② つけない：糞便汚染に留意し，調理前，配膳前および食前の手指消毒を励行する。

5.3 寄生虫症予防のための衛生管理

寄生虫感染の可能性が高い食材を知り，

① 生食を避け，中心部まで確実に加熱調理する。

② 冷凍で死滅する寄生虫については，生食で提供する食材は冷凍保管する（－20℃で24時間以上）。

③ 鮮度低下にともなって，内臓の表面や鱗に寄生している寄生虫が，可食部の筋肉内に移行するため，保存する場合は内臓や鱗を除去する。

④ まな板や包丁等の調理器具類を媒介して，他の食材を二次汚染（交差汚染）するので，生鮮魚類，淡水産カニ，内臓等を扱う調理器具類は，大量調理施設衛生管理マニュアルの重要管理事項3に従い，専用のまな板・包丁を使いわけ，調理の前と後にはよく洗浄し，熱湯消毒する。

⑤ 海外の流行地を旅行する場合，生水（および氷），生水で洗浄した生野菜の摂取を忌避する。海外で感染し，保菌状態（不顕性感染）で帰国し，帰国後発症する旅行者下痢症（輸入感染症）事例にならないように，留意する（出国前に予防接種を受けておく等）。

【演習問題】

問1　寄生虫に関する記述である。正しいのはどれか。1つ選べ。

（2018年国家試験）

(1) さば中のアニサキスは，食酢の作用で死滅する。
(2) 回虫による寄生虫症は，化学肥料の普及で増加した。
(3) 日本海裂頭条虫は，ますの生食によって感染する。
(4) サルコシスティスは，ほたるいかの生食によって感染する。
(5) 横川吸虫は，さわがにの生食によって感染する。

解答　(3)

問2　食品から感染する寄生虫症に関する記述である。正しいのはどれか。1つ選べ。

（2016年国家試験）

(1) 冷凍処理は，寄生虫症の予防にならない。
(2) アニサキスは，卵移行症型である。
(3) クドアは，ひらめの生食により感染する。
(4) 肝吸虫は，不完全調理の豚肉摂取により感染する。

(5) サルコシスティスは，鶏肉の生食により感染する。

解答　(3)

問 3　寄生虫症の主な感染源に関する記述である。正しいのはどれか。1つ選べ。
（2013 年国家試験）

(1) トキソプラズマは，淡水魚類を介する。
(2) 回虫は，魚介類を介する。
(3) サイクロスポーラは，肉類を介する。
(4) 赤痢アメーバは，生水を介する。
(5) アニサキスは，野菜類を介する。

解答　(4)

【参考文献】

国立感染症研究所：食中毒と腸管感染症，
https://www.niid.go.jp/niid/ja/route/intestinal.html（2021/05/08）
坂崎利一，島田俊雄，村瀬稔ほか：各論 細菌性感染症，新訂食水系感染症と細菌性食中毒，（坂崎利一），89-452，中央法規（2000）
吉田幸雄・有薗直樹・山田稔編：医動物学（第 7 版），南山堂（2018）

6　カビ毒と自然毒

6.1　カビ毒（マイコトキシン）

カビの二次代謝産物であり，ヒトや動物に有毒な物質をマイコトキシン（mycotoxin；カビ毒）といい，マイコトキシンによって引き起こされる疾病（しっぺい）をカビ中毒症または真菌中毒症（mycotoxicosis）という。マイコトキシンを産生するカビとしてアスペルギルス属（*Aspergillus* 属，コウジカビ）ペニシリウム属（*Penicillium* 属，アオカビ）やフザリウム属（*Fusarium* 属，アカカビ）などがある。主なカビ毒について**表 6.1** にまとめた。

表 6.1　主なマイコトキシン

マイコトキシン	産生カビ	主な汚染食品	主な中毒症状	日本での規制値
アフラトキシン	*Aspergillus flavus* *Aspergillus parasiticus*	麦，トウモロコシ，豆類，ナッツ類など	肝障害，肝臓がん	全ての食品：B_1，B_2，G_1，G_2 の合計が 10**ppb***以下
ステリグマトシスチン	*Aspergillus versicolor*	穀類，ナッツ類	肝障害，肝臓がん	
オクラトキシン	*Aspergillus ochraceus*	穀類	肝障害，腎障害	
デオキシニバレノール	*Fusarium graminearum*	麦類，トウモロコシ	嘔吐，腹痛，めまい，下痢，口腔周囲の壊死，白血球減少	小麦：1.1ppm 以下
シトレオビリジン	*Penicillium citreo-viride*	穀類	肝障害，神経毒性	
シトリニン	*Penicillium citrinum*	穀類，ナッツ類	腎障害	
ルテオスカイリン サイクロクロロチン	*Penicillium islandicum*	穀類	肝障害，肝臓がん	
パツリン	*Penicillium expansum*	リンゴ	胃，腸，肝臓，肺などに充血，出血，潰瘍	リンゴジュース：50**ppb***以下
エルゴタミン エルゴメトリン	*Claviceps purpurea*	麦類	嘔吐，下痢，腹痛，知覚異常，けいれん，妊婦で流産・早産	

出所）石綿肇ほか編：新食品衛生学：食品の安全性（食物と栄養学基礎シリーズ 5），63，学文社（2014）

6.1.1　アフラトキシン

アフラトキシン（aflatoxin）は，1960（昭和 35）年に，イギリスにおいて 10 万羽以上の七面鳥のヒナが中毒死した事件で発見されたカビ毒で，当初，原因不明により turkey X disease と命名された。アスベルギルス・フラバス（*Aspergillus flavus*）やアスペルギルス・パラジティクス（*Aspergillus parasiticus*）の一部の株が産生し，ムギ，トウモロコシ，豆類やナッツ類などを汚染する（**図 6.1**）。食品での含有が問題となるのは，アフラトキシン B_1，B_2，G_1，G_2，M_1，M_2 の 6 種類である。これらのうち，アフラトキシン B_1，B_2，G_1，G_2 の 4 種類が「総アフラトキシン」と定義されており，食品全般に対し 10 μg/kg 以下の規制値が設けられている。

＊ **ppb**　part per billion の略。10 億分の 1 を表す。たとえば，1 ppb は 1 ng/g である。

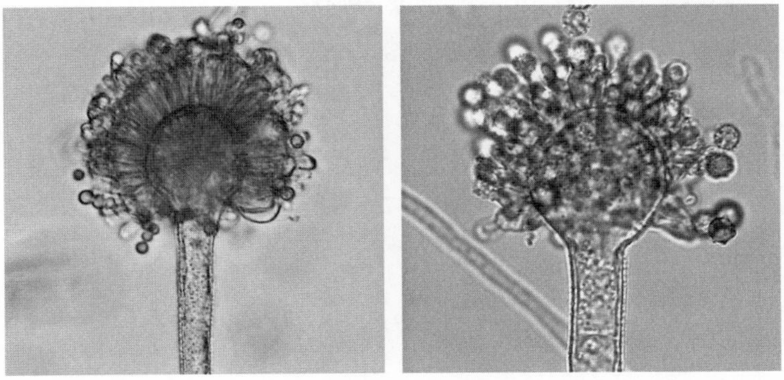

図 6.1 *Aspergillus flavus*（左）および *Aspergillus parasiticus*（右）

アフラトキシンは耐熱性（B1は268～269℃で分解）で，一般的な加熱調理では分解されない。毒性はB1が最も強く，化学物質中最強の発がん性物質である。

6.1.2 オクラトキシン

オクラトキシンは，アスペルギルス・オクラセウス（*Aspergillus ochraceus*）などのカビ類がつくるカビ毒である。穀類およびその加工品，コーヒー，ココア，ビール，ワインなど，さまざまな食品で汚染の例が報告されている。さまざまな物質の発がん性を評価している国際がん研究機関（IARC）では，構造が異なるA，B，Cの3種類のうち，毒性の最も強いオクラトキシンAを「ヒトに対して発がん性の可能性がある」というグループに分類している。

6.1.3 フザリウムトキシン

フザリウム属（*Fusarium* 属）の菌が産生するマイコトキシンで，麦の穂を赤変させることから赤カビ病の原因として知られる。「赤カビ病」は大麦や小麦の開花期に穂にフザリウム属のカビが生え，被害を受けた麦の穂が赤紫色に着色することから名付けられた。わが国では赤カビ病の小麦でつくったうどんを食して起こった中毒が報告されている。

有毒成分として，トリコテセン系のT-2トキシン，デオキシニバレノール，ニバレノール，フザレノン-Xやトリコテセン骨格をもたないゼアラレノン，フモニシンが知られている。これらの中で，デオキシニバレノールとニバレノールは日本で最初に発見された。デオキシニバレノールは日本を含む世界の温帯各地で，主に麦やとうもろこしみられるが，ニバレノールは世界的にはデオキシニバレノールほど問題になっていないものの，日本では麦類で汚染が報告されている。そのため日本では，コムギのデオキシニバレノールの暫定的な基準値を1.1ppm*としている。デオキシニバレノール，ニバレノールに汚染された食品を一度に大量に食べた場合，いわゆる急性毒性として，嘔吐や食欲不振などがみられる。

*** ppm**　part per million の略。100万分の1を表す。たとえば，1 ppmは1 μg/gである。

コラム5　近年のアフラトキシン汚染の状況

アフラトキシンは，アスペルギルス・フラバス（*Aspergillus flavus*）が産生する毒素（toxin）であることから“aflatoxin”と命名された。当時の分類では，アスペルギルス・フラバスであったが，後にアスペルギルス・パラジティクス（*Aspergillus parasiticus*）であることが明らかとなった。また，アスペルギルス・フラバスの約30%，アスペルギルス・パラジティクスの約95%がアフラトキシンを産生する。

アフラトキシンの汚染は，穀類やナッツ類の収穫～乾燥期に起こる。アフラトキシンの産生には，25～30℃が最適であり，わが国における穀類の収穫～乾燥期では気温が25℃に達しないため，アフラトキシンの自然汚染のリスクは非常に低いと考えられてきた。しかし，2011年に宮崎大学の農学部で生産した特別栽培米（玄米）から，基準値の7倍のアフラトキシン（70 μg/kg）が検出された事例が発生した。これまで，食品のアフラトキシン汚染は輸入食品によるものであり，今回の事例は国内で起きたアフラトキシンの自然汚染の数少ない事例である。このことから，地球温暖化にともない，日本の気候が亜熱帯化してきており，国内でもアフラトキシンが産生される条件が整う状態になってきていると考えられており，注意が必要である。

6.1.4　黄変米マイコトキシン

ペニシリウム属（*Penicillum* 属）のカビにより，いわゆる黄変米が発生する。日本は，第二次世界大戦後の食糧不足の頃に東南アジアなどから多量のコメを船便で輸入し，輸送中にペニシリウム属のカビによって黄色に変色した黄変米の毒性が心配されて社会問題となった。その輸入米から分離されたペニシリウム属のカビにマイコトキシンを産生するものが含まれていた。

ペニシリウム・シトレオビリデ（*Penicillium citreoviride*）が産生するシトレオビリジン（citreoviridin）は肝障害や神経毒性を示し，タイ国黄変米から分離されたペニシリウム・シトリヌム（*Penicillium citrinum*）からは腎障害を起こすシトリニン（citrinin）が検出された。さらに，イスランジア黄変米より分離されたペニシリウム・イスランデイクム（*Penicillum islandicum*）からはルテオスカイリン（luteoskyrin）やサイクロクロロチン（cyclochlorotin）が産生され，肝障害や肝臓がんを起こす。

6.1.5　パツリン

パツリンはペニシリウム属（*Penicillium* 属）やアスペルギルス属（*Aspergillus* 属）などのカビが産生するカビ毒で，主にりんごを汚染することが知られている。これらのカビは，りんごの収穫，包装，輸送時等に受けた損傷部から侵入するとされており，不適切な貯蔵などでパツリンを産生する。パツリンは消化管の充血や出血，潰瘍を起こすことが知られており，りんごの搾汁および搾汁された果汁のみを原料とする清涼飲料水にあってはパツリン0.050ppm以下とすることが，清涼飲料水の規格基準に設定されている。

6.1.6　麦　角

ライムギ，オオムギ，コムギなどのイネ科植物の穂に麦角菌（*Claviceps purpurea*）が寄生すると，黒紫色で角状（つのじょう）の菌核である麦角が形成される。麦角にはエルゴタミン（ergotamine）やエルゴメトリン（ergometrine）などが含まれ，摂取すると嘔吐，下痢，腹痛，知覚異常やけいれんなどの中毒を起こし，妊婦では流産や早産の原因になる。また，血管収縮を引き起こし，手足の壊死に至ることもある。

6.2　動物性自然毒

動植物固有の天然の有毒成分を自然毒といい，動物性および植物性自然毒に分けられている。動物性自然毒による中毒は，動物の体内に保有される有毒成分によって起こる中毒をいい，ほとんどが海産魚介類に限られている。なかでもフグ中毒が大部分で，このほか麻痺性および下痢性貝毒，シガテラ毒魚などがある。主な動物性自然毒について**表 6.2** にまとめた。

6.2.1　フグ毒

フグ中毒のほとんどが毒性物質であるテトロドトキシン（tetrodotoxin）によるものである。テトロドトキシンは海洋中の細菌によって産生されることが明らかにされており，多様な分布とあいまって，食物連鎖および生物濃縮によりフグの毒化が起こるとの説が提案されている。また，テトロドトキシンは，フグだけでなく，魚類のツムギハゼ，軟体動物のヒョウモンダコ，ボウシュウボラ，バイなど多様な生物に存在が確認されている。

フグ毒テトロドトキシンは，肝臓や卵巣に多く存在するが，フグの種類によっては皮，精巣や筋肉にも含まれているものがある。特に産卵期直前のころ（1～4月）が最も毒力が強くなる。フグ毒約 2 mg（10,000**MU***）が致死量となる。毒素摂取量が多い場合は 30 分前後で発症し，7～8 時間で死に至ることもある。なお，1 MU は体重 20g のマウス 1 匹を腹腔内投与後 30 分で死亡させる毒量を示す。テトロドトキシンは水に難溶性で，酸や日光な

***MU**　マウスユニット（Mouse Unit）

表 6.2　主な動物性自然毒

原因物質	由来	主な原因食品	主な中毒症状
テトロドトキシン	細菌類	フグの有毒部位	しびれ，知覚異常，言語障害，歩行困難，呼吸困難，血圧低下，呼吸停止，心停止
シガテラ毒（シガトキシン，スカリトキシン，マイトトキシンなど）	海藻類	シガテラ魚（オニカマス，サザナミハギ，バラハタ，バラフエダイなど）	嘔吐，下痢，頭痛，関節痛，筋肉痛，舌や全身のしびれ，チアノーゼ，ドライアイスセンセーション
麻痺性貝毒（サキシトキシン，ネオサキシトキシン，ゴニオトキシンなど）	海藻類	ホタテガイ，ムラサキイガイ，アカザラガイ，アサリ，カキ	しびれ，麻痺，運動機能障害，呼吸麻痺
下痢性貝毒（オカダ酸，ヂノフィシストキシン群など）	海藻類	ムラサキイガイ，ホタテガイ，アカザラガイ，コタマガイ，カキ	下痢，嘔吐，腹痛
ビタミン A	内在性物質	イシナギの肝臓	頭痛，発熱，顔面浮腫，皮膚の落屑
ワックス（ろう）	内在性物質	バラムツ，アブラソコムツ	下痢，腹痛，嘔吐

出所）石綿肇ほか編：新食品衛生学：食品の安全性（食物と栄養学基礎シリーズ 5），67，学文社（2014）を一部改変

どに安定であり，100℃，4時間の加熱でも無毒化は困難である。アルカリ性で加熱することにより毒性はなくなるが，通常の加熱調理では分解されない。フグ中毒は家庭での調理により発生する場合が圧倒的に多い。

6.2.2　シガテラ毒魚

シガテラ（ciguatera）とは，熱帯・亜熱帯のサンゴ礁周辺に生息する有毒魚によって起こる食中毒の総称である。これを起こすシガテラ魚は数百種にも及ぶが，食品衛生上は約20種が問題となる。代表的なシガテラ魚は，オニカマス（別名ドクカマス），サザナミハギ，バラハタやバラフエダイなどであり，カンパチ，ヒラマサでの中毒例もある。

毒素はシガトキシン（ciguatoxin），スカリトキシン（scaritoxin）やマイトトキシン（maitotoxin）などである。一般的に毒性が最も強い部位は肝臓であるが，他の内臓，精巣，筋肉にも毒性があるといわれる。死亡率は0.1％以下と低い。シガテラ毒魚の毒化は食物連鎖によるものと考えられており，有毒プランクトンである渦鞭毛藻類（*Gambierdiscus* 属）が産生したものであるといわれる。

シガテラ毒の発病時間は比較的早く，1～8時間程で発病し，ときに2日以上のこともある。回復は一般に非常に遅く，完全回復には数ヵ月以上を要することもある。中毒症状としては消化器系症状と神経系症状があげられる。消化器系症状としては下痢，吐気，嘔吐，腹痛などがあり，神経系症状としては温度感覚異常，関節痛，筋肉痛，掻痒，しびれなどが引き起こされる。特徴的な症状としてドライアイスセンセーションと呼ばれる知覚障害がある。物に触れるとドライアイスに触れたような痙痛（とうつう）を感じ，温かいものも冷たく感じる冷温感覚異常である。

＊ビタミンA　日本人の食事摂取基準（2020）によると成人の推奨量は1日850～900 μgRAE（2500～2700IU），1日の上限量は2700 μgRAE（1 IU＝0.33RAE）。

6.2.3　イシナギの肝臓

イシナギは北海道以南の水深400～500mの深海に生息し，成魚は体長2m以上に達する（**図6.2**）。肝臓に**ビタミンA**＊を多量に含む（50～150万IU）ため，摂取するとビタミンAの過剰症の中毒となる。1960年にイシナギの肝臓は食用禁止措置がとられた。

図6.2　イシナギ

出所）厚生労働省ホームページ　自然毒のリスクプロファイル：魚類：ビタミンA https://www.mhlw.go.jp/topics/syokuchu/poison/animal_07.html（2021/6/22）

症状は，食後30分から12時間で発症し，激しい頭痛，発熱，吐き気，嘔吐，顔面の浮腫がみられ，下痢，腹痛を伴うこともある。特徴的な症状は2日目ごろから始まる顔面や頭部の皮膚の剥離で，軽症では顔面，頸部などの局所的な落屑に止まるが，重症の場合は落屑は全身に及ぶ。回復には20～30日を要する。

6.2.4　深海魚

バラムツ（別名タマカマス）は約3m，アブラソコムツは約1.5mに達する大型の深海魚である（**図6.3**）。これらの魚に含まれている脂質成分の約90%はワックス（ろう）である。ヒトはワックスを消化できないので，これらの魚を摂取すると摂取後20時間ほどで激しい下痢，腹痛や嘔吐を起こす。かつて，これらの魚が切り身や加工品にされマグロやカジキとして市場に出回ったことから，バラムツは1970年に，アブラソコムツは1981年にそれぞれ食用禁止措置がとられた。

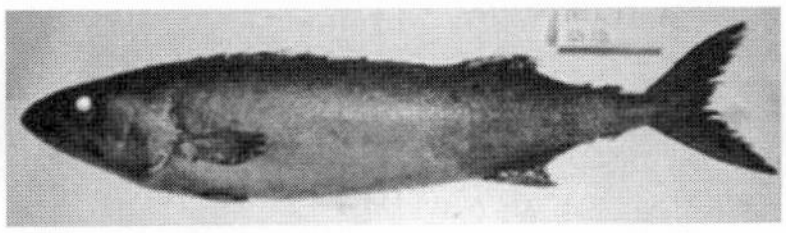

出所）厚生労働省ホームページ　自然毒のリスクプロファイル：魚類：異常脂質
https://www.mhlw.go.jp/topics/syokuchu/poison/animal_det_08.html（2021/6/22）

図6.3　バラムツ（左）とアブラソコムツ（右）

6.2.5　貝　毒

(1) 麻痺性貝毒

麻痺性貝毒による食中毒は，ホタテガイ，ムラサキイガイ，アカザラガイ，アサリやカキなどプランクトンを餌としている二枚貝によって起こる。有毒プランクトンの渦鞭毛藻類（*Alexandrium* 属など）や藍藻類を摂食した二枚貝の中腸腺に，麻痺性貝毒が蓄積され，日本全国では毎年毒化した二枚貝がよく検出される。

毒素はサキシトキシン（saxitoxin），ネオサキシトキシン（neosaxitoxin）やゴニオトキシン（gonyautoxin）など20種以上の毒素成分が混在している。なかでもサキシトキシンの毒力はフグ毒テトロドトキシンに匹敵する。

主症状は神経障害で，毒素摂取後比較的短時間のうちにフグ中毒と同様な口唇，舌，顔面や指先のしびれが始まり，やがて麻痺してくる。運動機能障害や呼吸麻痺などの症状が進行すると死に至る。予防対策は，貝の中腸腺を除去することである。わが国では，貝類および二枚貝等捕食生物の可食部1g当たり4MUを超える毒素が含まれているものは出荷規制がとられ，流通されない。

(2) 下痢性貝毒

下痢性貝毒による食中毒は，ムラサキイガイ，ホタテガイ，アカザラガイ，コタマガイやカキなど麻痺性貝毒による食中毒と同様にプランクトンを餌としている二枚貝によって起こる。なかでもムラサキイガイが最も毒化されやすいといわれる。有毒プランクトンの渦鞭毛藻類（*Dinophysis* 属）を摂食した二枚貝の中腸腺に毒素が蓄積される。

毒素はオカダ酸，デイノフイシストキシン（dinophysistoxin）群が知られる。

主症状は，下痢，嘔吐や腹痛などの急性胃腸炎である。回復は比較的早く死亡例はない。わが国では，貝類の可食部1g当たり0.05MUを超える毒素が含まれているものは出荷規制がとられ，流通されない。

6.3　植物性自然毒

植物の中には有毒物質を含むものがあり，植物由来の有毒物質を植物性自然毒という。食用のキノコ，山菜，野草だと思い，採ってきたものが植物性自然毒を含む毒キノコや毒草であったという知識不足により起こることが多い。植物性自然毒による食中毒は9～11月に多発しており，これは主に毒キノコによるものである。

6.3.1　キノコ中毒

わが国の気候はキノコの繁殖に適しており，多くのキノコが自生している。その種類は非常に多く数千種類にも及ぶ。その中で食用としているキノコは約300種といわれており，毒キノコは約60種と推定されている。特にツキヨタケ（**図6.4**）やクサウラベニタケによる中毒事例が多く，他にカキシメジ，ドクササコやテングタケ（**図6.5**）も多い。死亡事例が多いのはニセクロハツやドクツルタケである。

とくに柄が縦に裂けるものは食用，鮮やかな色彩のもの，ツバやツボのあるもの，悪臭を放つもの，苦味・辛味をもつもの，乳汁様の液を出すもの，銀製スプーンと煮るとスプーンを黒変させるもの

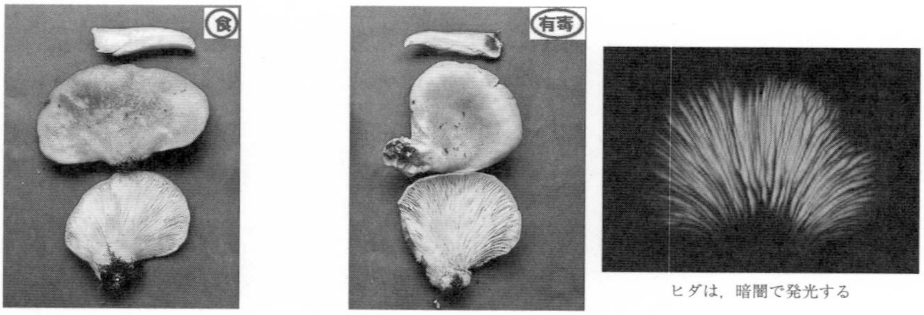

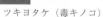

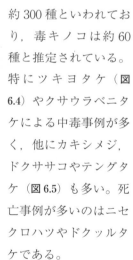

ムキタケ（食用）　ツキヨタケ（毒キノコ）

出所）東京都福祉保健局ホームページ　食品衛生の窓　ツキヨタケ（毒）キシメジ科
https://www.fukushihoken.metro.tokyo.lg.jp/shokuhin/kinoko/tsukiyod.html（2021/6/22）

図6.4　ムキタケ（食用）とツキヨタケ（毒キノコ）

タマゴタケ（食用）　ベニテングタケ（毒キノコ）

出所）東京都福祉保健局ホームページ　食品衛生の窓　ベニテングタケ（毒）テングタケ科
https://www.fukushihoken.metro.tokyo.lg.jp/shokuhin/kinoko/beniteng.html（2021/6/22）

図6.5　タマゴタケ（食用）とベニテングタケ（毒キノコ）

は有毒であるといわれているが，このような俗にいう“言い伝え”には科学的根拠はまったくない。例えば，ツキヨタケ，クサウラベニタケやカキシメジなどによる中毒事例が多いのは，これらは地味な色調のため食用キノコと間違えられやすいことが原因である。

6.3.2　その他の植物性自然毒

有毒植物による食中毒は，10年間（2011～2020年）に特定または推定されたものが190件発生している。その多くは，毒キノコの場合と同様に不注意あるいは間違えて摂取されたものである。毒キノコ以外の植物性自然毒による食中毒を**表6.3**にまとめた。

(1) ジャガイモ中毒

有毒成分としてアルカロイドのソラニンとチャコニンを含有する。ソラニンとチャコニンを含めたアルカロイドは，芽，表皮の下および緑色部に含まれる。特に，芽や光が当たって緑色になった皮などに多く含まれ，学校や家庭菜園などで作られた未熟で小さなジャガイモは，これらの毒素の濃度が高い。

中毒症状は，嘔吐，下痢，言語障害，視力障害，痙掌を起こし，ときには意識障害を起こす。致死量は3～6 mg/kgといわれる。

これらのアルカロイドは，熱に強く，210℃でも60%が残存するといわれている。近年，小学校などの教育現場における理科の授業で，栽培したじゃがいもを食べた児童の食中毒がしばしば発生している。食中毒の予防には，①ジャガイモに光を当てず大きく熟してから収穫する，②収穫後も涼しく通気性の良い真っ暗な場所に保管する，③調理する際は芽やその周辺を取り除き，できるだけ皮をむく，④苦みやえぐみのあるジャガイモは食べないことが有効である。

(2) 青酸関連化合物を含む植物による中毒

青梅などバラ科サクラ属種子の仁にアミグダリン，ビルマ豆や五色豆にはリナマリンが含まれる。いずれも青酸配糖体であり，これらの植物中のシアン発生性配糖体は，シアン化水素酸が放出されない限りは比較的毒性が低い。シアン化水素酸は植物組織が壊れたり，腸内細菌がもっているβグルコシダーゼの働きで配糖体が酵素的に加水分解されることにより生じる。急性症状は息苦しさ・吐き気・嘔吐・めまい・頭痛・動悸・過呼吸・呼吸困難・徐脈・意識喪失・激しい痙攣・死亡である。果物の仁などで死亡例がある。慢性毒性では，甲状腺機能の障害や神経障害が報告されている。

(3) オゴノリによる中毒

オゴノリは紅藻類で，静かな内湾の潮間帯の岩や貝殻に着生し，日本の海岸でよくみつけることができる。生えているときは褐色であるが，ゆでると

表 6.3　キノコ以外の植物性自然毒

有毒植物	主な誤食部位（誤認植物）や有毒部位	有毒成分	主要な中毒症状
アオウメ（青梅）	未熟青ウメ種子の仁 ＊スモモ，ビワ，アンズの種子も同様	アミグダリン	頭痛，めまい，発汗，けいれん，呼吸困難
ビルマ豆，五色豆	生あん	リナマリン	嘔吐，消化不良，けいれん
ジャガイモ	発芽部位，緑色表皮部分，小さい未熟なジャガイモ	ソラニン，チャコニン	腹痛，嘔吐，下痢，脱力感，めまい，呼吸困難
チョウセンアサガオ	根（ゴボウ），種子（ゴマ），つぼみ（オクラ） ・全草有毒	ヒヨスチアミン，アトロピン，スコポラミン	嘔吐，瞳孔散大，けいれん，呼吸困難
トリカブト	若芽（ニリンソウ，モミジガサ，ゲンノウショウコ） ・全草有毒	アコニチン	嘔吐，下痢，四股の麻痺
バイケイソウ	若葉（オオバギボウシ） ・全草有毒	プロトベラトリン，ジエルビン，ベラトラミン	嘔吐，下痢，血圧低下，けいれん
ハシリドコロ	新芽（フキノトウ，オオバギボウシ） ・全草有毒	ヒヨスチアミン，アトロピン，スコポラミン	嘔吐，下痢，血便，瞳孔散大，幻覚
ドクウツギ	果実（甘みがあるため誤食） ・全草有毒	コリンアミルチン，ツチン，コリアリン	嘔吐，けいれん，呼吸麻痺
スイセン	鱗茎（ノビル），葉（ニラ） ・全草有毒	リコリン，タゼチン	嘔吐，胃腸炎，下痢，頭痛
シキミ	果実（子どもが遊びで誤食） ・全草有毒	アニサチリン，イリシン，ハナノミン	嘔吐，下痢，めまい，けいれん，呼吸困難
タマスダレ	葉（ニラ），鱗茎（ノビル）	リコリン	嘔吐，けいれん
ヒガンバナ	鱗茎，芽 ・全草有毒	リコリン	吐き気，嘔吐，下痢，中枢神経麻痺
ヨウシュウヤマゴボウ	根（モリアザミ）	フィットラッカトキシン	吐き気，嘔吐，下痢
ジギタリス	葉（コンフリー） ・全草有毒	ジギトキシン	胃腸障害，嘔吐，下痢，頭痛，めまい
フクジュソウ	新芽（フキノトウ） ・全草有毒	シマリン，アドニトキシン	嘔吐，呼吸困難，心臓麻痺
ドクゼリ	葉や根（セリ），根茎（ワサビ） ・全草有毒	シクトキシン	嘔吐，下痢，腹痛，けいれん，呼吸困難
モロヘイヤ	種子	ストロフェチジン	牛で食欲不振，起立不能，下痢，死亡
ギンナン（銀杏）	＊通常食用だが一度に多く摂取することによる	4-メトキシピリドキシン	嘔吐，下痢，呼吸困難，けいれん
ヒルガオ科植物（アサガオ）	種子	ファルビチン，リゼルグ酸アミド	嘔吐，下痢，腹痛
スズラン	若芽（ギョウジャニンニク），葉，花 ・全草有毒	コンバラトキシン	強心作用

出所）東京都福祉保健局　一部追記。
出所）石綿肇ほか編：新食品衛生学：食品の安全性（食物と栄養学基礎シリーズ 5），69，学文社（2014）

緑色になる。オゴノリは，寒天の原料や刺身のツマとして使用されるが，まれに天然のものを生で食べて食中毒を起こすことがあり，死亡例も報告されている。これは海草自身がもつ毒ではなく，長時間水に浸すなどの条件が整うと，海草中の酵素がアラキドン酸を材料としてプロスタグランジン E2*生成することによる。市販品では，加熱処理など加工されているため酵素が失活し中毒を起こすことはない。

＊プロスタグランジン E2　一般名ジノプロストン。陣痛誘発・促進剤として用いられている。

【演習問題】

問 1　カビ毒に関する記述である。正しいのはどれか。1 つ選べ。
（2016 年国家試験）

(1) アフラトキシン B1 は，胃腸炎を引き起こす。
(2) ニバレノールは，肝障害を引き起こす。
(3) ゼアラレノンは，アンドロゲン様作用をもつ。
(4) パツリンは，りんごジュースに規格基準が設定されている。
(5) フモニシンは，米で見出される。

解答　(4)

問 2　植物とその毒成分の組合せである。正しいのはどれか。1 つ選べ。
（2016 年国家試験）

(1) ぎんなん ―――――― ソラニン
(2) あんず種子 ―――――― アミグダリン
(3) じゃがいもの芽 ――― リコリン
(4) ジギタリス ―――――― ムスカリン
(5) スイセンのりん茎 ―― テトラミン

解答　(2)

問 3　自然毒食中毒と，その原因となる毒素の組合せである。正しいのはどれか。1 つ選べ。
（2020 年国家試験）

(1) 下痢性貝毒による食中毒 ――― テトロドトキシン
(2) シガテラ毒による食中毒 ――― リナマリン
(3) スイセンによる食中毒 ―――― イボテン酸
(4) イヌサフランによる食中毒 ―― ソラニン
(5) ツキヨタケによる食中毒 ――― イルジン S

解答　(5)

問 4　食品に含まれる物質に関する記述である。誤っているのはどれか。1 つ選べ。
（2020 年国家試験）

(1) アフラトキシン M 群は，牛乳から検出されるカビ毒である。
(2) フモニシンは，トウモロコシから検出されるカビ毒である。
(3) アクリルアミドは，アミノカルボニル反応によって生じる。
(4) ヘテロサイクリックアミンは，アミロペクチンの加熱によって生じる。
(5) 牛肉は，トランス脂肪酸を含有する。

解答　(4)

問 5　かび毒に関する記述である。正しいのはどれか。1 つ選べ。
（2013 年国家試験）

(1) デオキシニバレノールは，小麦に基準値が設定されている。
(2) アフラトキシン B1 は，75℃の加熱により分解することができる。
(3) アフラトキシン B1 は，主に牛肉で検出されている。
(4) パツリンは，柑橘類の腐敗菌が産生する。
(5) 黄変米のかび毒は，フザリウム属の繁殖が原因である。

解答　(1)

【参考文献】

石綿肇，西宗髙弘ほか編：新食品衛生学：食品の安全性（食物と栄養学基礎シリーズ５），61-71，学文社（2014）

国立医薬品食品衛生研究所資料：食品中のシアン化物について，3，国立医薬品食品衛生研究所安全情報部（2020）

食品安全委員会ファクトシート：アフラトキシンの概要について．食品安全委員会，（2011）

食品安全委員報告書：輸入食品等の摂取等による健康影響に係る緊急時に対応するために実施する各種ハザード（微生物・ウイルスを除く。）に関する文献調査報告書，Ⅲ-3-54-Ⅲ-3-59，食品安全委員会（2011）

橋本芳郎：魚貝類の毒，121-130，東京大学出版会（1977）

廣末トシ子，安達修一：食べ物と健康・食品と衛生 新食品衛生学要説 2021年版．医歯薬出版（2021）

7　化学物質による食品汚染

7.1　残留農薬

農薬取締法*では，農薬とは，「農作物（樹木および農林産物を含む；以下「農作物等」）を害する菌，線虫，だに，昆虫，ねずみその他の動植物またはウイルスの防除に用いられる殺菌剤，殺虫剤その他の薬剤，および農作物等の生理機能の増進または抑制に用いられる植物成長促進剤，発芽抑制剤その他の薬剤を言う」，とされ，また農作物等の病害虫を防除するための「天敵」も農薬とみなす，とされている。用途別では**表 7.1** に示すものがある。農薬の使用は，生産性向上，農業の省力化，品質向上，安定供給等に欠かすことはできない。しかし，使用された農薬は，収穫された農作物等や土壌，環境に残留する。このように農作物等に残った農薬を「残留農薬」という。この残留農薬は農作物等あるいは家畜の飼料として利用された場合にはミルクや食肉への汚染を通じてヒトが摂取し，健康被害を及ぼす恐れがある。

***農薬取締法**　農薬について登録の制度を設け，販売および使用の規制等を行うことにより，農薬の安全性その他の品質および安全かつ適正な使用を確保して，生活環境の保全に寄与する法律。

近年，食料自給率（カロリーベース）の低い日本（2020 年；38%）では，輸入食品に頼ることが多く，輸入食品の農薬汚染（2002 年；冷凍ホウレンソウ）や無登録農薬の販売等による問題が発生した。このことから農薬等の国際的な食品規格への対応が求められるようになり，2006 年食品衛生法の改正により農薬等へのポジティブリスト制度が施行された。

表 7.1　農薬の用途別分類

殺虫剤	農作物を加害する害虫を防除する薬剤
殺菌剤	農作物を加害する病気を防除する薬剤
殺虫殺菌剤	農作物の害虫，病気を同時に防除する薬剤
除草剤	雑草を防除する薬剤
殺そ剤	農作物を加害するノネズミなどを防除する薬剤
植物成長調整剤	農作物の生育を促進したり，抑制する薬剤
誘引剤	主として害虫をにおいなどで誘き寄せる薬剤
展着剤	ほかの農薬と混合して用い，その農薬の付着性を高める薬剤
天　敵	農作物を加害する害虫を捕食
微生物剤	微生物を用いて農作物を加害する害虫病気等を防除する剤

7.1.1　化学構造による分類

(1) 有機塩素系農薬

分子中に塩素を含む有機農薬で，BHC，DDT，ディルドリン，クロルデンなどの殺虫剤がある（**図 7.1**）。これらの農薬は，代謝されにくく残

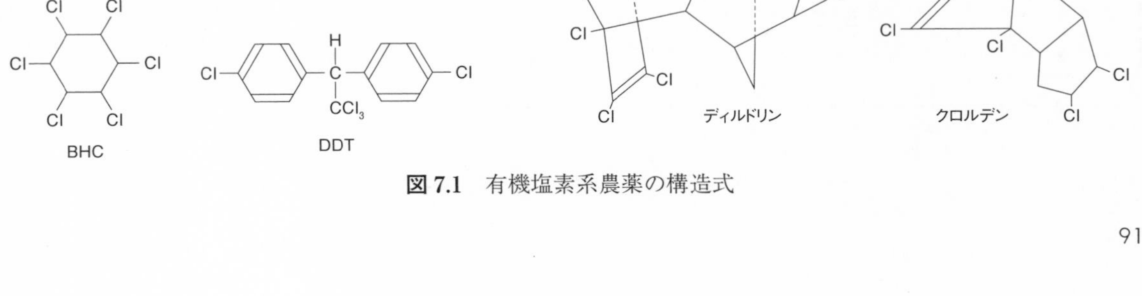

図 7.1　有機塩素系農薬の構造式

留しやすいこと，慢性毒性に注意する必要があること，中枢神経障害の原因となることなどから，使用禁止になっている。

(2) 有機リン系農薬

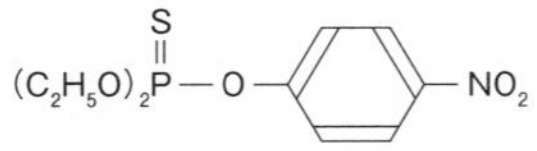

図 7.2 パラチオン

分子中にリンを含む有機農薬で，パラチオン（**図 7.2**），マラチオン，スミチオンなどがある。これらは生体内のアセチルコリンエステラーゼ活性を阻害することで，殺虫性を示す。一方，急性毒性を示す可能性が高い。パラチオンは使用禁止になっている。

(3) カルバメート系農薬

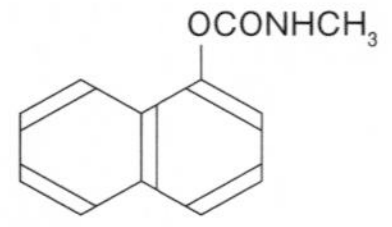

図 7.3 カルバリル

分子中にカルバミド（-CONH-）の構造を持つ有機農薬で，カルバリル（**図 7.3**），ベノミルなどがある。コリンエステラーゼの活性を阻害することにより虫の神経を過敏に興奮，麻痺させることにより殺虫効果を示す。殺菌や除草効果も有する。

(4) ピレスロイド系農薬

除虫菊に含まれる有機成分ピレトリンやアスレリンが殺虫効果を有する。ほ乳動物では加水分解を受け，排出されることから毒性は弱い。

(5) ネオニコチノイド系農薬

昆虫の神経経路を異常にして殺虫効果を示す。農産物の中に浸透して殺虫効果が長く続く。イミダグロプリド，アセタミプリドなどがある。

7.1.2 ポジティブリスト制度

先に示したように，残留農薬がヒトに健康被害をもたらすことから，食品衛生法が改正されポジティブリスト制度（農薬等が残留する食品の販売等を原則禁止する制度）が 2006 年に施行された。改正以前はネガティブリスト制度が行われていた。ここでの農薬等は，農薬，動物用医薬品，飼料添加物である。

ネガティブリスト制度では，残留基準が定められている農薬等を指定し，それ以外の農薬等が残留していても基本的に流通の規制はなかった。したがって，健康被害が起こる可能性の高い制度であった（**図 7.4**）。

ポジティブリスト制度では，残留

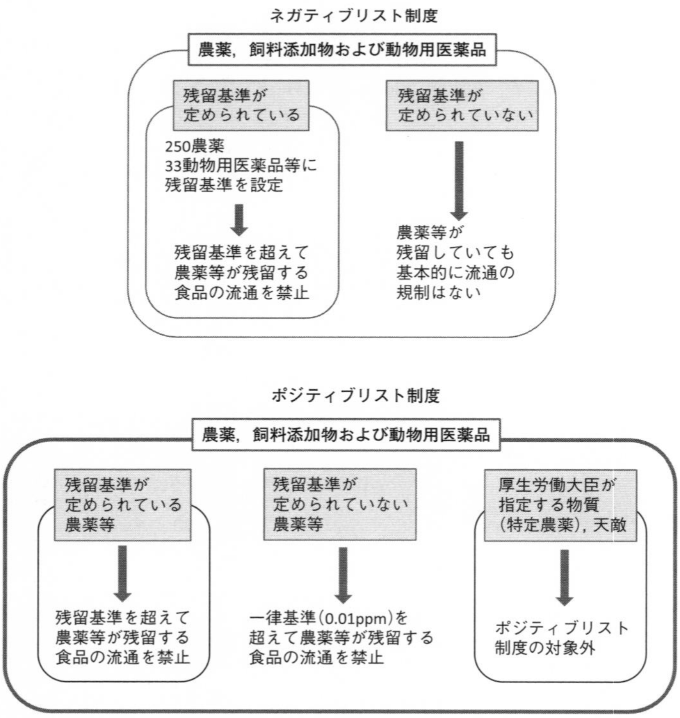

平成 18 年度におけるポジティブリスト制度の登録農薬数は 799 種
出所）厚生労働省編：厚生労働白書　平成 18 年版，より筆者改変

図 7.4 農薬等に関するネガティブリスト制度とポジティブリスト制度

を認める農薬等を指定し，それ以外の農薬は使用禁止とする制度であり，**残留農薬基準値**[*1]を超えて農薬等が残留する食品流通を禁止している。したがって，健康被害が起こる可能性のない制度である（**図 7.4**）。また，この制度は**加工食品**[*2]についても規定している。また，残留基準が定められていない農薬等に対しては一律基準（0.01ppm）が定められている。さらに，**天敵**[*3]や人の健康を損なうおそれのない農薬等（**特定農薬**[*4]）はポジティブリスト制度の対象外となっている。

＊1 残留農薬基準値　1日の各食品の平均摂取量と設定基準値の積（各食品の1日農薬摂取量）を求め，この値がADIを超えないように農薬基準値を設定する。

＊2 加工食品における残留農薬基準値の計算　農薬Aの残留基準値が20ppmのリンゴがある。20%果汁のリンゴジュースの残留基準値は4ppmである（20×0.2＝4）。

＊3 天敵　生物を攻撃して殺すか繁殖の能力を低下させる他の生物。

＊4 特定農薬　農薬取締法第2条第1項で，「その原材料に照らし農作物等，人畜及び水産動植物に害を及ぼすおそれがないことが明らかなものとして農林水産大臣及び環境大臣が指定する農薬」とされている。例として，エチレン，食酢，次亜塩素酸水，重曹などがある。

7.2　動物用医薬品と飼料添加物

動物用医薬品とは，農林水産大臣が定めた動物用医薬品等取締規則に「専ら動物のために使用されることが目的とされている医薬品をいう」と定義されている。抗菌性物質（抗生物質と合成抗菌剤），ホルモン剤，寄生虫用剤がある。飼料添加物とは，飼料の安全性の確保及び品質の改善に関する法律（飼料安全法）で「飼料の品質保持や栄養補助などの目的で添加・混和されている薬剤や栄養素の総称」とされている。

これらに使用される抗菌性物質を人が摂取することにより，それらに対する耐性菌の出現，ホルモン剤によるホルモン異常等の人的被害が起こる可能性がある。そのためにこれらの使用には，薬機法（旧薬事法，医薬品，医療機器等の品質，有効性及び安全性の確保等に関する法律）や飼料安全法の規制を受ける。また，食品として販売される場合は，ポジティブリスト制度が適用される。

7.3　環境汚染物質

7.3.1　ポリ塩化ビフェニル

ポリ塩化ビフェニル（PCB：polychlorinated biphenyl）（**図 7.5**）とは，化学的に合成された有機塩素化合物の一種で，ベンゼン環が二つ結合したビフェニルと呼ばれる物質に含まれる水素が塩素に置き換わったものである。209種類の異性体があり，これらを総称してPCBという。生体内に取り込まれ（脂溶性）しかも残留性が高く，皮膚障害などの慢性毒性が認められる。PCBは

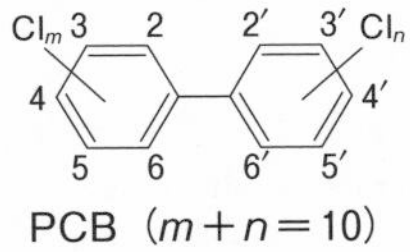

PCB（$m+n=10$）

図 7.5　PCB

コラム6　カネミ油症

カネミ油症は，1968（昭和34）年に，西日本を中心に広域にわたって発生した米ぬか油による食中毒事件である。原因は，カネミ倉庫社製の米ぬか油中に，製造過程（脱臭工程）で熱媒体として使用されていたカネクロール（鐘淵化学工業（現カネカ）社製）が混入したためである。原因物質はカネクロール中に含まれていたポリ塩化ビフェニル（PCB）やポリ塩化ジベンゾフラン（ダイオキシン類）である。認定患者数は1,966名（2012年現在）で，症状は吹出物（クロロアクネ），色素沈着，肝臓障害等である。また，現在でもこれらの症状で苦しんでいる認定患者が多い。

無色透明で化学的に安定で，不燃性，耐熱性，絶縁性や非水溶性などの性質を有しているために，変圧器やコンデンサなどの絶縁油，熱媒体，感圧紙，塗料等に広く使用されていた。また，残留規制がなかったために，これらの製品が廃棄され，地球上の環境や生物が汚染された。1973 年に**化審法**＊1（化学物質の審査及び製造等の規制に関する法律）により，**第一種特定化学物質**＊2 の指定を受け，製造が中止，使用が制限された。また，厚生省環境衛生局長通知で暫定規制値（遠洋沖合魚介類；0.5ppm，牛乳；0.1ppm，卵；0.2ppm，容器包装；5 ppm 等）が設定されている。最近では，この基準値を超えるものはほとんどない。

＊1 **化審法（化学物質審査規定法）** 人の健康を損なうおそれまたは動植物の生息・生育に支障を及ぼすおそれがある化学物質による環境の汚染を防止する目的で施行された法律。

＊2 **第一種特定化学物質** 難分解性，高蓄積性および長期毒性または高次捕食動物への慢性毒性を有する化学物質。

7.3.2　ダイオキシン類

ダイオキシン類（**図 7.6**）は，難分解性の環境汚染物質で，主に六員環内に２つの酸素原子をもつ有機化合物であり，ダイオキシン類対策特別措置法（1999 年）において，ポリ塩化ジベンゾフラン（PCDF），ポリ塩化ジベンゾ-パラ-ジオキシン（PCDD）およびコプラナー PCB（Co-PCB）の総称とされている。ダイオキシン類は物質が燃焼すると発生する。特に塩素化合物を含んだプラスチックを低温で燃焼させると発生する。他にも金属精錬や紙の塩素漂白等によっても発生する。ダイオキシン類は極めて毒性が強く，生殖や生育の阻害，免疫システムやホルモンに障害をもたらすとともに，発がん性も有している。また，内分泌かく乱化学物質としての疑いをもたれている。また，ダイオオキシン類は脂溶性のため母乳中＊3 に含まれる。

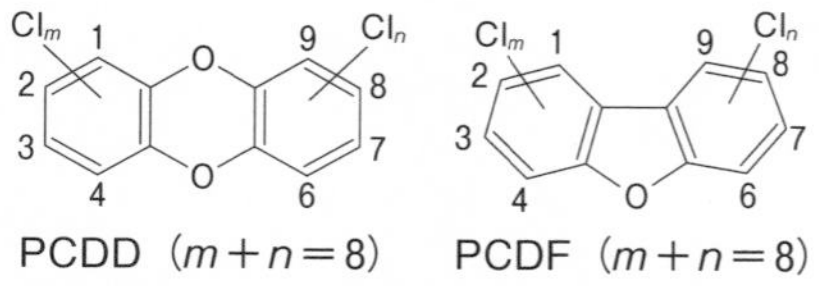

図 7.6　PCDD および PCDF

2020（令和２）年のわが国における食品からのダイオキシン類摂取量の 90 %は肉類，乳製品，魚介類である。また，ダイオキシン類の１日摂取量は，平均 0.46pgTEQ/kg/ 日と推定され，日本における**耐容１日摂取量**＊4 4 pgTEQ/kg/ 日を下回っている。また，健康を保護するために維持することが望ましい基準として，大気が 0.6pg/m^3 以下，水質が 1 pg/L 以下，土壌が 1,000pg/g 以下としている。

＊3 **母乳中のダイオキシン類濃度** 平成９～11年度　厚生科学研究「母乳中のダイオキシン類濃度等に関する調査研究」によると，ダイオキシン類（PCDD + PCDF）およびコプラナー PCB の全国平均濃度は22.2g-TEQ/g fat であり，年次的に減少傾向にある。

＊4 **耐容１日摂取量（TDI；Tolerable Daily Intake）** 人が一生涯にわたり摂取しても健康に対する有害な影響が現れないと判断される体重 1 kg あたりの１日あたりの摂取量。日本ダイオキシン類の TDI は 4 pg/kg/ 日である。

7.3.3　内分泌かく乱化学物質

1996（平成 10）年に出版されたシーア・コルボーンらの著書『奪われし未来』（*Our stolen future*）の刊行により有名になったのが環境ホルモン，すなわち，内分泌かく乱化学物質である。本著書では，野生生物に対して，甲状腺機能障害，卵のふ化率低下，生殖行動の異常，生殖器の奇形，メス化，オス化などの影響を与えていることを示し，ヒトに対しても同様なことが生じることを指摘した。

環境庁（当時）では，1998 年に「環境ホルモン戦略計画—SPEED 98—」を策定し，67 種類の内分泌かく乱化学物質として疑いがある化学物質につ

コラム7　内分泌かく乱作用を有すると疑われる化学物質

環境庁が指定した内分泌かく乱作用を有すると疑われる化学物質は67種類で，ダイオキシン類，PCB，マラチオン，トリブチルスズ（有機スズ），ビスフェノールA（樹脂の原料），スチレンの2，3量体などである。また，カドミウム，鉛，水銀も内分泌かく乱作用が疑われている。

いて実態調査，かく乱作用の有無，作用力の程度等の解明を行っている。内分泌かく乱物質は，ごく微量で生体内の調節機能のために重要な役割を果たしている内分泌系の作用に影響を与え，生体に障害や有害な影響を引き起こす。例えば，船底防汚塗料に含まれていた有機スズ（トリブチルスズなど）はごく低濃度でイボニシガイに影響を与え，雌を雄性化させることが知られているが，作用機序は不明である。

7.3.4　多環芳香族炭化水素

多環芳香族炭化水素（PAHs：Polycyclic Aromatic Hydrocarbons）は，炭素と水素原子から成る2つ以上の縮合芳香環（芳香環が縮合結合している）を含む多くの種類の有機化合物である。これらの化合物は，有機物質の不完全な燃焼または熱分解によって生成する。また，PAHsは火山活動，山火事，化石燃料の燃焼や喫煙によっても生成する。食品に含まれるベンゾ[a]ピレン（benzo[a]pyrene）（**図7.7**）は調理の過程や乾燥・加熱などで生成される。

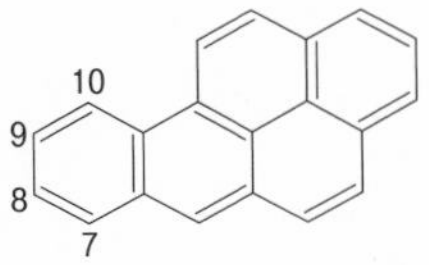

図7.7　ベンゾ[a]ピレン

ヒトへの経路は，喫煙者は喫煙により，非喫煙者は食品の摂取による。国際がん研究機関はPAHsの多くに発がん性や遺伝毒性があることを報告している。しかし，食品に含まれるPAHsのヒトが暴露される可能性の範囲と，食品を通じてヒトの体内に入る量（推定摂取量）をもとに，PAHsによる健康被害は低いと結論している。

7.3.5　重金属

1950～60年代において，ヒ素ミルク事件，水俣病，イタイイタイ病など有害金属に汚染された粉ミルク，魚介類，農産物の摂取による中毒が発生した。これらを受けて，食品添加物公定書の制定や食品安全や環境保全の取り組みが実施されるようになった。

(1)　ヒ素（As）

ヒ素は，半導体，ダイオード，木材防腐剤，農薬の原料として使用されているが，自然界に広く存在する物質で，人体内にも骨，爪，毛髪等に微量存在する。ヒ素の毒性は，有機ヒ素に比べ無機ヒ素が高く，5価（亜ヒ酸；As_2O_3）よりも3価（アルシン；AsH_3）が高い。これは，5価のヒ素は体内で3価に変化し，3価のヒ素がタンパク質（酵素）の**チオール基（-SH）***に容易に強固に結合するためで，死に至る場合もある。急性毒性による人に対する致死量は，亜ヒ酸で1.5mg/kg体重である。

***酵素とチオール基**　酵素の活性部位にチオール基を有する酵素とヒ素や鉛は結合し，その活性を阻害する。

表 7.2　食品衛生法によるヒ素（AsO_2として）の規格基準

野菜・果物	1.0 ～ 3.5 ppm
清涼飲料水 　ミネラルウォーター類 　ミネラルウォーター類以外	 0.05 ppm 以下 不検出
粉末清涼飲料	不検出
金属缶（溶出試験）	0.2 ppm 以下
おもちゃ（塩ビ主体）（溶出試験）	0.1 ppm 以下
洗浄剤	0.05 ppm 以下

出所）日本食品衛生学会：2021 年食品・食品添加物規格基準（抄）
他に，水道法，環境基本法，飼料安全法で規格基準がある。

表 7.3　食品衛生法によるカドミウムの規格基準

穀類	0.4 ppm 以下
玄米および精米	0.4 ppm 以下
清涼飲料水 　ミネラルウォーター類 　ミネラルウォーター類以外	 0.003 ppm 以下 不検出
粉末清涼飲料	不検出
金属缶（溶出試験）	0.2 ppm 以下
おもちゃ（塩ビ主体）（溶出試験）	0.5 ppm 以下

出所）日本食品衛生学会：2021 年食品・食品添加物規格基準（抄）

食品中のヒ素の含有量（総ヒ素）は，穀類で 0.04 ～ 0.12ppm，野菜類で 0.006 ～ 0.02ppm であるが，ヒジキ（乾物）では総ヒ素が 93ppm，無機ヒ素が 63ppm も含まれている。農林水産省ではヒジキを使用する場合には大量の水での湯戻しやゆこぼしを推奨している（無機ヒ素は水溶性）。なお，海産物のヒ素はほとんどが有機ヒ素であり毒性が低い。昆布（乾物）では総ヒ素が 53ppm，無機ヒ素が 0.19ppm 含まれている（人体への影響はない）。**表 7.2** に食品衛生法による金属ヒ素の規格基準を示した。

(2)　カドミウム（Cd）

カドミウムは，ガラスの顔料や太陽電池，蛍光材料の原料として使用されているが，ヒ素と同様に自然界に広く分布し，人体内にも微量存在する。しかし，人体にとって有害な重金属で，長期間の暴露により，腎臓，肺，肝臓に障害を生じさせる。特にカルシウム代謝を阻害し，骨粗鬆症や骨軟化症を発症させる可能性が指摘されている。

カドミウムを原因とする公害病に，1955（昭和 30）年に富山神通川流域で報告されたイタイイタイ病がある。病名の由来は，骨にひびが入るときなどに，「いたいいたい」と叫んでいたからである。その原因は神通川上流で三井金属神岡鉱山（岐阜県）での亜鉛精錬によって排出された河水や汚染された農地で栽培されていた米を通じて体内に入ったことである。認定患者数は 200 人である。

日本人の食品からのカドミウム摂取量は，0.32 μg/kg 体重 / 日であり，米，小麦，大豆から 70％以上を摂取している（2009 ～ 2014 年度平均）。なお，富山県では，農地からのカドミウム削減を行っている。0.4 ～ 1.0ppm の米は，政府が「準汚染米」として買い上げ，工業用等に利用している。**表 7.3** に食品衛生法によカドミウムの規格基準を示した。

(3)　水銀（Hg）

水銀で問題になるのは無機水銀（主に塩化水銀）と有機水銀である。無機水銀は胃腸，腎臓等への障害で，重症化すると死に至る場合がある。一方，有機水銀は無機水銀よりも毒性が強く，**ハンター・ラッセル症候群**＊を生じ，重症の場合は死亡する。

1956（昭和 31）年，原因不明の激しい脳症状を示す患者が発生した。これが水俣病の所見である。1968（昭和 43）年，厚生省（現厚生労働省）は，水

＊ハンター・ラッセル症候群　メチル水銀の中毒症状の一つで，中枢神経症状を示すもので，感覚障害，運動失調，視野狭窄，聴力障害などがその代表的な症状である。逆に，ハンター・ラッセル症候群は，水俣病の典型的な症状であるが，この症状がメチル水銀中毒を意味するものではない。

コラム 8 第二水俣病

第二水俣病（1965 年公式発表）の原因となったメチル水銀は，アセトアルデヒド生産のためにアセチレンの水付加反応の際に触媒として使用した硫酸第二水銀が変化して副生されたものである。これが新潟県の阿賀野川を汚染し，周辺住民が動物性たんぱく質として川魚を摂取していたために発生したものである。被害者は，「公害健康被害の補償等に関する法律」に基づき認定されている患者が 2019（令和元）年 12 月 31 日現在で 715 人（申請件数 2,666 件）である。

俣病は，**食物連鎖**[*1]による**生物濃縮**[*2]，すなわち　水銀で汚染された水俣湾産の魚介類を長期かつ大量に摂取したことによっておこった中毒性神経系疾患である。「その原因物質は，メチル水銀化合物であり，新日本窒素水俣工場のアセトアルデヒド酢酸設備内で生成されたメチル水銀化合物が工場廃水に含まれて排出され，水俣湾内の魚介類を汚染し，その体内で濃縮されたメチル水銀化合物を保有する魚介類を地域住民が摂取することによって生じたものと認められる」と公表した。2019（令和元）年の認定患者数は 2,283 人である。臨床的な主症状は，ハンター・ラッセル症候群である。また，母親が妊娠中にメチル水銀の暴露を受けると，脳性小児マヒに似た症状をもって生まれる胎児性の水俣病もある。

水銀の摂取量の 80％以上が魚介類由来である。1973（昭和 48）年，厚生省は魚介類の暫定的規制値として，総水銀としては 0.4ppm とし，参考としてメチル水銀 0.3ppm とした。ただし，この暫定基準値は，マグロ類（マグロ，カジキおよびカツオ）および内水面水域の河川産の魚介類（湖沼産の魚介類は含まない）については適用しないとした。

一方，先にも示したように，胎児性の水俣病発生を回避するために，2005（平成 17）年厚生労働省は，「妊婦への魚介類の摂食と水銀に関する注意事項」で，水銀の耐容摂取量を 2.0 μg/kg 体重 / 週とし，水銀含量の高いキンメダイ，メカジキ，マグロ類，クジラ類の摂取に気を付けるように注意喚起を行った。

(4) スズ（Sn）

スズは，青銅，ブリキ（缶），防腐剤等に使用されている。20 世紀半ばごろ，缶ジュースやフルーツ缶詰を原因とする食中毒（おう吐や吐き気，腹痛など）が多発した。原因は，内容物の pH によるもので，pH が低い場合にスズが溶出されるからである。そのため缶内面の合成樹脂によるコーティングや TFS（Tin free steel）の使用が進んでいる。また，有機スズ（トリブチルスズ，トリフェニルスズ）は内分泌かく乱化学物質として疑われる化学物質とされた。また，トリブチルスズオキシドは「化審法」で第一種特定化学物質として製造および使用の禁止，トリブチルスズ系の 13 化合物やトリフェニルスズ系の 7 化合物は**第二種特定化学物質**[*3]として製造，輸入，使用量が制限されて

*1 **食物連鎖**　生物が摂取する食餌を通じて，食べる側と食べられる側（弱肉強食あるいは捕食）の関係が繰り返され，食物間に連鎖関係が成り立っている状態。

*2 **生物濃縮**　特定の物質が生態系での食物連鎖により環境よりも高い濃度で生体内に濃縮される現象。

*3 **第二種特定化学物質**　長期毒性を有し，かつ環境中に相当程度残留しているもので人や生活環境動植物への被害を生ずるおそれが認められる化学物質。

表 7.4 食品衛生法による鉛の規格喜寿

野菜・果物	1.0 ～ 5.0 ppm
清涼飲料水 ミネラルウォーター類 ミネラルウォーター類以外	 0.05 ppm 以下 不検出
粉末清涼飲料	不検出
金属缶（溶出試験）	0.4 ppm 以下
おもちゃ（塩ビ主体）*（溶出試験）	1.0ppm 以下
洗浄剤*	1.0ppm 以下

*重金属量を鉛として表す
出所）日本食品衛生学会：2021 年食品・食品添加物規格基準(抄)

いる。

(5) 鉛（Pb）

鉛は，柔らかい等の性質のため，水道管やガス管に使用されていたことがある。また，現在では，電池，農薬，放射線遮蔽材として利用されている。急性毒性では，貧血，頭痛，脱力，胃腸障害等を引き起こす。貧血の原因は，タンパク質（酵素）のチオール基（-SH）に結合し，特に造血組織の酵素に結合するからである。慢性毒性では，知能／行動への影響，神経毒性，腎障害，発がん性などがある。**表 7.4** に食品衛生法による鉛の規格基準を示した。

(6) その他の重金属

その他の重金属には，マンガン，銅，ニッケル，クロムなどがあるが，これらは必須微量元素として，代謝等に関わっている。しかし，多量摂取では，急性毒性を示す。

7.3.6 放射性物質

過去における核実験や原子力発電所の事故により発生した核分裂生成物は，環境に拡散し，空気，水，土壌，生物等を汚染した。さらには，生物濃縮によりヒトが**内部被曝***を受ける可能性はいなめない。**表 7.5** に食品汚染関連の代表的な放射性物質を示した。

2011（平成 23）年 3 月 11 日に発生した東北地方太平洋沖大地震による大津波で，東京電力福島第一原子力発電所では，全電源喪失のため，原子炉冷

***内部被曝** 内部被曝とは，体内に取り込んだ放射性物質から放射線を受けることである。体内に取り込まれる経路は，①経口摂取，②吸入摂取，③経皮吸収，④創傷侵入の 4 通りがある。内部被曝は放射性物質が体内にあるため，体外にその物質が排出されるまで被曝が続く。この場合，生物学的半減期（体内に取り込まれた放射性物質が，代謝等により対外に排出されることで半分に減るまでの期間）の影響を受ける。生物学的半減期は，年齢，性別等の影響を受ける。

表 7.5 食品を汚染する代表的な放射性物質

核種	物理学的半減期*	特　　徴
^{90}Sr ストロンチウム 90	28 年	Ca に類似の性質を持つために，骨に沈着し，骨髄の造血機能障害等を起こす
^{137}Cs セシウム 137	30 年	K に類似した性質を持つために，全身の筋肉，臓器に分布し，生殖腺障害，臓器障害，免疫系・神経系障害を起こす。
^{131}I ヨウ素 131	7.56 日	ヨウ素は甲状腺ホルモン（チロキシン）の構成成分であるため，甲状腺に蓄積し，甲状腺障害（甲状腺がん等）を起こす

*物理学的半減期：放射性物質が壊変する際に，元の核種が 2 分の 1 になる時間

コラム 9 チェルノブイリ原子力発電所事故

1986 年 4 月，旧ソ連（ウクライナ共和国）のチェルノブイリ原子力発電所 4 号機で，蒸気爆発，炉心融解が起こり，大量の放射性物質が周辺環境に放出された。被曝による死者数は 56 人で，半径 30km 圏内の住民約 12 万人が強制避難，周辺諸国の住民も疎開した。また，周辺の土壌に積もった放射性セシウムが植物に取り込まれ，摂取した動物が被曝し，牛乳や肉が汚染を受けた。また，周辺住民においては，小児甲状腺がんの増加が確認されている。国際原子力事象評価尺度で最悪のレベル 7（深刻な事故）に分類された。

コラム 10　放射能および放射線の単位

ベクレム（Bq）：放射能の単位で 1 Bq は 1 秒間に 1 個の放射性壊変をする放射線物質の量である。
グ レ イ（Gy）：放射線の吸収線量，すなわち，物質が放射線のエネルギーを吸収したかを示す単位で 1 Gy は物質 1 kg 当たり，1 ジュールのエネルギー吸収を与える量である。
シーベルト（Sv）：放射線が人体に及ぼす影響を含めた線量である。

却が不可能となり，1 ～ 3 号機で**炉心溶融（メルトダウン）***1 が発生した。この災害は国際原子力事象評価尺度で最悪のレベル 7（深刻な事故）に分類された。また，原子炉建屋の水素爆発（1 ～ 3 号機）により，多量の放射性物質が大気中に放出され，近隣の海や陸地の汚染が生じた。そのために農産物および水産物の放射能汚染が起こり，食品中の汚染が懸念され放射性セシウムの基準値（放射性ストロンチウム，プルトニウム等を含めて基準値を設定）が策定された。基準値は，飲料水が 10，牛乳が 50，乳幼児食品が 50，一般食品が 100 である（いずれも単位はベクレム /kg である）。

*1 **炉心溶融（メルトダウン）**　原子炉において，炉心冷却の不備により，溶融した核燃料が圧力容器を貫通して，格納容器から漏れ出すこと。

7.4　洗　　剤

洗剤は，界面活性剤の浸透作用（表面張力の低下による汚れ等へのなじみ），乳化作用（水と油によるエマルションの生成），分散作用（エマルションの再凝集阻止）の作用により，食品成分の汚れや微生物を除去するために使用される。家庭や飲食店で使用される**界面活性剤***2 には以下のようなものがある（**図 7.8**）。

*2 **界面活性剤**　分子内に親水基と親油基を有する化合物の総称で，極性分子と非極性分子を均一に混合する作用や表面張力を弱める作用を有する。水に溶解したときにイオンになるイオン界面活性剤（陰イオン界面活性剤，陽イオン界面活性剤，両性界面活性剤）とイオンにならない非イオン系界面活性剤がある。ちなみに陰イオン界面活性剤は一般にセッケンと呼ばれるもので洗浄性に優れている。一方，陽イオン界面活性剤は一般に逆性セッケンと呼ばれるもので殺菌性に優れている。

陰イオン系界面活性剤としては，カルボン酸塩（セッケン），スルホン酸塩，硫酸エステル塩などがある。特に直鎖アルキルベンゼンスルホン酸（LAS）は洗浄力，浸透力に優れ，家庭用合成洗剤の主流である。

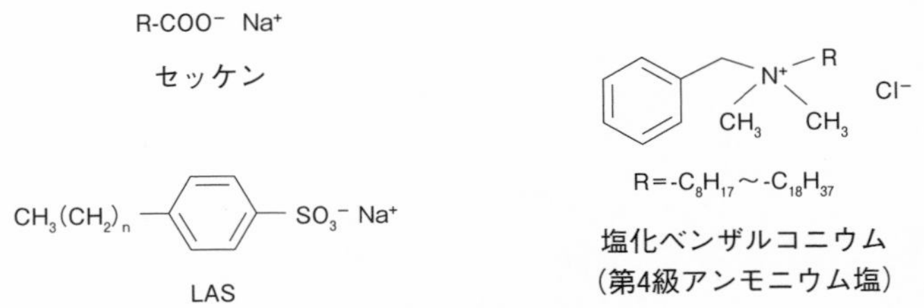

図 7.8　界面活性剤

陽イオン界面活性剤としては，アミン塩型と第 4 級アンモニウム塩型がある。アミン塩型は柔軟性を示すために繊維の柔軟剤，ヘアリンスの基剤として，第 4 級アンモニウム塩型（例；塩化ベンザルコニウム）は殺菌剤として使用されている。

両性界面活性剤は，水に溶けたとき，アルカリ領域で陰イオン界面活性剤の，酸性領域では陽イオン界面活性剤の性質を示す。

非イオン型界面活性剤は，イオン化しないので，水の硬度や電解質の影響を受けにくく，他の界面活性剤と併用ができる。現在使用量が増えているもので，エステル型，エーテル型などがある。

また，洗剤では，これらが単独または混合して使用されるとともに，**ビル**

表 7.6　台所用洗浄剤の使用基準

1．使用濃度：脂肪酸系洗浄剤 0.5%以下（界面活性剤として）
　　　　　　脂肪酸系洗浄剤以外の洗浄剤*は 0.1%以下
2．野菜または果実が 5 分以上洗浄剤**の溶液に浸漬されないように使用すること
3．野菜もしくは果実または飲食器は，洗浄剤を使用して洗浄した後飲用適の水ですすがなければならない。
　　流水の場合；野菜または果実は 30 秒以上，飲食器は 5 秒以上
　　ため水の場合；ため水をかえて 2 回以上

*もっぱら飲食器の洗浄の用に供されることが目的とされているものおよび固型石けんを除く。
**もっぱら飲食器の洗浄の用に供されることが目的とされているものを除く

ダーや添加物*2 が配合されている。

1959（昭和 34）年，厚生省（現厚生労働省）により，台所洗剤の成分規格および使用基準（**表 7.6**）が設定された。これらの毒性情報からみて，使用基準を守るかぎりにおいて，安全性に問題はない。また，日本石鹸洗剤工業会等は，飲食器用洗浄剤自主基準を設定し，さらなる安全性確保に努めている。

一方，工業用合成洗剤のアルキルフェノールポリエトキシレートの分解物であるノニフェノール（**図 7.9**）に，メダカに対する内部かく乱物質作用が確認されたことから，毒性等について検討が進められている。

*2 **ビルダーや添加物**　ビルダー（助剤）とは，洗剤に添加すると洗浄力を著しく増加させる物質。添加物とは，洗剤の性能の向上や付加価値を高めるために少量配合されるもので，酵素，再汚染防止剤，漂白剤などがある。

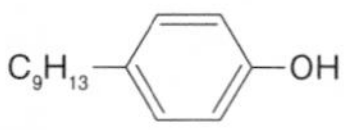

図 7.9　ノニルフェノール

【演習問題】

問 1　食品中の有害物質に関する記述である。最も適当なのはどれか。1 つ選べ。（2021 年国家試験）

(1) アフラトキシンを生産するカビ類は，主に亜寒帯に生息している。
(2) デオキシニバレノールは，主に貝類に蓄積される。
(3) 放射性物質であるヨウ素 31 は，主に骨に沈着する。
(4) キンメダイは，メチル水銀を蓄積するため，妊婦に対する注意が示されている。
(5) ベンド[a]ピレンは，生野菜に含まれている。

解答　(4)

問 2　残留性有機汚染物質に関する記述である。誤っているのはどれか。1 つ選べ。（2017 年国家試験）

(1) ワシントン条約によって，規制される対象物質が指定されている。
(2) ダイオキシンは，ゴミの焼却によって生成される。
(3) PCB はカネミ油症事件の原因物質である。
(4) アルドリンは，使用が禁止されている。
(5) DDT は，自然環境では分解されにくい。

解答　(1)

問 3　食品汚染物質とその健康被害との組み合わせである。正しいのはどれか。1 つ選べ。（2015 年国家試験）

(1) ホルムアルデヒド ……………… 甲状腺障害
(2) ビスフェノールA ……………… 腎臓障害
(3) カドミウム ………………………… 膵臓障害
(4) 有機水銀 …………………………… 中枢神経障害
(5) 有機スズ …………………………… 造血器障害

解答　(4)

問4　放射線物質に関する記述である。正しいのはどれか。1つ選べ。
（2014年国家試験）

(1) セシウム137の集積部位は，甲状腺である。
(2) ストロンチウム90の沈着部位は，骨である。
(3) ヨウ素131の集積部位は，筋肉である。
(4) 放射線の透過能力は，α線が最も強い。
(5) 生物学的半減期は，元素によらず一定である。

解答　(2)

問5　残留農薬等のポジティブリスト制度に関する記述である。正しいのはどれか。1つ選べ。
（2013年国家試験）

(1) 残留農薬基準値は，農薬の種類にかかわらず同じである。
(2) 残留農薬基準値は，農薬の1日摂取許容量と同じである。
(3) 特定農薬は，ポジティブリスト制度の対象である。
(4) 動物用医薬品は，ポジティブリスト制度の対象である。
(5) 残留基準値の定めのない農薬は，ポジティブリスト制度の対象外である。

解答　(4)

【参考文献】

安達美和ほか：法科学技術，10(2)，99～109（2005）
市川富夫ほか：図解食品衛生学第3版，講談社サイエンティフィク（2006）
植村振作ほか：農薬毒性の事典［第3版］，三省堂（2006）
太田房雄ほか編：食品衛生学，建帛社（2005）
大矢勝：洗浄・洗剤の科学
http://liv.ed.ynu.ac.jp/kaisetsu/surf04.pdf（2021/6/21）
亀山眞由美ほか：農林水産省高度化事業課題「食品中のフラン及びPAH類の実態調査」（2006）
環境省：化学物質の内分泌かく乱作用に関する今後の対応―ExTEND2010―（2010）
環境省：ダイオキシン類2012
http://www.env.go.jp/chemi/dioxin/pomph/2012.pdf（2021/6/21）
シーア・コルボーンほか，長尾力訳：奪われし未来，翔泳社（1996）
食品・食品添加物等規格基準（抄）：食衛誌，54(1)，J-13～J-209（2013）
菅野道廣ほか編：食べ物と健康Ⅲ―食品の安全性，南江堂（2006）
日本薬学会編：環境・健康科学辞典，丸善（2005）
日本薬学会編：衛生試験法・注解2005，金原出版（2005）
松田りえ子ほか：食品中の有害物質等の摂取量の調査及び評価に関する研究，厚生労働科学研究 平成19～21年度 総合研究報告書（2010）
松田りえ子ほか：食品を介したダイオキシン類等有害物質摂取量の評価とその手法開発に関する研究，厚生労働科学研究 平成22年度 総括・分担研究報告書（2011）
松田りえ子ほか：食品を介したダイオキシン類等有害物質摂取量の評価とその手法開発に関する研究，厚生労働科学研究 平成23年度 総括・分担研究報告書（2012）
松本比佐志ほか：食衛誌，47(3)，127～135（2006）
水石和子ほか：東京健安研セ年報，第61号，191～195（2010）
高校物理ⅠB改訂版 教授資料，288，啓林館（1998）

8　食品成分の化学変化

8.1　油脂の酸敗

8.1.1　油脂の酸化

食用油脂や油脂を含む食品は，酸素，光，熱，金属，酵素などにより酸化し劣化する。脂質の酸化は，主に酸敗というが，変敗ということもある。脂質ラジカル，脂質ペルオキシラジカル，脂質ヒドロペルオキシドなど，脂質の酸化の過程で生成する物質は，不安定で反応性に富み，分解されたり，重合されたりする。分解して生成する低分子のカルボニル化合物などは，揮発性が高いことから不快臭や刺激臭の原因となったり，下痢，嘔吐，腹痛等の食中毒様症状の原因となったりする。一方，重合化されて生成した物質は，高分子で揮発性が低く，消化吸収もされにくい。不快臭の原因にはなりにくいが，流動性の低下など油脂の物性が低下する要因となる。

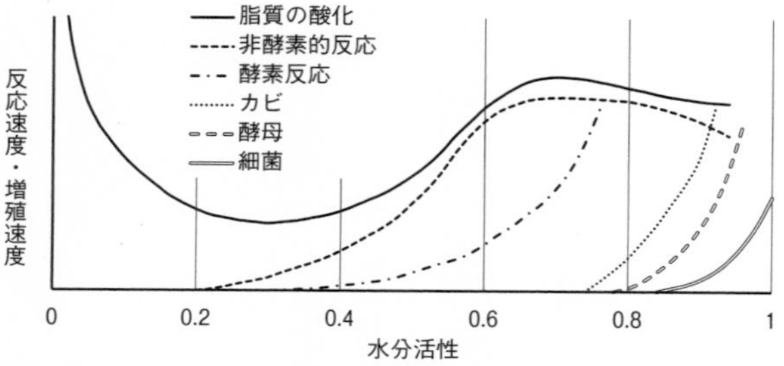

図 8.1　水分活性と食品の変質反応・微生物の増殖の関係

脂質の酸化は，水分活性の影響も受ける。水分活性が低いほど反応速度は低下し，0.3 付近で最低となるが，それ以下では酸素と接触しやすくなり，0 に近くなるほど反応速度は高くなる（**図 8.1** 参照）。

8.1.2　過酸化脂質の生成

脂質にある二重結合で挟まれたメチレン基は，特に酸化されやすい性質をもつ（**図 8.2**《酸化が起こる位置》参照）ことから，二重結合が複数ある多価不飽和脂肪酸の組成が高い脂質ほど酸化されやすい。このメチレン基の 1 つ

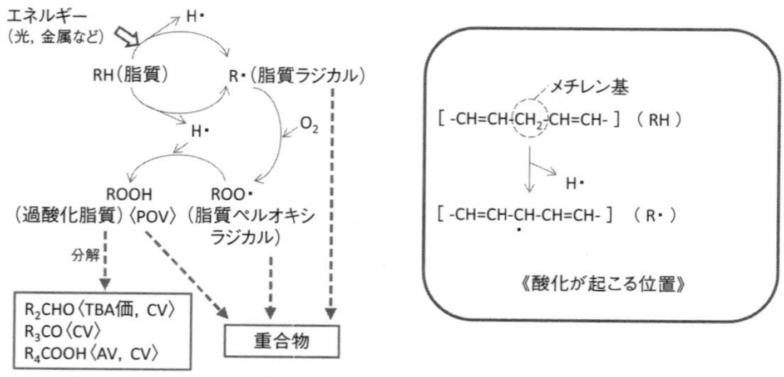

図 8.2　脂質の自動酸化の機構

の水素原子は，光，熱，金属などのエネルギーにより外れやすく，水素原子が外れた脂質は，脂質ラジカルとなる。脂質ラジカルに酸素が結合すると脂質ペルオキシラジカルとなり，さらに他の脂質などから水素原子を引き抜き，結合させ脂質ヒドロペルオキシドとなる。これらの反応は自己触媒的に連続して進行するため，自動酸化とよぶ（**図 8.2** 参照）。

8.1.3　過酸化物価[*1]（POV：Peroxide value）

油脂の酸化反応の中で，過酸化脂質（脂質ヒドロペルオキシド）が生成する段階までが，酸化の初期反応とされる。POV は，過酸化脂質の量を表し，基準値を超えると，酸化の初期反応が進行していることがいえる。POV は，酸化初期に増加するが，時間の経過とともに徐々に低下する（**図 8.3** 参照）。

*1 **過酸化物価**　油脂 1 kg に含まれる過酸化脂質とヨウ化カリウムを反応させ，生成したヨウ素のミリモル数（含まれる過酸化脂質のミリモル数と同じ）で示す。

8.1.4　酸価[*2]（AV：Acid value）

油脂の初期反応で生成した過酸化脂質は，比較的不安定な物質で時間の経過で分解され，最終生成物としてカルボニル化合物（カルボン酸，アルデヒド類，ケトン類）に変化する。このうちカルボン酸は酸であり，この酸度を中和滴定などにより測定することで，酸化の程度を知ることができる。酸価は，油脂の酸化に伴い徐々に増加し，通常，ほとんど減少しない（**図 8.3** 参照）。

*2 **酸価**　油脂 1 g に含まれる酸を中和するために必要な水酸化カリウムの mg 数で示す。酸化反応で最終的に生成したカルボン酸と，リパーゼの加水分解反応で中性脂肪から遊離した脂肪酸により，値が上昇する。

8.1.5　その他酸敗に関わる指標

(1)　カルボニル価（CV：Carbonyl value）

過酸化脂質が分解され生成したカルボニル化合物を 2-デセナール相当量で示したものをカルボニル価という。カルボニル価を測定することで酸敗度を知ることができる。カルボニル価は，油脂の酸化に伴い増加していく（**図 8.3** 参照）。

(2)　チオバルビツール酸（TBA：Thiobarbituric acid value）価

過酸化脂質が分解され生成したカルボニル化合物のうち，アルデヒド類は，チオバルビツール酸と反応し赤色を呈する。チオバルビツール酸価は，油脂の酸化で生成したアルデヒド類の量を測定することで，酸敗度を示す。バルビツール酸価は，油脂の酸化に伴い，値は増加していく（**図 8.3** 参照）。

(3)　ヨウ素価[*3]

ヨウ素価は，油脂の二重結合数を測定した値であり，油脂の酸敗度を直接的に示すものではない。しかし，油脂の酸化に伴い，油脂中の二重結合数が減少することでヨウ素価も同時に減少することが知られている。また，二重結合が多い油脂ほど，酸化しやすいことから，油脂の酸化しやすさの指標にもなる（**図 8.3** 参照）。

*3 **ヨウ素価**　油脂100g と反応するヨウ素の g 数で示す。

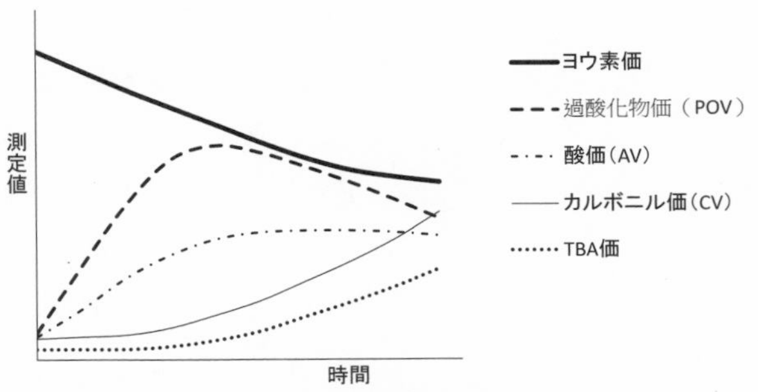

図 8.3　脂質の酸化に関する指標の経時変化

コラム 11　酸価・過酸化物価

食品衛生法により，油脂で処理した即席めんの酸敗度に関する成分規格は，「めんに含まれる油脂の酸価が 3 を超え，又は，過酸化物価が 30 を超えるものであってはならない」としている。油脂で処理した菓子の酸敗度に関する指導要領は，「含まれる油脂の酸価が 3 を超え，かつ，過酸化物価が 30 を超えるものであってはならない」または「含まれる油脂の酸価が 5 を超え，又は過酸化物価が 50 を超えるものであってはならない」としている。

いずれも，酸価と過酸化物価，両方の値で規定されている。**図 8.3** の脂質の酸化に関する指標の経時変化のグラフで示したように，酸価のみで判定すると，酸化の初期反応を捉えにくく，過酸化物価のみで判定すると，酸化が最終段階まで進んでいると低値になってしまうことがあるため，油脂の酸敗度は 2 つの指標を組み合わせて判断する。

(4) 油脂の流動性

油脂は酸化すると，生成した過酸化脂質が重合し，油脂分子が高分子化することで，流動性が低下し，やがて硬化する。重合物は比較的安定した物質で，酸化の進行とともに増加する。

特に植物油の中で，大気中で保存すると酸化により硬化する油は，**乾性油***1 という。完全には硬化しないものの流動性が低下する油は，**半乾性油***2 といい，ほぼ流動性が変化しない油を**不乾性油***3 という。

*1 **乾性油**　多価不飽和脂肪酸を多く含む油で，代表的な油は，α リノレン酸を多く含むアマニ油，エゴマ油，シソ油，リノール酸を多く含む在来種のサフラワー油など。

*2 **半乾性油**　リノール酸がやや多く含まれるトウモロコシ油，大豆油，ゴマ油など。

*3 **不乾性油**　酸化されにくい一価不飽和脂肪酸であるオレイン酸が多く含まれるオリーブ油，ハイオレイック種のサフラワー油など。

(5) 自動酸化の防止法

油脂の酸化は「酸素」のほかに温度，光，水分，金属イオン等の外的影響を受ける。「酸素」は最大要因であり，空気中の酸素濃度でも酸化が進行する。そのために，酸素透過性の低い包装容器を使用するとともに，真空，窒素置換（ポテトチップス），脱酸素剤封入等の包装や酸化防止剤（ビタミン E）の添加等が行われている。温度は高いほど酸化が進行しやすい（0℃でも進行）。ただし，揚げる等の調理における加熱（100℃以上）では，発生した過酸化物はすぐに分解されるために，過酸化物価は上がらず酸価が高くなる。光が酸化を進行させることから，光非透過性アルミ箔などがラミネートされた包材を使用することが望ましい（太陽光のみならず蛍光灯の光でも進行する）。

8.2　食品成分の変化による生成物

8.2.1　ヒスタミン（Histamine）

ヒスタミンは，生体内でアレルギー反応により肥満細胞や好塩基球から分泌され，炎症反応や血圧低下などを起こす物質として知られている。食品中でも，ヒスタミンは生成し，そのヒスタミンを摂取することにより炎症反応を引き起こすことがある。これを，アレルギー反応を伴わずにアレルギー症状をもたらすことから，アレルギー様食中毒という。ヒスタミンは，塩基性アミノ酸の 1 つであるヒスチジンから，脱炭酸酵素をもつ細菌により生成される。そのようなヒスタミン産生菌は，嫌気性菌が多く，代表的な菌としてモルガネラ菌（*Morganella morganii*）が知られている。原料となるヒスチジンは，赤身魚に多く，マグロ，カジキ，サバなどでヒスタミンによる食中毒事例が多く報告されている。ヒスタミンが 70 ～ 100mg/100g 以上蓄積した魚肉やその加工品を摂取することでアレルギー様症状が引き起こされる。発症は，摂取後 30 ～ 60 分で起こり，目や口に熱感を持ち，その後，顔面紅潮，じんま疹などが認められる。頭痛，悪寒，発熱，嘔吐，下痢などを伴うこともある。ヒスタミン食中毒は，年間 10 件前後が報告され，化学性食中毒の大半を占める。ヒスタミン以外で，腐敗により生成する**アミン類**[*1] としては，リシンから生成するカダベリン，オルニチンから生成するプトレシンおよびスペルミジン，チロシンから生成するチラミンなどが知られている。

ヒスタミン食中毒を回避するために，FAO/WHO 合同専門家会議では，ヒスタミンの閾値 50mg と 1 食当たりの最大摂取量 250g を基に，ヒスタミン最大許容濃度を 200mg/kg（食品）としている。

*1 **その他アミン類**　チラミンは片頭痛の原因物質として報告されている。ヒスタミンによる食中毒は，ヒスタミン以外のアミン類との相互作用も一因であるとされる。

8.2.2　N-ニトロソアミン（N-nitrosoamine）

N-ニトロソアミンは，**第二級アミン**[*2] と亜硝酸が酸性条件下で反応し，第二級アミンのアミノ基（-NH-）の水素がニトロソ基（-N=O）に置換された物質である。N-ニトロソアミンは，変異原性・発がん性を示し，国際がん研究機関（IARC）により「ヒトに対しておそらく発がん性がある（2A）」と分類されている。

*2 **第二級アミン**　アミノ酸やトリメチルアミンオキシドの分解で生じ，代表的なものは，ジメチルアミン，ジエチルアミンなどがある。魚類は，前駆体となるトリメチルアミンオキシドが浸透圧調整物質として含まれていることから，ジメチルアミンが比較的多く含まれ，特に魚卵に多い。畜肉は微量しか含まない。

亜硝酸は，通常，食品には微量しか含まれないことから，食品の加工や保蔵時に N-ニトロソアミンが生成するリスクは少ない。しかし，加工食品で亜硝酸ナトリウム（$NaNO_2$）が発色剤として使用された場合，摂食後，胃酸により亜硝酸に変化したり，野菜に比較的多く含まれる硝酸塩（NO_3^-）が摂食時に口腔内の微生物により亜硝酸塩（NO_2^-）に還元され，さらに胃酸により亜硝酸が生じたりすることで，胃で第二級アミンと反応し，**N-ニトロソアミンが生成する**[*3]（**図 8.4** 参照）。

亜硝酸塩の基準値は，亜硝酸根（NO_2^-，亜硝酸イオン）として，魚卵 0.0050g/kg，魚肉 0.050g/kg，哺乳動物肉 0.070g/kg と規定されている。発色剤の詳細は，第 9 章 9.4.6（p.123）を参照されたい。

*3 **ニトロソアミンの生成抑制**　ビタミン C は，ニトロソミオグロビンの生成を促し，N-ニトロソアミンの生成を阻害することが知られている（亜硝酸 Na を発色剤として使用する場合，発色補助剤としてビタミン C が使用される。また，野菜類は，一般にビタミン C が多い。）。

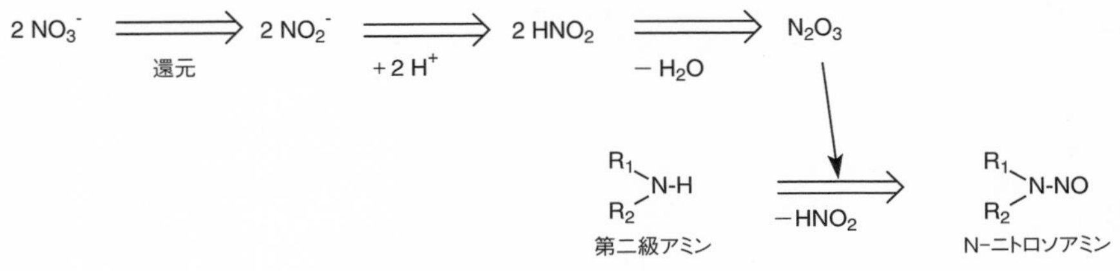

図 8.4　N-ニトロソアミンの生成

8.2.3 フェオホルバイト（Pheophorbide）

クロロフィルは，クロロフィラーゼの加水分解反応によるフィトールの分離と，マグネシウムの脱離により，フェオホルバイドに変化する。さらに加水分解により脱炭酸，脱メタノールが起こると，ピロフェオホルバイドが生成される（**図 8.5** 参照）。フェオホルバイドやピロフェオホルバイドは**光増感剤**[*1]であるため，多量摂取することにより，日光に当たることで発症する**光過敏症**[*2]の原因となる。クロロフィルが多く含まれるクロレラ製剤や緑黄色野菜の漬物を摂取して発症した例や，フェオホルバイドやピロフェオホルバイドが中腸腺に蓄積した貝類（アワビやトコブシ）を食べて発症した例もある。クロレラのフェオホルバイドの規制値は，**既存フェオホルバイド量**[*3]で 100mg/100g，**総フェオホルバイド量**[*4]で 160mg/100g 以下と定められている。

*1 **光増感剤**　光が当たると励起状態となる物質である。励起状態のフェオホルバイドは，活性酸素の一重項酸素を生成し，生体膜の脂質やタンパク質を酸化して過酸化脂質を生じさせるなどして細胞障害を引き起こす。

*2 **光過敏症**　日光のあたりやすい顔や手足などに発症し，浮腫，紅斑，激しいときは局所の壊死と潰瘍が引き起こされる。

*3 **既存フェオホルバイド量**　食品中に既に含まれるフェオホルバイド量である。

*4 **総フェオホルバイド量**　既存フェオホルバイド量にクロロフィラーゼ活性度を加えた量のことで，保存等により増加する可能性がある量も含めたフェオホルバイド量である。食品を測定前に37℃でインキュベートしてクロロフィラーゼによる酵素反応を促した後，フェオホルバイド量を測定する。

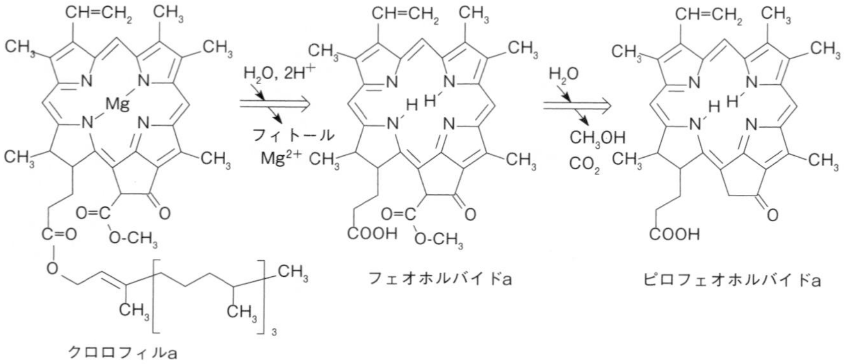

図 8.5　フェオホルバイド a，ピロフェオホルバイド a の生成

8.2.4 ヘテロサイクリックアミン／複素環アミン（HCA：Heterocyclic amine）

HCA は，炭素と窒素からなる環状構造をもつアミン化合物である。肉類や大豆など，タンパク質やアミノ酸を多く含む食材を高温で加熱した食品で生成しやすい[*5]。IARC では，10 種類の HCA（**表 8.1** 参照）のうち IQ を「ヒトに対しておそらく発がん性がある（2A）」と，残り 9 種類（MeIQx，MeIQx，PhIP，Trp-P-1，Trp-P-2，AαC，MeAαC，Glu-P-1，Glu-P-2）を「ヒトに対して発がん性の可能性がある（2B）」と分類している。

*5 **HCA の生成**　焼肉やかつお節の焙乾工程など，水分の少ない状態で加熱するときに起こりやすい。

8.2.5 アクリルアミド（Acrylamide）[*6]

アクリルアミドは，食品中のアミノ酸であるアスパラギンと還元糖であるグルコース（ブドウ糖）またはフルクトース（果糖）などが，120℃以上の高温調理によりアミノカルボニル反応を起こすことで生成される。ジャガイモにはアスパラギンと還元糖の両方が比較的多く含まれることから，高温で調理したポテトチップスやフライドポテトなどが，アクリルアミドを含む食品

*6 **アクリルアミドの化学構造**

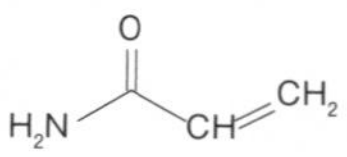

表 8.1　発がん性が認められている HCA

原料	HCA	構造式
アミノ酸，ヘキソース，クレアチンまたはクレアチニン	IQ (2-アミノ-3-メチル-3H-イミダゾ[4,5-f]キノリン)	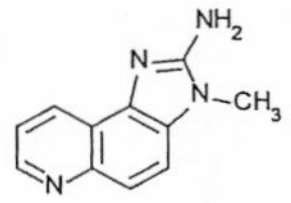
	MeIQ (2-アミノ-3,4-ジメチル-3H-イミダゾ[4,5-f]キノリン)	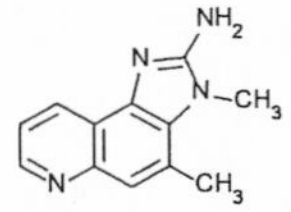
	MeIQx (2-アミノ-3,8-ジメチル-3H-イミダゾ[4,5-f]キノキサリン)	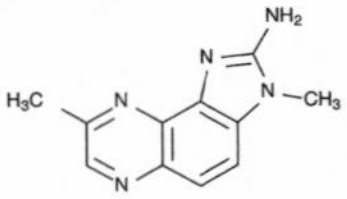
	PhIP (2-アミノ-1-メチル-6-フェニルイミダゾ[4,5-b]ピリジン)	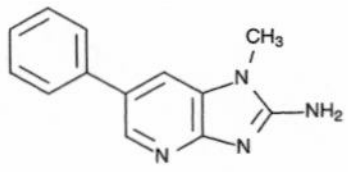
トリプトファン	Trp-P-1 (3-アミノ-1,4-ジメチル-5H-ピリド[4,3-b]インドール)	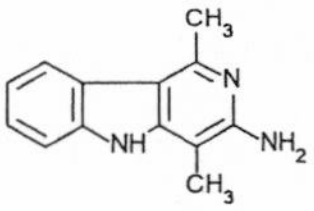
	Trp-P-2 (3-アミノ-1-メチル-5H-ピリド[4,3-b]インドール)	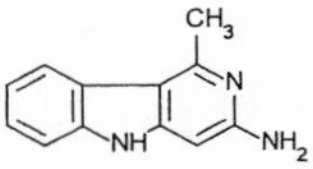
	AαC (2-アミノ-9H-ピリド[2,3-b]インドール)	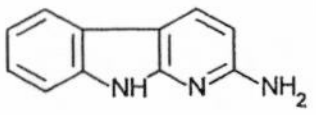
	MeAαC (2-アミノ-3-メチル-9H-ピリド[2,3-b]インドール)	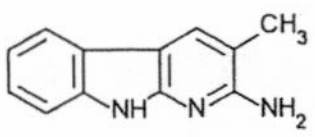
グルタミン酸	Glu-P-1 (2-アミノ-6-メチルジピリド[1,2-a:3',2'-d]イミダゾール)	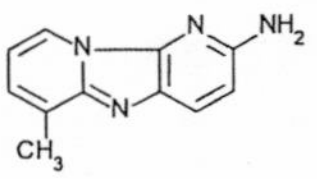
	Glu-P-2 (2-アミノジピリド[1,2-a:3',2'-d]イミダゾール)	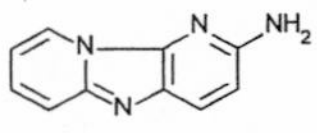

としてよく知られている。アクリルアミドは遺伝毒性と発がん性が懸念される物質であり，IARCは「ヒトに対しておそらく発がん性がある（2A）」と分類している。健康リスクが疑われるものの，長年の食経験などからバランスのよい食生活を行っていれば特別問題となっていないことや，研究途上であることもあり，2020年の時点で，国レベルで，食品に対して具体的な上限値を設け規制している国はない*[1]。EUでは，努力目標とする目安基準は示されている。

*1 **飲料水のアクリルアミドの規制**　飲料水に関しては，WHOのガイドライン値が0.5ppb以下，EUの基準値が0.1ppb以下に設定されている。日本には飲料水に関しても基準値はない。

8.2.6　その他

(1) 多環芳香族炭化水素（PAH：Polycyclic aromatic hydrocarbon）

PAHは，HCAと同じく，焼き調理時に生成し，発がん性を示す物質である。詳細は，第7章7.3.4（p.95）を参照されたい。

(2) ベンゼン（Benzene）

ベンゼンは発がん性をもつ物質であり，IARCにより「ヒトに対して発がん性がある」に分類されている。2006年にイギリス，アメリカ，オーストラリア，日本で，清涼飲料水中で安息香酸（保存料）とアスコルビン酸（酸化防止剤，酸味料，栄養強化剤）が反応し，ベンゼンを生成することが報告された。我が国では，食品衛生法による**ベンゼンに関する基準値**はない*[2]。

*2 **飲料水のベンゼンの規制**　「WHO飲料水ガイドライン」のベンゼンのガイドライン値および水道法の水道水中ベンゼンの基準値である10ppbを超える食品は，回収の対象となる。

(3) 食品中で生成する異物

食品中の**異物***[3]は，一般には，生産，加工，貯蔵，流通などの過程で，外から食品中に混入したものを異物というが，外来混入物だけでなく，加工や貯蔵中に生成した固形物も異物として扱われることもある。

*3 **異物**　動物性異物（虫やその破片，死骸，体毛，排泄物，卵など），植物性異物（もみ殻・木片など非可食性の植物片，種子，カビなど），鉱物性異物（土砂，貝殻，ガラス，金属，合成ゴム，合成繊維，合成樹脂の破片など）の3つに分類される。

食品の加工・貯蔵時に食品成分から生成される異物として代表的なものは，脱脂粉乳の製造中に生成する焦粉，サケやカニの水煮缶詰中で保存時に生じるリン酸マグネシウムアンモニウムの結晶（ストルバイトあるいはクリスタル），ワインの低温保存時に生じる酒石酸水素カリウムの結晶などがある。焦粉，リン酸マグネシウムアンモニウム，酒石酸水素カリウムは，いずれもヒトに対して深刻な有害性をもつものではない。

【演習問題】

問1　食品の変質に関する記述である。最も適当なのはどれか。1つ選べ。

（2020年国家試験）

(1) ヒスタミンは，ヒアルロン酸の分解によって生成する。
(2) 水分活性の低下は，微生物による腐敗を促進する。
(3) 過酸化物価は，油脂から発生する二酸化炭素量を評価する。
(4) ビタミンEの添加は，油脂の自動酸化を抑制する。
(5) 油脂中の遊離脂肪酸は，プロテアーゼによって生成する。

解答　(4)

問 2　食品の変質に関する記述である。誤っているのはどれか。1つ選べ。

（2019 年国家試験）

(1) 油脂の酸敗は，窒素ガスの充填によって抑制される。

(2) アンモニアは，魚肉から発生する揮発性塩基窒素の成分である。

(3) 硫化水素は，食肉の含硫アミノ酸が微生物によって分解されて発生する。

(4) ヒスタミンは，ヒスチジンが脱アミノ化されることで生成する。

(5) K 値は，ATP 関連化合物が酵素的に代謝されると上昇する。

解答　(4)

問 3　油脂の酸化に関する記述である。正しいのはどれか。1つ選べ。

（2018 年国家試験）

(1) 動物性油脂は，植物性油脂より酸化されやすい。

(2) 酸化は，不飽和脂肪酸から酸素が脱離することで開始される。

(3) 過酸化脂質は，酸化の終期に生成される。

(4) 発煙点は，油脂の酸化により低下する。

(5) 酸化の進行は，鉄などの金属によって抑制される。

解答　(4)

問 4　食品の変質に関する記述である。正しいのはどれか。1つ選べ。

（2014 年国家試験）

(1) 油脂の劣化は，窒素により促進される。

(2) 油脂の劣化は，光線により促進される。

(3) 細菌による腐敗は，水分活性の上昇により抑制される。

(4) 酸価は，初期腐敗の指標である。

(5) ヒスタミンは，ヒスチジンの脱アミノ反応により生じる。

解答　(2)

【参考文献】

平野義晃：酸価・過酸化物価・カルボニル価，食品衛生学実験―安全をささえる衛生検査のポイント，（杉山章，岸本満，和泉秀彦），138-143，みらい（2016）

村山三徳，内山貞夫：フェオホルバイド a とその関連化合物，食品衛生検査指針 理化学編 2015，（食品衛生検査指針委員会），803-809，公益社団法人日本食品衛生協会（2015）

9　食品添加物

9.1　概　　要

人類は余剰の食材を手にすることができるようになってから，食材をそのまま食べるだけではなく，おいしさを追求したり，食品の変質を防ぎ保存性を増すなどの目的で，食材をさまざまに加工して利用するようになった。この加工操作に用いる添加物は，これまでの経験から食べても安全な天然物などが用いられることが多かった。しかし近年は生活様式の多様化などにより，簡単にすぐに食べられる加工度の高いものやテクスチャーなどの新しい属性をもったものが求められるようになっており，加工に使われる食品添加物の使用頻度や種類も多くなっている。

食品衛生法第4条2項では，「添加物とは，食品の製造の過程において又は食品加工若しくは保存の目的で，食品に添加，混和，浸潤その他の方法によつて使用する物」と定義されており，指定添加物，**既存添加物***，天然香料，一般飲食物添加物の4つに分類される（**表9.1**）。

***既存添加物**　古くから利用されてきた添加物で，平成7年の食品衛生法改正の際に指定を受けることなく使用・販売などが認められたもの。平成15年から安全性に問題があるものや使用実態のないものは削除されるようになり，アカネ色素は腎臓に発がん性が認められ削除された。種類が増えることはない。

一方，使用目的別に分類すると以下のようになる（東京都福祉保健局「食品衛生の窓」）。

1）食品の製造や加工のために必要なもの
特定の食品の製造や加工になくてはならないもので，酵素，ろ過助剤，油脂抽出剤，消泡剤，豆腐凝固剤，酸・アルカリなどがある。

2）食品の風味や外観を良くするためのもの
食品の味や見た目を良くし，魅力的で品質のよい食品をつくるために加えるもので，着色料，発色剤，漂白剤など，香りを付ける香料，味を良くする甘味料，調味料，苦味料など，食感を良くする乳化剤，増粘安定剤などがある。

3）食品の保存性を良くし，食中毒を防止するもの
食品の酸化・変敗，微生物の増殖による腐敗などを防止して，食品の保存性を高めるもので，酸化防止剤，保存料，殺菌剤，防カビ剤，酸味料，pH 調整剤などがある。

表9.1　食品添加物の分類

分　類	内　容
指定添加物	天然，合成にかかわらず，安全性と有効性が確認されて厚生労働大臣が指定したもの
既存添加物	長年使われてきた天然添加物で，厚生労働大臣が認めたもの。1996年以前は天然物であることから安全審査が行われていなかったので，現在安全確認が行われているものもある 品目が増えることはない
天然香料	動植物から得られ，着香を目的として使用されるもの
一般飲食物添加物	食品として用いられるものを添加物として利用するもの

コラム 12　添加物の指定

FAO／WHO 合同食品添加物専門家会議（JECFA）で一定の範囲内で安全性が確認されており，かつ，米国及び EU 諸国等で使用が広く認められていて，国際的に必要性が高いと考えられる添加物（国際汎用添加物）については，企業からの要請がなくとも，指定に向け，個別品目毎に安全性及び必要性を検討していくという方針に基づき，42 品目の食品添加物及び 54 品目の香料について，厚生労働省において関係資料の収集・分析や必要な追加試験の実施等を行い，食品安全委員会の評価等を経て，順次指定を行っている。

4）食品の栄養成分を強化するもの

食品に本来含まれる栄養成分や人に必要な栄養素を補充，強化する目的で加えるもので，ビタミン，ミネラル，アミン酸がある。

9.2　安全性評価

添加物の安全性を確保するために，指定にあたり**表 9.2** に示したような安全性試験が義務づけられている。

表 9.2　安全性評価

一般毒性試験	28 日間反復投与毒性試験	実験動物（マウス，ラット，イヌなど）に 28 日間繰り返し与えて生じる毒性を調べる
	90 日間反復投与毒性試験	実験動物に 90 日間以上繰り返し与えて生じる毒性を調べる
	1 年間反復投与毒性試験	実験動物に一年以上の長期間にわたって与えて生じる毒性と何段階かの量無毒性量の確認を行う
特殊毒性試験	繁殖試験	実験動物に二世代にわたって与え，生殖機能や新生児の生育におよぼす影響を調べる
	催奇形性試験	実験動物の妊娠中の母体に与え，胎児の発生，生育におよぼす影響を調べる
	発がん性試験	実験動物にほぼ一生涯にわたって与え，発がん性の有無を調べる
	抗原性試験	実験動物でアレルギーの有無を調べる
	変異原性試験（発がん性試験の予備試験）	細胞の遺伝子や染色体への影響を調べる

添加物は少量の摂取であっても生涯摂取する可能性が高いことから，これらの試験は安全性の根幹にかかわる大切なものである。

また，これらの毒性試験結果に基づいて，実験動物に有害な影響が出ない最大の摂取量（**無毒性量**：**NOAEL**：non observed adverse effect level）を求める。さらに動物実験で得られたこの無毒性量をそのまま人に当てはめるのではなく，種差や個体差を考慮した安全係数を用いて **1 日許容摂取量**（**ADI**：Acceptable Daily Intake）が求められている。つまり，ADI は，ある物質を人が生涯摂取し続けたとしても健康に影響がでないと推定される 1 日当たりの摂取量であり，体重 1 kg 当たりで表されている（mg/kg 体重）。安全係数は感受性に関する実験動物と人間との種差を 10 倍，さらに人間の個人差を 10 倍として 100 を用いている。よって人間における ADI は実験によって求められた NOAEL の 1/100 となっている。（**図 9.1**）

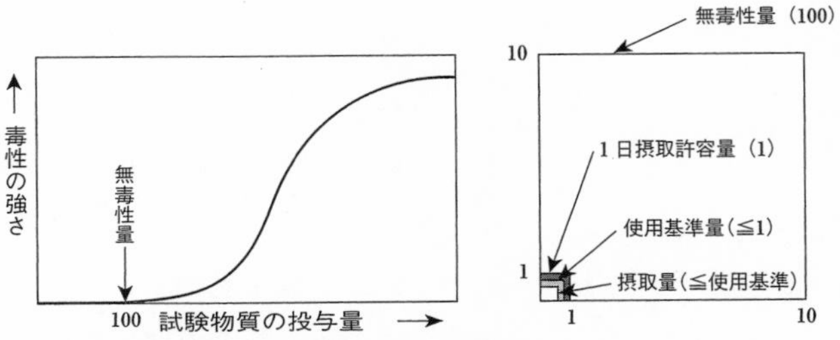

図 9.1　食品添加物の安全性確保のための無毒性量と 1 日摂取許容量および摂取量との関係

安全性の評価については，FAO/WHO 合

＊JECFA　ジェクファと読む。Joint FAO/WHO Expert Committee on Food Additives の略称。

同食品添加物専門家会議（**JECFA**＊）が世界で汎用性の高い食品添加物について安全性の評価や ADI の設定などを行い公表しており，さらにこの評価に従ってコーデックス委員会（FAO/WHO 合同食品規格委員会）は国際的な規格基準を策定している。これらの情報も参考にして，国内での使用基準も，国際的な統一をはかるように設定される方向で取り組まれている。

9.3　成分規格と基準

食品添加物の保存，製造，使用の方法についての成分規格と基準が定められ，これらに適合しないものは製造，販売等が禁止されている。基準には，**指定基準**，製造基準，保存基準，使用基準，**表示基準**などがある。

9.3.1　成分規格

成分規格とは，食品添加物の安全と品質を確保するために，その純度や製造する際に生じる副産物や 有害物の含有限度を設けたものである。この基準や成分規格などを収載したのが**食品添加物公定書**である。原則 5 年毎の改訂が行われている。

9.3.2　指定基準

食品添加物は，ポジティブリスト制による規制が設けられており，厚生労働大臣が指定したもの以外の製造，輸入，使用，販売は禁止されている。

新しい物質を使用したい場合は，化学合成，天然の区別なく，厚生労働大臣に安全性や有効性に関する資料を添えて申請し，指定添加物として指定が必要となる。このため，厚生労働省から「食品添加物の指定及び使用基準改正に関する指針」が示されている。

厚生労働大臣が新規に食品添加物を指定する場合は，添加することに関しての有効性や食品中の添加された添加物を確認する科学的分析が可能であること，そしてなにより消費者にとってメリットがあることなどが考慮されている。また食品安全委員会に添加物のヒトに対する健康影響についてリスク評価を依頼し，安全性評価および ADI の設定を行う。さらに厚生労働省の薬事・食品衛生審議会ではリスク管理を行い，安全性，有効性が認められたものに限られ指定されている（p.124 **図 9.2** 参照）。

さらに，既存添加物についてもその安全性の見直しが図られており，国際的な基準との整合性が図られている。しかし日本で使用が認められていないものでも外国では使用が認められているものもあり，それらが輸入食品から検出された場合は廃棄や積戻しとし，日本国内に出回ることはない。

9.3.3　使用基準

この 1 日許容摂取量を超えないように，使用できる食品や使用方法，さらに最大使用量などの使用基準が一部の添加物に定められ，安全性を確保している。

しかし加工品には使用基準のないものや，許可されていても添加物を使用していない場合や最大もしくは最小量使用している場合などもあることから，実生活において１日許容摂取量の基準内に収まっているのかは，食生活の調査によって検討しなくてはならない。

厚生労働省はマーケットバスケット方式を用い平均的な摂取量について調べている。マーケットバスケット方式とは，日常摂取している食品を小売店で購入し，その中に含まれている食品添加物量を分析して測り，その結果に摂取量を乗じて求める方法である。厚生労働省の摂取調査では国民健康・栄養調査などの資料に基づく食品の喫食量を用いて，１日の摂取量を求めてある。**表 9.3** に甘味料のマーケットバスケット方法による推定摂取量を示した*。この調査結果により甘味料の摂取においても ADI を大きく超えているものはないことがわかる。

＊食品添加物の摂取量の推定 マーケットバスケット方式以外に，実際に食べたものと同じものを試料にして測定する陰膳方式がある。

9.3.4 表示基準

食品添加物の表示に関しては，2015 年 4 月より施行された食品表示法により表示基準や規制などが定められている。

(1) 表示方法

表示は，①名称，②原材料名，③添加物，④原料原産地名（原産地については重量割合が最も多いものについて記す。令和 4 年 4 月完全実施），⑤内容量

表 9.3 マーケットバスケット方式による甘味料の推定 1 日摂取量と ADI との比較

成人（20 歳以上）

	食品添加物（調査対象物質）	推定 1 日摂取量*1（mg/人/日）	ADI*2（mg/kg体重/日）	1 人当たりの 1 日摂取許容量*3（mg/人/日）	対 ADI 比*4（%）
甘味料	アスパルテーム	0.055	0–40	2344	0.00
	アセスルファムカリウム	1.779	0–15	879	0.20
	アドバンテーム	0	5.0	293	0.00
	グリチルリチン酸	0.401*5	—		
	サッカリン	0.144*6	3.8*7	223	0.06
	スクラロース	0.752	0–15	879	0.09
	ステビア抽出物	0.579*8	0–4*9	234	0.25
	ネオテーム	0.0002	1.0	59	0.00

＊1：測定の結果，含有量が定量限界未満の場合は 0 とした。混合群推定一日摂取量が 0 で，表示群推定 1 日摂取量が得られたもの（ネオテーム）は，表示群推定 1 日摂取量を用い，その他は混合群推定 1 日摂取量を用いた。
＊2：アドバンテーム，サッカリン，ネオテームの ADI は，内閣府食品安全委員会において設定されたもの。アスパルテーム，アセスルファムカリウム，スクラロース，ステビア抽出物の ADI は JECFA において設定されたもの。JECFA 及び内閣府食品安全委員会のいずれにおいても ADI が設定されていない場合は — とした。
＊3：(ADI（一日摂取許容量）の上限）×（58.6（成人の平均体重，kg））
＊4：対 ADI 比（%）＝ 1 人当たりの推定一日摂取量（mg/ 人 / 日）/ 1 人当たりの 1 日摂取許容量（mg/ 人 / 日）× 100
＊5：グリチルリチン酸二ナトリウム及びカンゾウ抽出物の総量（グリチルリチン酸として）
＊6：サッカリン，サッカリンカルシウム及びサッカリンナトリウムの総量（サッカリンとして）
＊7：サッカリン並びにそのカルシウム及びナトリウム塩のグループ ADI（サッカリンとして）
＊8：ステビア抽出物及びα-グフコシルトランスフェラーゼ処理ステビアの総量（ステビオールとして）
＊9：ステビオール配糖体の ADI（ステビオールとして）
出所）厚生労働省：令和元年マーケットバスケット方式による甘味料の摂取量調査より

表 9.4　添加物表示例

名称	クッキー
原材料名	小麦粉（カナダ産），砂糖，マーガリン（乳成分を含む）ショートニング，卵，食塩
添加物	乳化剤（大豆由来），膨張剤，香料（乳由来），着色料
内容量	120g
賞味期限	2022.10.05
保存方法	直射日光，高温多湿を避け，常温で保存
製造者	株式会社　がくぶん 〒100 － 0000　東京都千代田区○○番地

または固形量および内容総量，⑥消費期限または賞味期限，⑦保存方法，⑧原産国名，⑨食品関連事業者，⑩製造所等の順に行う。**表 9.4** に表示例を示す。

表示に用いる文字は 8 ポイント以上とし，表示面積が $150cm^2$ 以下の場合は 5.5 ポイント以上の大きさとする。また表示面積が $30cm^2$ の場合はアレルゲンなどの項目をのぞいて表示は省略できる。

添加物は，基本的には物質名で，添加物全体に占める重量の割合の多いものから順に表示する。ただし物質名が一般的に消費者に分かりにくい場合は，**簡略名**[*1]や類別名などわかりやすい名称で表示することができる。

また，原材料と明確に区別し添加物であることがわかるように添加物の枠を設けるか，原材料名の欄に記入する場合は／（スラッシュ）で区切り表示する。さらに次の 8 つの用途で用いる添加物については，物質名とともに**用途名**も[*2]併記することになっている。

甘味料，着色料，保存料，増粘剤・安定剤・ゲル化剤または糊料，酸化防止剤，発色剤，漂白剤，防カビ（防ばい）剤。

同じ目的のために複数使用される添加物はその機能を一括する名称または用途名で表示されることがある（一括名表示）。**表 9.5** に一括名と使用目的について示した。

*1 簡略名の例
亜硝酸ナトリウム→亜硝酸 Na
L-アスコルビン酸
→アスコルビン酸，V.C
食用赤色 2 号→赤色2号，赤 2
炭酸水素ナトリウム→重層等

*2 用途名併記の例
甘味料（キシリトール）
保存料（ソルビン酸）

表 9.5　一括名とその使用目的

一括名	使用目的
イーストフード	パン，菓子等の製造工程での，イーストの栄養源
ガムベース	チューインガム用の基材
かんすい	中華麺類の製造に用いられるアルカリ剤で，炭酸カリウム，炭酸ナトリウム，炭酸水素ナトリウム及びリン酸類のカリウム又はナトリウム塩のうち 1 種以上を含む。中華麺の食感や風味を増す。
苦味量	苦味の付与又は増強による味覚の向上又は改善のために使用
酵素	触媒作用を目的として使用された，生活細胞によって生産された酵素類。最終食品においても失活せず，効果を有する。
光沢剤	食品の表面に光沢を与える
酸味料	酸味の付与又は増強による味覚の向上又は改善のために使用
香料	香りを付け加えたり増強する
軟化剤	チューインガムを柔軟に保つ
調味料	うまみを与え，味を調え味覚の向上又は改善のために使用
豆腐用凝固剤	豆乳の凝固
乳化剤	水と油を均一に分散させ混ぜ合わせる
pH（水素イオン濃度）調整剤	食品のpHを調節し適正にし，品質を保つ
膨張剤	パンや菓子の製造でガスを発生させ記事をふっくらさせソフトにする

(2) 表示の免除

表示が免除されているものは，①栄養強化の目的で使用されたもの，②加工助剤，③キャリーオーバーである。

栄養強化の目的で使用されているものにはビタミン（33 品目），ミネラル（34 品目），アミノ酸類（24 品目）がある。

加工助剤とは，加工の途中に使用されるが最終的に除去または消去するもの，反応の結果食品に通常存在する成分になるが量を優位に増加させないもの，最終的に少量しか

コラム 13　複合作用

医薬品同士または医薬品と食品の組み合わせによる複合的な影響について研究が進んでいるが，添加物については，個々の安全性の確認はなされているが，食品添加物を複合的に摂取した場合の影響について研究は進んでいない。そのため食品添加物の複合摂取による影響について不安視する者も少なからず存在する。

そこで，食品安全委員会は2007年，科学的知見を収集・整理し，食品添加物の複合影響が現状どのように評価され，複合影響の可能性についてどのように考えるべきかを整理した「食品添加物の複合影響に関する調査報告書」をまとめ，使用されている添加物は蓄積性がなく，ADIの考え方を基本として個別にリスク評価とリスク管理が行われているため，その複合影響についても安全性が十分に確保されていると結論づけた。しかし，国内で使用が認められる添加物の数は年々増加しており，新規に開発されているものもあることから，今後さらなる検討を期待したい。

存在せず食品に影響がないものなどをいう（例：ミカンの缶詰を作る際に，瓢嚢（じょうのう：果皮を包んでいる薄皮）を除去するために使用されるNaOHやHCl，脱色に使用される活性炭など）。

キャリーオーバーとは，原材料になる食品の製造過程に使われたものが持ち込まれたもので，作られる食品に少量しか含まれず添加物としての効果がないものをいう（例：醤油に含まれている保存料の安息香酸は，インスタントラーメンなどの加工品に使用する場合，少量となり防腐効果が期待できなくなるので免除される）。

このような表示の免除があるものでも，**アレルギー物質***として表示義務のある，卵，乳，小麦，そば，落花生，えび，かにの特定原材料の7品目を原料とする場合には，物質名とその原料を表示しなくてはならない。表示の免除があるキャリーオーバーや加工助剤についても特定原材料の表示が必要である。

この7つの食品と同様に21品目（特定原材料に準ずるもの）についても表示が推奨されている。

＊アレルギー物質　推奨される品目　アーモンド，あわび，いか，いくら，オレンジ，カシューナッツ，キウイフルーツ，牛肉，くるみ，ごま，さけ，さば，大豆，鶏肉バナナ，豚肉，まつたけ，もも，やまいも，りんご，ゼラチン

9.4　食品添加物各論

9.4.1　甘味料

甘味料は，食品に甘味をつけるものであり，砂糖などの糖質系の甘味料とアスパルテーム等の非糖質系の甘味料に分類される。糖質系甘味料である砂糖は，肥満や虫歯の原因となる。非糖質系甘味料は甘味度が高いものが多く，エネルギー摂取量を少なく抑えることができるためダイエット食品や糖尿病患者の甘味料として使用される。指定添加物のうち，使用基準のある甘味料は，アセスルファムカリウム，グリチルリチン酸二ナトリウム，サッカリンナトリウム，サッカリン，スクラロースがある。使用基準のないものは，ア

スパルテーム，ネオテーム，キシリトール，D-ソルビトールがある。既存添加物には，D-キシロース，ステビア抽出物，カンゾウ抽出物などがある。

(1) 指定添加物

1) サッカリンおよびサッカリンナトリウム

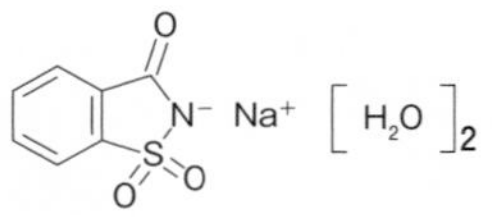

サッカリンナトリウム

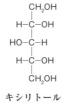

いずれも無色から白色の結晶性粉末で，サッカリンは水に難溶であるが，サッカリンナトリウムは水によく溶け，砂糖の約 500 倍の甘味がある。わずかに苦みをもち，砂糖に比較して，口中に甘味を残す。

サッカリンは水に溶けにくいので，唾液に徐々に溶け，甘味が持続することからチューインガムに使用が認められている。サッカリンおよびサッカリンナトリウムを使用した食品は，バラ売りでも表示が必要である。サッカリンナトリウムおよびサッカリンカルシウムは，清涼飲料水，菓子など多くの食品に使用されるが，pH3.8 以下では不安定で，加熱すると分解し甘味を失う。ADI 3.8mg/kg 体重 / 日と設定されている。

2) アスパルテーム

白色の粉末で，砂糖の約 200 倍の甘味をもつアミノ酸系甘味料で，アスパラギン酸とフェニルアラニンからなるジペプチドのメチルエステルである。

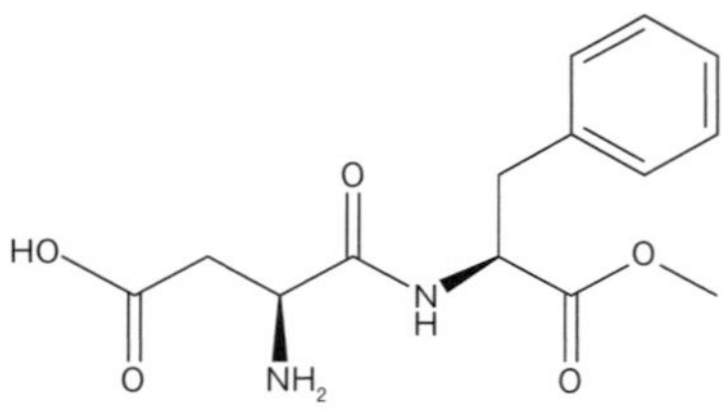

アスパルテーム

日本において，1983（昭和 58）年に使用が認められるようになり，卓上甘味料，菓子類，乳製品などに広く用いられている。熱により分解し，発酵食品においては微生物分解をうけ，甘味を失うことが難点である。ADI は 40mg/kg 体重 / 日と設定されている。

なお，本品はフェニルアラニンを含んでいるために，フェニルケトン尿症患者に悪影響を与えることから，「アスパルテーム（L-フェニルアラニン化合物）」と表示するように義務付けられている。

3) キシリトール

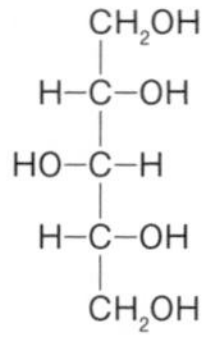

キシリトール

キシリトールは，イチゴやホウレンソウなどの果実や野菜に含まれている糖アルコールで，砂糖と同程度の甘味度をもつ。加熱に対して安定であり，食品加工の面で有用である。溶解時に吸熱するため，清涼感を与える。日本では 1997（平成 9）年に食品添加物として指定され，チューインガム，キャンディ，チョコレートに使用されている。ADI は特定していない。

4) スクラロース

スクラロースは，砂糖の約 600 倍の甘味度をもつ甘味料で，20 か国以上で使用されている。日本では，1999（平成 11）年に食品添加物として指定され，飲料やデザートなどに使用されている。加熱に対する安定性も優れている。ADI は 15mg/kg 体重 / 日と設定されている。

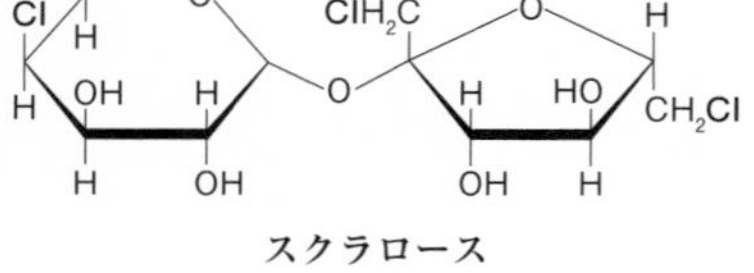

スクラロース

5）アセスルファムカリウム

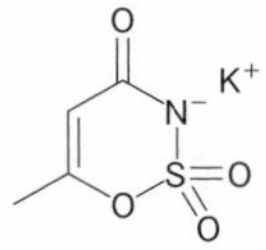

アセスルファムカリウム

白色の結晶性粉末であり，1983年にイギリスで食品添加物として許可され，現在では世界の100か国以上で許可されている。日本では，2000（平成12）年に食品添加物として指定された。砂糖の約200倍の甘味があり，水に溶けやすく，耐熱性，耐酸性に優れている。清涼飲料水，乳酸菌飲料，アイスクリーム類，たれ，漬物など広い範囲で利用できる。ADIは15mg/kg体重/日と設定されている。

6）ネオテーム

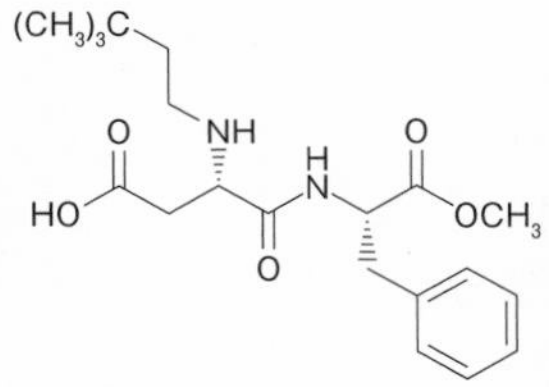

ネオテーム

アスパルテームをN-アルキル化して得られた甘味料で，甘味度は砂糖の約7,000～13,000倍である。アスパルテームより安定であり，通常の保存条件下ではフェニルアラニンを遊離しない。日本では，2007（平成19）年に許可された。ADIは1.0mg/kg体重/日と設定されている。

7）アドバンテーム

アスパルテームと3-ヒドロキシ-4-メトキシ-フェニルプロピオンアルデヒドから合成されたジペプチドメチルエステル誘導体で，砂糖の約14,000～48,000倍の甘味度をもつ。日本では2014（平成26）年に指定され，使用基準は設定されていない。ノンアルコール飲料，ガム，加工フルーツ，シロップ等に使用されている。ADIは5 mg/kg体重/日と設定されている。

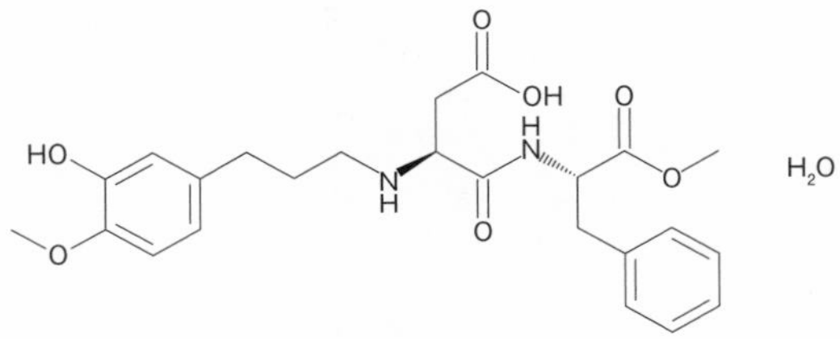

アドバンテーム

（2）既存添加物

ステビア甘味料は，南米原産のキク科植物であるステビアを原料として製造された。甘味成分の主なものはステビオサイドとレバウディオサイドなどのステビア配糖体である。甘味度は，ステビオサイドが砂糖の200～300倍，レバウディオサイドが260～300倍である。漬物，水産練り製品，マヨネーズ，ドレッシング，珍味に用いられる。

9.4.2　着色料

食品がもつ色は，食欲を増進させ食生活を豊かにする効果がある。しかし，自然の状態の色は，日光，酸素，pHなどにより変色や脱色することがあり，長期にわたってきれいな色を維持することが難しい。そこで，加工食品の色調を人為的に着色するために着色料が使われてきた。化学合成によってつくられたもの（合成着色料）と天然物から得られたもの（天然着色料）がある。指定添加物（主に化学合成品）のすべてに対して使用基準が設けられている。

（1）指定添加物

酸性タール色素は，化学合成色素の大部分を占め，少量で鮮明な色を出し，安価で退色しにくいという優れた特徴をもっているが，コールタールを原料にしてつくられるため発がん性が懸念される。製造過程の有害物質の残存や生成も懸念されるため，安全性には細心の注意が払われ，公的機関による製品検査が実施され「製品検査合格証」の証紙で封印したものに限ってその使用が認められている。現在12品目およびそのアルミニウムレーキ8種が許可されている。アルミニウムレーキとは，合成着色料に塩化アルミニウムを反応させて得られる沈殿物であり，水にも有機溶媒にも不溶であるため食品中でも溶けず粉末状態を保つ。そのため分解しにくく色が安定的に保たれるメリットがある。使用対象食品と使用量の制限はないが，共通して使用してはならない食品として，カステラ，スポンジケーキ，きなこ，豆類，のり類，わかめ類，こんぶ類，茶，マーマレード，野菜類，しょう油，鮮魚介類，食肉漬物，魚肉漬物，鯨肉漬物，めん類が定められている。

化学構造上で分類すると，アゾ系，キサンチン系，インジゴイド系およびトリフェニルメタン系の4つに分類され，すべて水溶性である。酸性タール色素の命名法は食品衛生法によって定められており，食用○色○号と呼ばれる。認可品目を**表9.6**に示す。

酸性タール色素以外には，β-カロテン，三二酸化鉄，水溶性アナトー，クロロフィル，銅クロロフィル，銅クロロフィリンナトリウム，二酸化チタ

表9.6　酸性タール色素

品　目	化合物名	使用基準[1]	ADI[2]	系	備　考
食用赤色2号 同アルミニウムレーキ	アマランス	○	0.5	A	発がん性が確認されている
食用赤色3号 同アルミニウムレーキ	エリスロシン	○	0.1	X	変異原性と発がん性が確認されている
食用赤色40号 同アルミニウムレーキ	アルラレッド	○	7	A	アメリカの要請により1991年に許可された
食用赤色102号	ニューコクシン	○	4	A	他の色素との色合い調整に使用される
食用赤色104号	フロキシン	○	設定値なし	X	酸性で色素酸が沈殿する
食用赤色105号	ローズベンガル	○	設定値なし	X	酸性で色素酸が沈殿する
食用赤色106号	アシドレッド	○	設定値なし	X	酸，熱，光，酸化，還元に対して強く安定
食用黄色4号 同アルミニウムレーキ	タートラジン	○	7.5	A	アレルギー過敏反応を起こす
食用黄色5号 同アルミニウムレーキ	サンセットイエロー	○	2.5	A	アレルギー過敏反応を起こす
食用緑色3号 同アルミニウムレーキ	ファーストグリーン	○	25	T	ほとんど使用されていない
食用青色1号 アルミニウムレーキ	ブリリアントブルー	○	12.5	T	安定で，医薬品にも使用される
食用青色2号 同アルミニウムレーキ	インジゴカルミン	○	5	I	不安定，天然の藍の色素である

＊A：aso系，X：xanthene系，I：indigoid系，T：triphenylmethane系
注1）○：使用基準あり
　2）ADI（mg/kg体重／日）：1日摂取許容量
出所）甲斐達男・小林秀光編：食品衛生学［第4版］，160，化学同人（2020）を改編

ンの7品目が許可されている。

(2) 既存添加物

1) ブドウ果皮色素

アメリカブドウまたはブドウの果皮から得られた色素で，アントシアニンを色素とする。ADIは，2.5mg/kg体重/日と設定されている。

2) コチニール色素

サボテンに寄生するカイガラムシ科のエンジムシの乾燥虫体から得られる赤色色素で，アントラキノン系のカルミン酸を主成分とする。オレンジジュース，シロップ，ゼリーなどの着色料として使用される。安全性については，2000年の第55回JECFA会議において，食品および飲料水中のコチニール抽出物およびカルミン酸類はアレルギー誘発の可能性があるとして，ADIは設定せずとされている。

3) アカネ色素

アカネ科セイヨウアカネの根より，水または含水エタノールで抽出して得られたもので，主色素はアリザリンおよびルベリトリン酸である。食品安全委員会で行われた食品健康影響評価では，ラットを用いた試験において遺伝毒性および腎臓への発がん性が認められたため，2004（平成16）年に既存添加物名簿から削除された。

9.4.3　保存料

保存料は，微生物の増殖を抑制する目的で食品に利用されるもので，微生物を殺菌する効果はないが，微生物の増殖を遅らせる静菌作用がある。保存料は，酸型保存料と非解離型保存料に分類され，酸型保存料は酸性域保存料ともいわれ，酸性領域で強い抗菌性を示すが，アルカリ性では抗菌性はない。酸型保存料は酸性食品中において，pHが小さくなるにつれ非解離分子が多くなり，微生物に取り込まれて，その代謝を阻害すると考えられている。安息香酸とそのナトリウム塩，ソルビン酸とソルビン酸塩（カリウムおよびカルシウム塩），デヒドロ酢酸ナトリウム，プロピオン酸およびプロピオン酸塩（ナトリウムおよびカルシウム塩）がある（**表9.7**）。一方，非解離型保存料は，パラオキシ安息香酸アルキルエステルで，水にとけにくく，解離しにくい物質であるため，その抗菌性はpHに左右されない。

(1) 指定添加物

1) ソルビン酸，ソルビン酸カリウムおよびソルビン酸カルシウム

ソルビン酸は無色の針状結晶あるいは白色の結晶性粉末で，水に溶けにくく，空気中に長期間保存すると酸化し着色する。ソルビン酸カリウムは白色～淡黄色の結晶あるいは結晶性粉末で，水にきわめて溶けやすい。ソルビン酸カルシウムは白色の微細な結晶性粉末で，水にやや溶けやすい。pHが酸

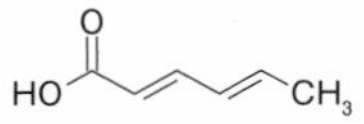

ソルビン酸

表 9.7　保存料の1日摂取量と ADI

	1日摂取量（mg/人/日）	ADI（mg/kg体重/日）	1人当たりの1日摂取許容量*1（mg/人/日）	対 ADI 比*2（%）
安息香酸	1.194	5*3	293	0.41
ソルビン酸	4.407	25*4	1,465	0.3
デヒドロ酢酸	0	—	—	—
亜硫酸塩類（二酸化硫黄）	0.164	0.7*5	41	0.40
パラオキシ安息香酸イソブチル	0	—	—	—
パラオキシ安息香酸イソプロピル	0	—	—	—
パラオキシ安息香酸エチル	0	10*6	586	0
パラオキシ安息香酸ブチル	0	—	—	—
パラオキシ安息香酸プロピル	0	—	—	—
プロピオン酸	1.738	制限しない	—	—

*1：ADIの上限× 58.6（20歳以上の平均体重，kg）
*2：対 ADI 比（%）＝1日摂取量（mg/人/日）/1人当たりの1日摂取許容量（mg/人/日）× 100
*3：安息香酸，安息香酸塩，ベンズアルデヒド，酢酸ベンジル，ベンジンアルコールおよび安息香酸ベンジルのグループ ADI（安息香酸として）
*4：ソルビン酸およびカリウム塩，カルシウム塩，ナトリウム塩のグループ ADI（ソルビン酸として）
*5：亜硫酸化合物のグループ ADI（二酸化硫黄として）
*6：パラオキシ安息香酸エチルおよびメチルエステルのグループ ADI
出所）2016（平成28）年度厚生労働省調査

性になるほど抗菌力が強い酸型保存料の代表である。腐敗細菌の多くはpH5.0以下になると発育が悪くなるが，カビ，酵母などの真菌が逆に生えやすくなる。そこで，ソルビン酸は酸性度の強い食品の保存料として特に有効である。対象食品として，チーズ，魚肉ねり製品，食肉製品，漬物，ジャム，ケチャップなど多くの食品への利用が認められている。ADIは25mg/kg体重/日と設定され，**対 ADI 比**[*1]は0.3%である。

*1 **対 ADI 比（%）**　1日摂取量（mg/人/日）/1人当たりの**1日摂取許容量**[*2]（mg/人/日）×100

*2 **1人当たりの1日摂取許容量**　ADIの上限×58.6（20歳以上の平均体重，kg）

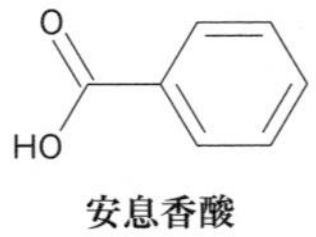

安息香酸

2）安息香酸および安息香酸ナトリウム

安息香酸は，白色の小葉状または針状の結晶で，水に溶けにくい。安息香酸ナトリウムは，水に溶けにくい安息香酸を水に溶けやすくするためにナトリウム塩にしたもので，白色の結晶性粉末または粒である。安息香酸は，酸型保存料であるため，その効果はpHによって左右される。キャビア，菓子製造用果汁ペーストと果汁，マーガリン，清涼飲料水，シロップ，しょう油への使用が認められている。ADIは5.0mg/kg体重/日と設定され，対ADI比は0.41%である。

3）パラオキシ安息香酸エステル類

現在，イソブチル，イソプロピル，エチル，ブチル，プロピルの5種類のエステルが指定されている。いずれも無色あるいは白色の結晶性粉末で，水に溶けにくいためエタノール溶液，酢酸溶液あるいは水酸化ナトリウム溶液として用いられる。単独で使用されることは少なく，ブチル，イソプロピル，イソプロピルエステルなどを組み合わせた混合物が用いられる。本来が解離しにくい化合物で，その非解離分子が細菌，カビ，酵母の増殖を阻止する。

(2) 既存添加物

1) しらこタンパク抽出物

魚類（サケ，マス）の精巣から製造されたもので，主成分は塩基性タンパク質（プロタミン，ヒストン）である。水に溶け，耐熱性に優れている。芽胞菌に対して増殖抑制効果を有するが，カビや酵母に対してはほとんど効果はない。ネト（微生物が増えることによって生じるネバネバ）の発生を遅くする効果がある。水産ねり製品やそうざいに利用されている。

2) ε-ポリリジン

放線菌の培養液から，イオン交換樹脂を用いて吸着，分離して製造される。必須アミノ酸のL-リジンがつながったポリペプチドで，細菌や酵母に対して増殖抑制効果があるが，カビにはあまり効果がない。

3) ナイシン

ナイシンは乳酸菌（*Lactococcus lactis*）が産生するペプチドで，グラム陽性菌，芽胞の生育阻害効果がある。ナイシンは毒性がないとされているが，使用基準（生菓子，チーズ等）やADI（0.13mg/kg体重/日）が定められている。

4) その他

その他に，リゾチーム，グリシン，ヒノキチオール，孟宗竹抽出物等があるが，ε-ポリリジン，しらこタンパク抽出物と同様に，ソルビン酸のような保存効果はなく，一般的に日持ち向上剤として利用されている。

なお，漂白剤として指定されている亜硫酸ナトリウム，次亜硫酸ナトリウム，二酸化硫黄，ピロ亜硫酸カリウム，ピロ亜硫酸ナトリウムは，保存料としても指定されている。

9.4.4　増粘剤（安定剤，ゲル化剤，糊料）

増粘剤は，安定剤，ゲル化剤，糊料などとも呼ばれる。少量で高い粘性を得るために使用する場合は増粘剤，液状のものをゼリー状に固める目的で使用する場合はゲル化剤また糊料，粘性を高めて食品成分を安定させる目的で使用する場合は安定剤になる。既存添加物では増粘安定剤とされる場合が多い。水に分散あるいは溶解して，粘稠性を示す親水性の高分子化合物である。指定添加物のうち使用基準のあるものとして，アルギン酸プロピレングリコールエステル，カルボキシメチルセルロースカルシウム，カルボキシメチルナトリウム，デンプングリコール酸ナトリウム，メチルセルロース，ポリアクリル酸ナトリウムなどがある。使用基準のないものに，アルギン酸アンモニウム，アルギン酸カリウム，アルギン酸カルシウム，アルギン酸ナトリウム，ヒドロキシプロピルセルロースなどがある。既存添加物にはグァーガム，ペクチンなどがある。食品への表示は，用途名と物質名を表示しなければならない。

(1) 指定添加物

1) アルギン酸ナトリウム（簡略名：アルギン酸 Na）

JECFA，EU，米国などでも指定されている。褐藻類から得られる電解質多糖類の一種である。アイスクリーム，ジャム，ケチャップなどに 0.1 ～ 1 %の濃度で使用される。ADI は特定されていない。

2) カルボキシメチルセルロースナトリウム（簡略名：CMC）

JECFA，EU，米国などでも指定されている。アイスクリームでは 0.3 ～ 0.5%の濃度で使用される。他に，ピーナツバター，濃厚ソースなどにも使用される。ADI は特定されていない。

9.4.5 酸化防止剤

油脂の酸化や食品の褐変を防止して，食品の品質を向上させる目的で使用される。酸化防止剤には，エリソルビン酸，アスコルビン酸などのように水溶性のものと BHT や dl-α-トコフェロールのように油溶性のものがあり，水溶性のものは油脂類以外の色素や栄養成分に対して効果があり．油溶性のものは油脂類や魚介冷凍品など油脂含量の多い食品の酸化防止に用いられる（**表 9.8**）。

1) dl-α-トコフェロール（ビタミン E）

淡黄色～黄褐色の粘稠な液体で，水には溶けないが脂肪油やエタノールにはよく溶ける。トコフェロールは植物油，特に小麦胚芽油，大豆油，トウモロコシ油など各種の油に含まれ，これらの同族体を総称してビタミン E という。化学合成品である dl 体（天然のものは d 体）は，わが国では酸化防止の目的に限って使用が認められている。ADI は 2 mg/kg 体重 / 日である。

表 9.8 酸化防止剤の 1 日摂取量と ADI

	1 日摂取量（mg/ 人 / 日）		ADI（mg/kg 体重 / 日）	1 人当たりの 1 日摂取許容量*1（mg/ 人 / 日）	対 ADI 比*2（%）
エチレンジアミン四酢酸	0.000		2.5	147	0
ジブチルヒドロキシトルエン	0.009		0.3	18	0.05
ブチルヒドロキシアニソール	0.000		0.5	29	0
没食子酸プロピル	0.000		1.4	82	0
α-トコフェロール	4.64	5.925*3	2	117	5.47
β-トコフェロール	0.46				
γ-トコフェロール	9.51				
δ-トコフェロール	3.14				

*1：ADI の上限× 58.6（20 歳以上の平均体重，kg）
*2：対 ADI 比（%）= 1 日摂取量（mg/ 人 / 日）/ 1 人当たりの 1 日摂取許容量（mg/ 人 / 日）× 100
*3：α 体以外のトコフェロールをそれぞれの力値に従い α 体に換算した総トコフェロールの一日摂取量
出所）2017（平成 29）年度厚生労働省調査

2）L-アスコルビン酸（ビタミンC）

L-アスコルビン酸は，強い還元力をもつため酸化防止剤として食肉製品，果実缶詰，ジュースなど広く用いられている。ADIは特定していない。

3）エリソルビン酸およびエリソルビン酸ナトリウム

エリソルビン酸はアスコルビン酸の立体異性体で，白色から帯黄白色の結晶または結晶性粉末で，強い還元力をもつため食品の褐変防止の目的で食肉製品，魚介冷凍品，果実加工品などに使用されている。エリソルビン酸の作用はL-アスコルビン酸の1/20にすぎない。ADIは特定していない。

4）ジブチルヒドロキシトルエン（BHT）

BHTとも言われ，白色の結晶性粉末または塊で，無味，無臭である。油脂に溶けやすく，水に溶けず天然には存在しない。ブチルヒドロキシアニソールとともに代表的な油脂用の酸化防止剤である。安定性が優れており，油脂，バター，魚介冷凍品・塩蔵品，チューインガム基剤などに使用が認められているが，食品よりもプラスチック，化粧品などに広く使用されている。ADIは0.3mg/kg体重/日である。

5）ブチルヒドロキシアニソール（BHA）

白色～帯黄褐色の結晶，塊または結晶性粉末で，水にほとんど溶けないが，油脂，エタノール，プロピレングリコールにはよく溶ける。BHTと同様な食品に対して使用が認められているが，チューインガムには許可されていない。油脂の製造に用いられるパーム原油およびパーム各原油の酸化防止剤として用いられている。ADIは，0.5mg/kg体重/日である。なお，漂白剤として指定されている亜硫酸ナトリウム，次亜硫酸ナトリウム，二酸化硫黄，ピロ亜硫酸カリウム，ピロ亜硫酸ナトリウムは，酸化防止剤としても指定されている。

9.4.6　発色剤

発色剤は，着色料とは異なりその物質自体は無色であるが，食品中の色素と反応して色を安定に保つことを目的に使用される。すべて指定添加物で，亜硝酸ナトリウム，硝酸カリウム，硝酸ナトリウムの3品目がある。

亜硝酸塩（ナトリウム）および硝酸塩（カリウムおよびナトリウム塩）

亜硝酸ナトリウムは天然には漬け物やヒトの唾液中に数十μg/g濃度で存在する。食肉や鯨肉の色は，ミオグロビン（肉色度）およびヘモグロビン（血色素）の色素タンパク質によるものであるが，これらの色素は不安定で空気中に放置したり加熱すると，メト体（濁った灰褐色）になり，肉の新鮮な色が失われる。亜硝酸と反応したニトロソミオグロビン，ニトロソヘモグロビンは安定で，鮮やかな色調を有する。

亜硝酸は，魚肉や魚の卵に含まれる第二級アミンと酸性下（胃の内部）で

＊ **N-ニトロソアミン**　1967年西ドイツにおいてタンパク質が分解してできるアミン（第二級アミン）と亜硝酸が酸性の条件下で反応すると，強力な発がん物質ニトロソアミンが生じることが発見された。

反応して発がん物質である**N-ニトロソアミン**＊を生成する可能性がある。一方，食品中のビタミンCやリジン，アルギニンなどはこの反応を抑制し，ニトロソアミン類の生成を抑制することが知られているので，種々の食品を同時に摂取する通常の食事ではこのような問題はない。

9.4.7　漂白剤

食品中の有色物質を化学的に分解し，無色の物質とし，嗜好性を向上させるために使用する添加物であり，亜硫酸塩類のような還元剤と亜塩素酸ナトリウムのような酸化剤がある。いずれも使用基準がある。

1）二酸化硫黄および亜硫酸塩類

二酸化硫黄は無水亜硫酸のことで，無色で刺激性の気体である。その塩類としては亜硫酸ナトリウム，次亜硫酸ナトリウム，ピロ亜硫酸カリウム，ピロ亜硫酸ナトリウムが指定されている。亜硫酸塩類は水に溶けやすく強い還元性があり，しだいに酸化，分解され硫酸となるか，亜硫酸となって揮散する。使用基準は，かんぴょう，乾燥果実（干しぶどうを除く），干しぶどう，コンニャク粉，乾燥じゃがいも，ゼラチン，果実酒，水あめ，天然果汁，煮豆，えびのむき身などに定められている。なお，いずれも二酸化硫黄としての残存量である。亜硫酸塩類，二酸化硫黄は保存料，酸化防止剤の効果も認められることから，これらにも指定されている。

2）亜塩素酸ナトリウム

白色の粉末で，臭気がないかまたはわずかに臭気を有し，水に溶けやすい。水溶液はアルカリ性を呈し比較的安定であるが，酸性では亜塩素酸を遊離し，さらに二酸化塩素に分解する。漂白作用は，二酸化塩素中の原子状酸素によ

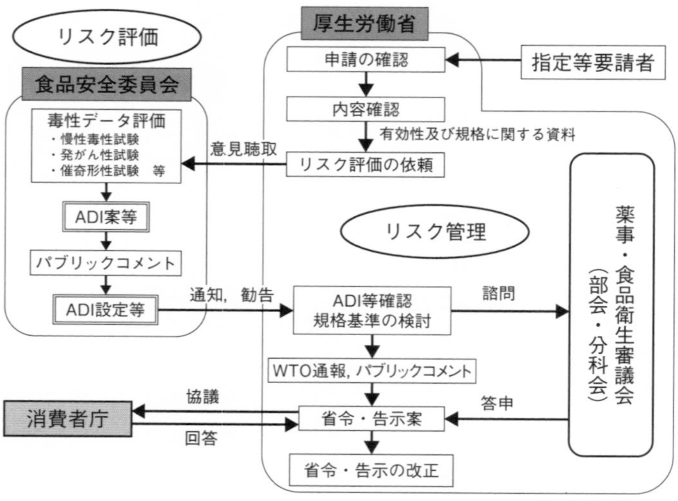

出所）厚生労働省：https://www.mhlw.go.jp/stf/seisakunitsuite/bunya/kenkou_iryou/shokuhin/syokuten/qa_jigyosya.html（2021/5/30）

図 9.2　食品添加物の指定の流れ

るといわれている。

かずのこの調味加工品，かんきつ類果皮，さくらんぼ，生食用野菜類および卵類，ふき，ぶどう，ももに対して使用が認められているが，最終食品の完成前に分解または除去することとなっている。

9.4.8　防カビ剤

かんきつ類の運搬，貯蔵中のカビの発生を防ぐための添加物であるが，国産のかんきつ類にはほとんど使用されていない。外国ではポストハーベスト農薬扱いとなっているものもある。

(1) 指定添加物

1) ジフェニル（簡略名：DP）

淡黄色ないし無色の結晶で刺激臭がある。水には不溶で，エタノールやエーテルなどの有機溶媒には溶ける。グレープフルーツ，レモンおよびオレンジ類の貯蔵，運搬時の青カビ（*Penicillium italicum*），緑カビ（*Penicillium digitatum*）による被害を防止するために使用される。紙片にジフェニルを浸潤させたものを果物箱に入れ，昇華によって果物に付着させ，防カビ効果をもたらす。ADI は 0.05mg/kg 体重 / 日と設定されている。

2) オルトフェニルフェノール（簡略名：OPP）およびオルトフェニルフェノールナトリウム（簡略名：OPP-Na）

白色ないし淡黄色の粉末で，特異な臭気がある。OPP は水に溶けないが，OPP-Na は水に溶ける。米国ではポストハーベスト農薬として使用される。白カビ（*Geotrichum candidum* など）による被害防止を目的に，かんきつ類に限り使用が認められている。一般に OPP はワックスに混ぜて使用され，OPP-Na は水に溶かしてスプレーするか，浸漬して用いられる。ADI は，OPP が 0.4mg/kg 体重 / 日，OPP-Na が 0.2mg/kg 体重 / 日である。

3) イマザリル

淡黄から黄褐色の結晶性粉末あるいは塊で，においはない。ミカンを除くかんきつ類およびバナナにのみ使用できる。ADI は，0.03 mg/kg 体重 / 日である。

4) チアベンダゾール（簡略名：TBZ）

白色の粉末でにおいはほとんどなく，水に溶けやすい。かんきつ類に対してはワックスに混入して，バナナに対しては水溶液に浸漬して，軸腐れ病による腐敗防止の目的で用いられる。ADI は，0.1 mg/kg 体重 / 日である。

その他，フルジオキソニルは，キウイ，かんきつ類のほか 10 種の果物に対して，ピリメタニルはあんず，西洋なし，マルメロなどに使用基準がある。

9.4.9　乳化剤

乳化とは，水と油のどちらか一方が小さな粒子となってもう一方の液体中に分散する現象をいう。マーガリンのように，水の粒子が油に分散した乳化状態（エマルジョン）を W/O（water in oil）型エマルジョンとよび，マヨネーズのように油の粒子が水に分散した乳化状態を O/W（oil in water）型エマルジョンとよぶ。エマルジョンはパンやケーキ，菓子類，チョコレート，キャラメル，アイスクリーム等の油脂を含む食品において，しっとりとした食感やさくさく感，口溶け感などを出すのに重要な役割を果たす。

エマルジョンは時間とともに水と油に分離してしまうので，乳化剤を用いて安定化させる。乳化剤によって親水性や親油性の強さのバランスが異なり，これが W/O 型か O/W 型のいずれかのエマルジョンを形成するかを決める要因となる。このバランスを決める数値を HLB（hydrophilic lipophilic balance）とよび，乳化剤によって 0 から 20 の値で示される。HLB 値が大きいほど親水性が大きく O/W 型エマルジョン形成能が高いことを示す。

最も安価で広く利用される乳化剤はグリセリン脂肪酸エステルである。天然の乳化剤である，卵黄レシチンや大豆レシチンも広く利用される。

9.4.10 調味料

調味料にはアミノ酸（グルタミン酸ナトリウム，アスパラギン酸ナトリウム等），核酸（IMP，GMP），有機酸（コハク酸），無機塩がある。表示は調味料（アミノ酸），調味料（アミノ酸等），調味料（核酸等）などがある。調味料（アミノ酸）はアミノ酸系の調味料のみを使用している。

調味料（アミノ酸等）はアミノ酸系の調味料の使用量が一番多いが，その他の調味料も使用されている。

コラム 14 気体の食品添加物

食品添加物の大部分が固体のため，気体（ガス）が指定されていることはあまり気づかない。水素，窒素，二酸化炭素，アンモニアは食品添加物として指定されている。これらのガスは，いずれも鋼鉄製容器（ボンベ）に高圧ガスとして充填されている。充填ガスの識別のため，ガスの種別にボンベの色が決められている。

水素（赤色ボンベ）：製造溶剤として，植物油，魚油に含まれる不飽和脂肪酸を飽和脂肪酸とする場合に添加される。

窒素（ねずみ色ボンベ）：品質保持剤，製造用剤として指定されている。不活性のため酸化されやすい。缶入り粉乳，その他，酸化により劣化しやすい容器包装食品に，栄養成分保護のため封入されている。

二酸化炭素（液化炭酸ガスとして緑色ボンベに充填）：製造用剤，pH 調整剤，酸味料として指定されている。冷却して固体となったドライアイスは保冷用に使用される。飲食店で見かける緑色ボンベは，ビール樽からの生ビールの押し出し用に使用される。

水溶液中に存在する炭酸はきわめて弱い無機酸で，刺激性のある酸味を呈し，爽快味があることから，清涼飲料水に利用される。

【演習問題】

問 1　わが国における食品添加物の使用に関する記述である。正しいのはどれか。1つ選べ。（2019 年国家試験）

(1) ソルビン酸カリウムは，殺菌料として使用される。
(2) 食用赤色 2 号は，鮮魚介類の着色に使用される。
(3) 亜硫酸ナトリウムは，漂白剤として使用される。
(4) 亜硝酸イオンの最大残存量の基準は，食肉製品より魚卵の方が高い。
(5) アスパルテームは，「L アスパラギン酸化合物」と表示する。

解答　(3)

問 2　食品添加物とその用途の組合せである。正しいのはどれか。1つ選べ。（2017 年国家試験）

(1) ソルビン酸カリウム ――― 乳化剤
(2) エリソルビン酸 ――― 酸化防止剤
(3) アスパルテーム ――― 酸味料
(4) 亜硝酸ナトリウム ――― 殺菌料
(5) 次亜塩素酸ナトリウム ――― 防カビ剤

解答　(2)

問 3　食品添加物に関する記述である。最も適当なのはどれか。1つ選べ。（2019 年国家試験）

(1) 生涯を通じて週に 1 日摂取しても健康に影響が出ない量を，一日摂取許容量（ADI）という。
(2) 無毒性量は，ヒトに対する毒性試験の結果をもとに設定される。
(3) 指定添加物は，天然由来の添加物を含まない。
(4) サッカリンナトリウムは，甘味づけの目的で添加される。
(5) エリソルビン酸は，細菌の増殖抑制の目的で添加される。

解答　(4)

問 4　食品添加物に関する記述である。正しいのはどれか。1つ選べ。（2018 年国家試験）

(1) 無毒性量は，ヒトへの試験をもとに設定される。
(2) 使用基準は，一日摂取許容量 (ADI) を超えないように設定される。
(3) 指定添加物は，消費者庁長官によって指定される。
(4) ソルビン酸カリウムは，酸化防止の目的で添加される。
(5) オルトフェニルフェノールは，漂白の目的で添加される。

解答　(4)

問 5　食品添加物に関する記述である。正しいのはどれか。1つ選べ。（2015 年国家試験）

(1) 食品添加物は，JAS 法によって定義されている。
(2) 加工助剤の表示は，省略できない。
(3) キャリーオーバーの表示は，省略できない。
(4) 酸化防止の目的で使用したビタミン E の表示は，省略できない。
(5) 栄養強化の目的で使用したビタミン C の表示は，省略できない。

解答　(4)

【参考文献】

石綿肇ほか編：新食品衛生学，101-108，学文社（2014）

井部昭広，平井昭彦，細貝祐太郎他：新食品衛生学要説（廣末トシ子，安達修一），155-157，医歯薬出版（2020）

大西隆志：食品の保存にかかわる天然抗菌物質の諸特性について：生活衛生，36，179-196（1992）

厚生労働省：食品添加物：https://www.mhlw.go.jp/stf/seisakunitsuite/bunya/kenkou_iryou/shokuhin/syokuten/index.html（2021/5/30）

厚生労働省：マーケットバスケット方式による年齢層別食品添加物の一日摂取量の調査：平成27年度マーケットバスケット方式による甘味料の摂取量調査の結果について（2016）

厚生労働省：マーケットバスケット方式による年齢層別食品添加物の一日摂取量の調査：平成28年度マーケットバスケット方式による保存料及び着色料の摂取量調査の結果について（2017）

厚生労働省：マーケットバスケット方式による年齢層別食品添加物の一日摂取量の調査：平成29年度マーケットバスケット方式による酸化防止剤，防かび剤等の摂取量調査の結果について（2018）

佐藤吉朗，永山廣，桝田和彌他：新訂　食品衛生学（伊藤武，古賀信幸，金井美惠子），131-144，建帛社（2020）

消費者庁：早わかり食品表示ガイド（令和2年11月版　事業者向け）

消費者庁：知っておきたい食品の表示（令和2年11月版　消費者向け）

日本食品添加物協会：https://www.jafaa.or.jp/tenkabutsu01/tenka1（2021/5/30）

10　食品の安全性問題

10.1　農産物とその安全性

食品に残留する農薬等（飼料添加物，動物用医薬品を含む）の安全性に対する消費者の関心は高く，輸入農作物がわが国の残留農薬基準に違反した事例などが社会問題となった。

現在わが国では「有機農作物」，「有機畜産物」，「有機農作物加工品」の日本農林規格（以下有機JAS）定められて，その規格に合格したもののみ，「有機」，「オーガニック」などと表示できる。JASに適合すればJASマークが付けられ，「有機納豆」「オーガニック紅茶」などと表示できる。JASマークには，以下のものがある。

1）JASマーク：JAS規格に合格した食品につけるマークで，カップ麺，醤油，果実飲料などが対象である。

2）有機JASマーク：化学的に作られた肥料や農薬を使わない農産物や加工品およびそれらを飼料として育った家畜の卵，肉が対象になる（有機農産物，有機加工食品，有機畜産物）。

3）特定JASマーク：特別な作り方や育て方の規格を満たす食品が対象で，一定期間以上熟成させたハムなどが対象になる（熟成ハム，地鶏肉など）。

4）生産情報公表JASマーク：だれが，どこで，どのように作った食品であるか，消費者に伝えると認証されるマークで生産情報公表牛肉・豚肉，生産情報公表農産物などが対象となる。

JASマーク

有機JASマーク

特定JASマーク

生産情報公表JASマーク

10.1.1　有機農産物，特別栽培農作物の基準

(1) 有機農産物

有機農作物とは，①種播き又は植え付け前2年以上，禁止されている農薬や化学肥料を使用しない田畑で生産。

②遺伝子組換え由来の種苗を使用しない。

③原則として農薬・化学肥料を使用しないで栽培を行う等，地域環境への負担をできる限り軽減した栽培で生産した農作物である。有機農作物や有機農作物により加工食品を生産するためには，「日本農林規格等に関する法律」（JAS法）により，農林水産省の登録を受けた第三者機関（登録認証機関）による有機JASの**格付け**[*1]審査に合格することが必要になる。一般に有機栽培農業は**慣行栽培**[*2]に比べ，単位面積当たりの収量が低い傾向にある。

*1 **格付け**　JAS規格が定められた品目について，その該当するJAS規格に適合していると判断すること。

*2 **慣行栽培**　化学肥料および化学合成農薬である節減対象農薬を使用し，各地域で慣行的に行われている栽培。

(2) 特別栽培農産物

特別栽培農産物とは化学合成農薬を減らして栽培するなど特色のある生産方法で生産された農作物で，「特別栽培農産物に係る表示ガイドライン」(2007（平成19）年3月23日に改正，施行）によりその表示の適正化と普及・定着が図られている。

この表示ガイドラインの対象となる農作物は，その農産物が生産された地域の慣行レベルに対し，化学合成農薬の使用回数が50%以下でかつ化学肥料の窒素成分量が50%以下で栽培された農作物である。また，「無農薬栽培農作物」,「無化学肥料栽培農作物」,「減農薬栽培農作物」および「減化学肥料栽培農作物」という名称で区分されていた農作物を「**特別栽培農産物**[*1]」に統一し，これまでの消費者の誤認や，あいまいで不明確な印象を抱くといった問題点を解消している。

*1 **特別栽培農産物** ①化学肥料の窒素成分50%以下，②節減対象農薬[*2]の使用回数50%以下，①と②の双方の節減が必要，なお節減対象農薬を使用しなかった場合，「節減対象農薬：栽培期間中不使用」との表示になる。

*2 **節減対象農薬** 化学合成農薬のうち、農林物資の規格化及び品質表示の適正化に関する法律施行令第10条第1号の農林水産大臣が定める化学的に合成された農薬、肥料及び土壌改良資材の一に掲げる農薬を除くもの。

10.1.2 遺伝子組換え食品

遺伝子組換え食品とは，遺伝子工学技術により別の生物がもつ有用な遺伝子を取り出し，改良したい作物の遺伝子に組み込むことによって品種改良が行われた作物（食品）のことをいう。例えばアレルギーの原因物質を除いた食品，飼料や加工食品の原料となる農作物の原料となる農作物に除草剤に対する耐性，日持ちや害虫に抵抗性のある性質を獲得させた農作物の生産が可能となりつつある。一方，遺伝子組換え食品の技術は，ある生物のDNAに異種生物のDNAを人為的に組み込むため，**Bt毒素事例**[*3]のように，消費者が安全性を危惧する事実もある。このため，遺伝子組換え食品については，2001年4月から厚生労働省の安全性審査を受けることが義務づけられ，また，原材料に組換え食品を使用しているか否かの表示が実施されている（コラム)。

*3 **Bt毒素事例** スターリンクと呼ばれるトウモロコシに導入されたBt毒素（*Bacillus thuringiensis* が産生する殺虫性のタンパク質毒素）は，熱で失活せず，消化酵素により分解されず，アレルゲンになる可能性も指摘された。

安全性審査が確認された遺伝子組換え食品は2021（令和3）年3月現在，ジャガイモ，大豆，テンサイ，トウモロコシ，ナタネ，綿実，アルファルファ，パパイヤの8種類（325品種）である。なお，添加物は遺伝子組換え微生物によって作られたα-アミラーゼ，キモシン，プルラナーゼ，リパーゼ，リボフラビン，グルコアミラーゼ，α-グルコシルトランスフェラーゼ，シクロデキストリングカノトランスフェラーゼの20種49品目である。

10.1.3 遺伝子編集食品

自然界では，放射線などによりDNAの切断が起こることがある。生物はDNAの修復機能をもつが，正しく修復されないと，塩基の挿入，欠失や置換といった変異が起こる。従来の育種技術では，こうした変異の頻度を上げることで，多様な性質をもつ品種を作るが，変異はランダムに起こる。

ゲノム編集技術では，特定の塩基配列を認識する酵素を細胞の中で働かせ，その塩基配列上の特定部位の切断を行う。その後，生物のDNAのもつ修復

コラム 15　遺伝子組換え食品の表示

わが国では，安全性審査が終了した遺伝子組換え作物およびこれを原材料とする食品において，重量が上位３品目かつ食品に占める重量が５％以上の製品で，DNA やタンパク質が存在している製品の場合に表示の義務がある。なお，豆腐，コーンスナック菓子，ポテトスナック菓子等の表示義務がある加工食品33品目が指定されている。

① **IP ハンドリング***1 された遺伝子組換え農作物：遺伝子組換え（義務表示）
② IP ハンドリングされていない遺伝子組換え農作物（遺伝子組換え農作物が混入している可能性がある）：遺伝子組換え不分別（義務表示）
③ IP ハンドリングされた非遺伝子組換え農作物：遺伝子組換えでない（任意表示，表示の義務はない）
④ 高オレイン酸遺伝子組換え大豆のように栄養価が著しく異なる遺伝子組換え食品（植物）を原材料とする場合には「高オレイン酸遺伝子組換え」の表示が必要である。
⑤ 表示の免除：遺伝子組換え食品（植物）を利用した食品で遺伝子組換え表示が免除される場合がある。
　＊醤油は組換え遺伝子の産物であるタンパク質が完全に分解されているため（味噌は未完全分解のため表示が必要）。
　＊油脂類：油脂中にタンパク質が溶解しないため。
　＊てんさい糖：精製するためにタンパク質が存在しないため。
　＊コーンフレーク：製造過程で遺伝子産物であるタンパク質が消失するため

機構が働き，①自然界においても起こり得る塩基の欠失，挿入，置換 ②１～数塩基の狙った変異 ③遺伝子などの長い配列の挿入や置換 といったDNA 配列の変化が起こる。この技術を用いて得られた食品が「ゲノム編集技術応用食品」となる。このように自然突然変異と区別がつかないため，表示義務はない。

現在，グルタミン酸脱炭酸酵素遺伝子の一部を改変しGABA 含有量を高めたトマトが，2020 年 12 月 11 日に厚生労働省へ届出されている。

10.1.4　放射線照射食品

食品の**放射線***2 照射とは，国際的に認められている放射線を管理された環境下で照射装置を用いて，定められた条件で食品に照射することをいう。

わが国では 1967（昭和 42）年，原子力委員会が食品照射研究開発基本計画を策定し，国家プロジェクトとして食品照射の研究を開始した。その結果，対象品目のうち，ジャガイモについて，健全性に影響はないとの結果を踏まえて，1972（昭和 47）年に食品衛生法に基づく許可がなされ，1974（昭和49）年に実用化された。現在，年間８千トン程度が発芽防止を目的として放射線照射（コバルト 60 の γ 線利用）され，国内のジャガイモ供給の端境期である３月下旬から４月に出荷されている。

照射食品を流通する際には，再照射を防止する観点から，食品衛生法に基づき，放射線を照射した旨を容器包装を開かないでも容易にみることができ

*1 **IP（Identity Preserved）ハンドリング**　遺伝子組換え農作物と非遺伝子組換え農作物を生産・流通および加工の各段階で混入が起こらないよう管理し，そのことが書類などにより証明されていることをいう。

*2 **放射線**　電離性を有する高いエネルギーを持った電磁波（ガンマ線やＸ線など）や粒子線（アルファ線，ベータ線，電子線，中性子線など）を指す。

コラム 16 「遺伝子組換えでない」の表示（2023 年 4 月以降）

「遺伝子組換えでない」表示は任意表示である。現行では分別生産流通管理が行われいるものとされているが，分別生産流通管理が適切に行われていても「意図せざる混入」がある場合があるので，大豆とトウモロコシについては，５％以下の「意図せざる混入」が認められ，「遺伝子組換えでない」表示が可能になっている。

しかし，2023 年 4 月に食品表示法が改正・変更されるために，「遺伝子組換えでない」を表示する場合，検査で検出されない状態（検出限界以下）でなければならない，ことに加え，①生産地で遺伝子組換えの混入がないことを確認後，コンテナに詰めて輸送し，製造者のもとで始めて開封，②国産品または遺伝子組換え農産物の非商業的栽培国で生産・流通過程で混入しないことを確認，③生産・流通過程で分別生産流通管理証明書を用いた取引の実施，のいずれかに該当する必要がある。なお，その他の表示は変更されない。

るように当該容器包装または包装のみやすい場所に表示することが義務づけられている。

現在，照射食品について，わが国では食品衛生法第 11 条に基づき定められる食品の製造・加工基準，保存基準において，原則禁止した上でジャガイモの発芽防止のみ放射線照射が許可されている。

一方，2003（平成 15）年 4 月現在で，食品照射は 50 か国以上で許可されている。アメリカでは 1985（昭和 60）年，寄生虫の抑制を目的とした豚肉（生）への放射線照射が許可され，1986（昭和 61）年には，成熟の抑制を目的とした青果物への放射線照射，殺虫を目的とした全食品への放射線照射，殺菌を目的とした香辛料・調味料への放射線照射，1990（平成 2）年以降，病原菌制御を目的とした食鳥肉，牛肉などの赤身肉，卵（殻付き）への放射線照射などが許可されている（**表 10.1**）。

表 10.1　国外での食品照射の応用区分，対象品目，線量

応用区分	品　目	線量（kGy）
発芽防止	ジュガイモ，タマネギ，ニンニク，ショウガなど	0.05 ～ 0.15
殺虫及び害虫不妊化	穀類，豆，生鮮果実，乾燥魚（肉），豚肉など	0.15 ～ 0.5
熟度調整	生鮮果実，野菜など	0.5 ～ 1.0
貯蔵期間の延長	生鮮魚，イチゴなど	1.0 ～ 3.0
殺菌（病原菌や腐敗菌）	生鮮魚介類，冷凍魚介類，生鮮鶏肉及び畜肉，冷凍鶏肉及び畜肉など	1.0 ～ 7.0
品質改良（食品の物性変化）	ブドウ（搾汁率の向上），乾燥野菜（調理時間短縮）	2.0 ～ 7.0
工業的滅菌（加温との組み合わせ）	肉，鶏肉，魚介類，調理済み食品，病院用滅菌食など	30.0 ～ 50.0
調味料，食品素材の殺菌	スパイス，酵素製剤，天然ガムなど	10.0 ～ 50.0

出所）厚生労働省：食品への放射線照射についての科学的知見のとりまとめ業務報告書 6（2010）を参考に一部改変

10.2　畜産物の安全性

10.2.1　牛海綿状脳症（BSE）

BSE（bovine spongiform encephalopathy）は，1986年にイギリスで初めて確認されたウシの疾患である。潜伏期間は4～6年と推定されるが，発病すると音に敏感になり，起立障害，痙攣など中枢神経症状を呈し，やがて死に至る。原因は，飼料添加の肉骨粉に含まれていた異常プリオン（PrPSc：scrapie prion protein）で，中枢神経にある運動機能や睡眠パターンに関与する正常プリオン（PrPc：cellular prion protein）を異常化し，増殖した異常プリオンが分解されないまま蓄積するため，神経細胞が脱落して脳に穴があいてスポンジ状に見える。このことから，牛海綿状脳症と呼ばれている。このように異常化したプリオンによる病気をプリオン病といい，BSEの他にヒツジのスクレイピーやヒトのクロイツフェルト・ヤコブ病（CJD：Creutzfeldt-Jakob Disease）などがあり，いずれも2～20年という長い潜伏期間の後に発症する。

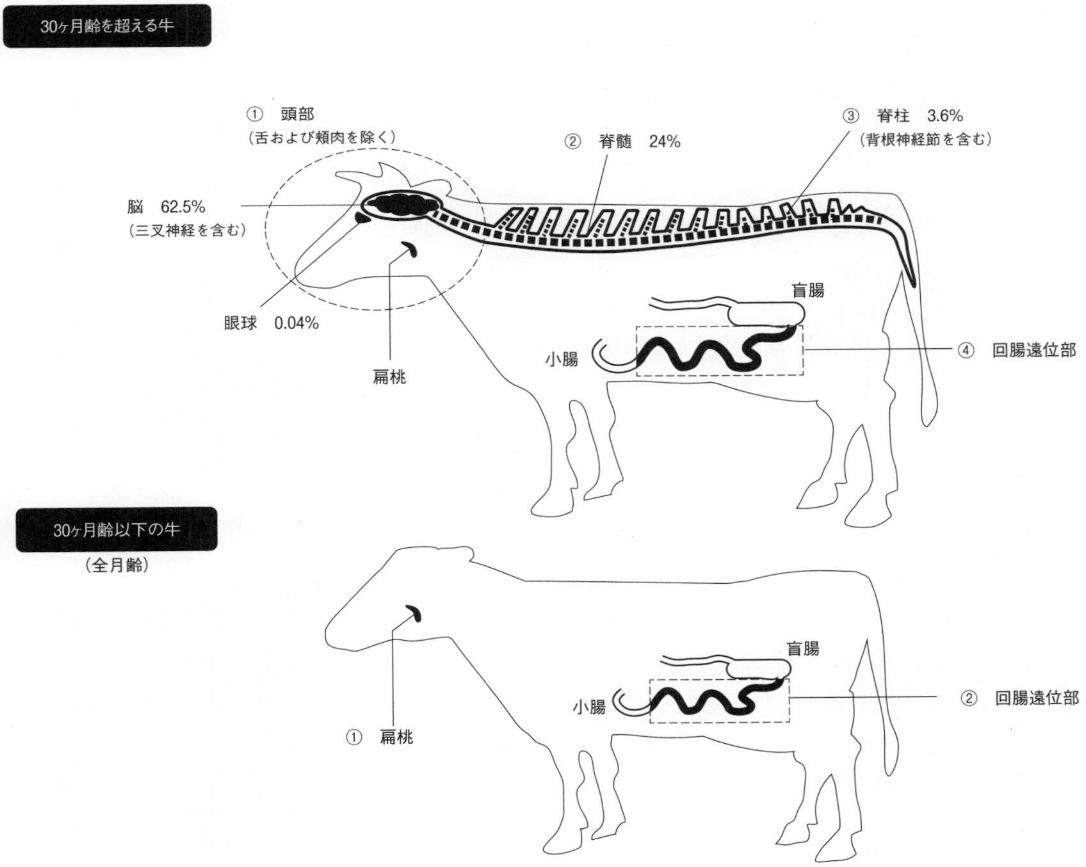

出所）内閣府：食品安全委員会資料（2013）を一部改編

図10.1　わが国で指定されている特定危険部位と異常プリオンの分布割合

*1 **回腸遠位部**　小腸のうち盲腸との接続部から2mの所までの部分。

*2 **分別管理**　特定危険部位から除外された30か月齢以下の牛頭部（扁桃を除く），脊髄や脊柱について，と畜場などでガイドラインに示した方法により適切な分別管理ができるならば，食用として流通可能である。ただし，分別管理ができない場合，特定危険部位が除去・焼却される。

BSE牛の特定危険部位（Specified Risk Material, SRM）には，感染性の異常プリオンが多く含まれている。日本では，全月齢牛の扁桃及び**回腸遠位部***1，30か月齢超の牛の頭部（舌及び頬肉を除く），脊柱および脊髄を特定危険部位に指定している（**図10.1**）。そこで，と畜場の解体時にこれらを**分別管理***2し，廃棄してヒトなどへの感染を防ぐ必要がある。

2001（平成13）年，日本でBSE牛の発生が確認されたことから，BSE検査の対象牛は全月齢で行われていたが，2019（平成31）年4月から一般的な死亡牛については96ヵ月齢を超えた牛に変更された。

10.2.2　クローン食品

体細胞クローン家畜由来食品は，体細胞クローン技術（成熟した個体の体細胞から取り出した核を，核を取り除いた未受精卵に移植して母体の子宮に戻すことにより新しい個体を作成する技術）を用いて産出された家畜及びその後代から作られた食品（肉，乳等）を指す。

親個体とまったく同じ遺伝子をもつ個体を理論上は無限に作ることが可能となるため，畜産物の生産効率化等の観点から注目されている。

家畜のクローン技術は，遺伝的に同一な家畜を多数生産するものであり，優秀な家畜を短期間で複製増殖することが可能で，家畜の改良と大量生産に大きく貢献する技術である。

厚生労働省は，2003年4月の報告書で，①クローン牛は，一般牛に比べ出生率は低下するが，一般牛と生物学的に同等と考えられる。②クローン技術の歴史は短く，疾病への罹患，あるいは乳肉における有害化学物質の残留などのリスク発生の可能性には慎重な対応が必要である。③新たに問題となる要因が検出された時は，速やかにその要因を排除できる対応が必要であるとしている。

また，米国食品医薬品局は2006年12月末，クローン技術によるウシ，ブタ，ヤギなどの家畜の肉や乳は，食品として安全であると発表した。米国内での販売が認められれば，通常製品と同様に海外へ輸出されることが考えられ，日本を含む輸入国におけるクローン製品の表示や安全性の問題が生じる可能性がある。

コラム17　クローン牛

「クローン」とは，遺伝的に同一な個体のことをいい，クローン技術とは無性生殖により同一の個体を人工的に増殖させる技術である。クローン技術を利用し，クローン牛を生産する方法は2つある。1つは「受精卵を分割する方法」で，1個の受精卵を2～4分割し，借り腹牛に移植して生産する方法（分割卵移植法）である。もう1つは，「核移植による方法」で，受精卵や体細胞の核を未受精卵に移植して作成した「クローン卵」を借り，腹牛へ移植して生産する方法である。核移植による方法のうち，受精卵由来のものを受精卵クローン牛といい，体細胞由来のものを体細胞クローン牛という。

10.3　健康食品の安全性

10.3.1　健康食品

健康食品は，法令上に定義されている食品ではないが，一般的には，健康の保持または増進に関わる効果，機能等を表示して販売・利用されている食品（栄養補助食品，健康補助食品，サプリメントなど）全般を指すものとして用いられている。健康食品のうち，厚生労働省が提示した一定の条件を満たした食品を「保健機能食品」といい，それ以外を「いわゆる健康食品」と呼んでいる。

〈いわゆる健康食品に関連する法律〉

1）医薬品医療機器等法による規制

使用されている原材料，標ぼうする効能効果，形状および用法用量が医薬品であるかどうかを総合的に検討し，医薬品に該当すると判断された場合には，医薬品医療機器等法で必要な承認や許可に基づかないため，「無承認無許可医薬品」となる。

2）景品表示法・健康増進法による規制（虚偽誇大広告などの禁止）

健康増進法第32条の2では「何人も，食品として販売に供する物に関して広告その他の表示をするときは，健康の保持増進の効果その他内閣府令で定める「健康保持増進効果等」について，著しく事実に相違する表示をし，または著しく人を誤認させるような表示をしてはならない」とある。また，栄養成分の効果を表示する場合は，食品衛生法第19条（表示及び広告）に基づく基準に従った表示をしなければならない。

いわゆる健康食品の広告・宣伝の中には，健康の保持増進の効果等が必ずしも実証されていないにもかかわらず，当該効果を期待させる虚偽または誇大と思われる広告や不当表示（優良誤認表示）のおそれのある宣伝等は，不当景品類および不当表示防止法（景品表示法）または健康増進法による禁止の対象となる。

3）景品表示法および健康増進法で問題となる表示例（広告・宣伝）

- 疾病の治療または予防を目的とする効果の表示
- 身体の組織機能の一般的増強，増進を主たる目的とする効果の表示
- 特定の保健の用途に適する旨の効果の表示
- 人の身体を美化し，魅力を増し，容貌を変え，皮膚もしくは毛髪を健やかに保つ効果の表示

10.3.2　サプリメント

サプリメントとは，健康食品に分類される食品で，健康食品もサプリメントも法律上の定義はなく，健康の維持増進のために利用されている（**図10.2**）。

アメリカではDietary Supplementを「従来の食品・医薬品とは異なるカ

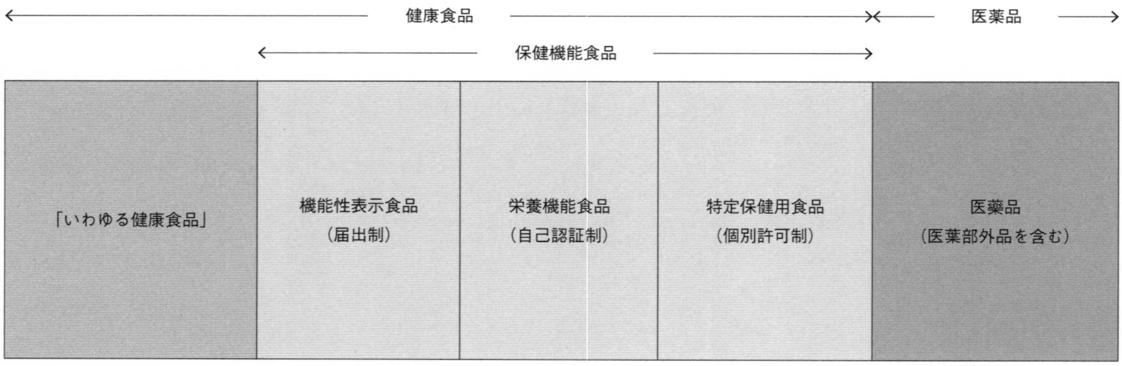

出所）厚生労働省：健康食品のホームページ，より

図 10.2 健康食品・保健機能食品・医薬品の分類

テゴリーの食品で，ビタミン，ミネラル，アミノ酸，ハーブ等の成分を含み，通常の食品と紛らわしくない形状（錠剤やカプセルなど）のもの」と定義している。これを摂取することにより一般食品による食生活で不足する食品成分を補い，健康の維持増進に役立つものと一般的には考えられているが，その効能を記載することは薬事法違反となる。

製法による分類は化学合成サプリメント，天然素材を利用して化学合成したサプリメント，天然素材によるサプリメントの３種類になる。サプリメントの中で，その成分ならびに含量が，消費者庁が定めた規格基準に合致するものは，その栄養成分の機能を表示することができる栄養機能食品となる。

一方，サプリメントを含む一般健康食品による健康への影響は，

① 自分自身の判断で摂取することが多く，同一成分を長期間過剰に摂取する，

② 食品の抽出・精製・濃縮工程で**有害物質濃度が高くなるもの**[*1]もある。

③ 粗悪なものでは，薬理作用を示すため**医薬品を混ぜたもの**[*2]がある。

などの問題を抱えている。

【演習問題】

問 1 食品の表示に関する記述である。正しいのはどれか。２つ選べ。

（2013 年国家試験）

（1）分別生産流通管理が行われた非遺伝子組換え食品には，「非遺伝子組換え食品」の表示が義務づけられている。

（2）分別生産流通管理をしていない非遺伝子組換え食品は，「遺伝子組換え不分別」の表示が義務づけられている。

（3）ビタミン C を栄養強化の目的で使用する場合は，「栄養強化剤（ビタミン C)」の表示が義務づけられている。

（4）さば，大豆を原材料として加工食品に使用する場合は，アレルギー表示

＊1 **有害物質濃度が高くなるもの** 近年，外国でコンプリーのサプリメントによる重篤な肝機能障害事例が多発した。食品の加工段階で濃縮されたピロリジンアルカロイド（コンフリーの微量毒性物質）の摂取が原因と考えられ，厚生労働省は2004（平成16）年６月，コンフリーおよびその加工品について販売を禁止した。

＊2 **医薬品を混ぜたもの** 2002（平成14）年に「いわゆる健康食品」として販売された中国製ダイエット食品により，日本国内で大規模な健康被害が発生した。これらは個人輸入によるものが多く，この食品には医薬品成分が含まれており，薬事法違反である。

が義務づけられている。

(5) そば，落花生は，特定原材料としての表示が義務づけられている。

解答　(2)，(5)

問2　いわゆる健康食品の広告に関する記述である。誤っているのはどれか。1つ選べ。　(2013年国家試験)

(1)「OO病が治る」の表示があれば，薬事法違反となる。

(2)「△△病を予防する」の表示があれば，薬事法違反となる。

(3) 身体の構造と機能に影響を及ぼす表現を使用すれば，食品安全基本法違反となる。

(4)「最高のダイエット」と食品に表示することは，健康増進法違反となる。

(5) ヒトへの有効性を表現するグラフを記載した新聞チラシは，健康増進法違反となる。

解答　(3)

問3　牛海綿状脳症（BSE）に関する記述である。正しいのはどれか。1つ選べ。　(2012年国家試験)

(1) BSEに罹患した牛からヒトへ感染する可能性はない。

(2) 肋骨は，BSEの病因物質が蓄積する部位（特定部位）である。

(3) 口蹄疫ウイルスがBSEの病因物質である。

(4) 調理加熱でBSEの病因物質は，不活性化されない。

(5) 12か月齢以下の牛の特定部位は，除去が義務づけられている。

解答　(4)

【参考文献】

厚生労働省：安全性審査の手続を経た旨の公表がなされた遺伝子組換え食品及び添加物一覧（2018）
https://www.mhlw.go.jp/content/11130500/000412960.pdf（2021/5/7）

厚生労働省：ゲノム編集技術応用食品等
https://www.mhlw.go.jp/stf/seisakunitsuite/bunya/kenkou_iryou/shokuhin/bio/genomed/index_00012.html（2021/4/30）

厚生労働省：体細胞クローン家畜由来食品に関するQ&A：
https://www.mhlw.go.jp/topics/bukyoku/iyaku/syoku-anzen/qa/clone_kachiku.html（2021/4/30）

厚生労働省：健康食品のホームページ
https://www.mhlw.go.jp/stf/seisakunitsuite/bunya/kenkou_iryou/shokuhin/hokenkinou/index.html（2021/8/5）

厚生労働省：食品への放射線照射についての科学的知見のとりまとめ業務報告書
https://www.mhlw.go.jp/topics/bukyoku/iyaku/syoku-anzen/housya/houkokusho.html（2021/5/6）

食品安全委員会：牛海綿状脳症（BSE）に関する基礎資料（2016）
https://www.fsc.go.jp/senmon/prion/bse_information.data/bse_information_kisosiryou.pdf（2021/6/11）

日本経済新聞：「ゲノム編集食品」国が初承認　トマト流通へ
https://www.nikkei.com/article/DGXZQOFB107EH0Q0A211C2000000/#:~:text（2021/4/30）

11　食品用器具と容器包装

11.1　概　　要

「食品衛生とは，食品，添加物，器具および容器包装を対象とする飲食に関する衛生をいう」と食品衛生法第4条で定義されているように，食品の安全は，その原材料の安全だけにとどまらず，食品にかかわる環境や食品に直接触れるものからの有害物の移行についても考慮しなくてはならない。

同法第4条において，器具については，「飲食器，割ぽう具，その他食品または添加物の採取，製造，加工，調理，貯蔵，運搬，陳列，授受または摂取の用に供され，かつ，食品又は添加物に直接接触する機械，器具その他の物をいう。ただし，農業及び水産業における食品の採取の用に供される機械，器具その他の物はこれを含まない。」，容器包装については，「食品又は添加物を入れ，又は包んでいる物で，食品又は添加物を授受する場合そのままで引き渡すものをいう」と定義されている。

これらの器具，容器包装について「営業上使用する器具及び容器包装は清潔で衛生的でなくてはならない」（15条），「人の健康を損なうおそれがある（中略）販売，製造，輸入，使用などを禁止」（16条，17条）と規定され，さらに18条において「厚生労働大臣は，公衆衛生の見地から，薬事・食品衛生審議会の意見を聴いて，販売の用に供し，若しくは営業上使用する器具若しくは容器包装若しくはこれらの原材料につき規格を定め，又はこれらの製造方法につき基準を定めることができる。」とし，安全のための規格・基準が設けられている。近年世界的な整合性を視野に入れた規格・基準の整備が求められてきたことから，2018年6月食品衛生法の一部改正により，合成樹脂製の器具・容器包装にポジティブリスト制度の導入が行われた。

11.2　素材と衛生

器具・容器包装の素材としては，プラスチック（合成樹脂），ゴム，金属，陶磁器，ガラス，紙，木などが使用されている。これらの器具・包装容器の材質についてはネガティブリスト制度がとられてきたが，2018年6月に食品衛生法が改正され，2020年6月から合成樹脂については安全性が担保された物質でなければ使用できない仕組みであるポジティブリスト制度が導入された。食品に接しない部分については，人の健康を損なうことがない量とされる0.01mg/kg食品以下であれば，ポジティブリストに収載されていな

表 11.1　器具・容器包装の材質別規格（食品，添加物等の規格基準）

器具・容器包装の材質		規　格	
		材質試験[*1]	溶出試験[*2]
ガラス製，陶磁器製，ホウロウ引き			カドミウム，鉛
合成樹脂製	一般規格	カドミウム，鉛	重金属，過マンガン酸カリウム消費量
	個別規格（14 種）	触媒　等	モノマー，蒸発残留物　等
金　属　缶	食品に直接接触する部分が合成樹脂塗装		ヒ素，カドミウム，鉛，フェノール，ホルムアルデヒド，蒸発残留物，エピクロルヒドリン，塩化ビニル
	上記以外		ヒ素，カドミウム，鉛
ゴ　ム　製		カドミウム，鉛，2-メルカプトイミダゾリン[*3]	フェノール，ホルムアルデヒド，亜鉛，重金属，蒸発残留物

＊1：試料中の含有量を測定する試験
＊2：定められた溶出条件における試料からの溶出量を測定する試験
＊3：メルカプトイミダゾリンは一般用のみ，塩素を含むもののみ設定
出所）堀江正一ほか編：図解　食品衛生学第 6 版　食べ物と健康、食の安全性，講談社（2020）より引用

い物質でも使用が認められる。なお合成樹脂には，ゴムは含まない。

合成樹脂の基本である基ポリマーや，合成樹脂の物理的または化学的性質を変えるために最終製品に残存することを意図して用いられた物質が対象であり残存を意図していない触媒や原料の不純物などは，従来の方法でのリスク管理法により管理される。今後，合成樹脂以外の他の材質についても国際的な動向もふまえポジティブリスト制度の導入が予定されている。

ポジティブリスト制度の導入されていないその他の材質の器具・容器包装には，規格・基準による安全性の確保が行われている。素材中に既定物質が一定量以上含まれないことを確認するための**材質試験**[*1]と，食品へ化学物質の溶出がないか確認のための**溶出試験**[*2]が定められ，**規格**[*3]が設けられている（**表 11.1**）。

食品衛生法による規格基準は「食品，添加物等の規格基準」と「乳及び乳製品に使用される器具若しくは容器包装又はこれらの原材料の規格及び製造方法の基準」の 2 つに分けられていたが，2020 年 12 月に「食品，添加物等の規格基準　E 器具又は容器包装の用途別規格」へ統合された。

11.2.1　合成樹脂（プラスチック）

樹脂には天然樹脂と合成樹脂がある。このうち石油を原料とするエチレン，プロピレン，スチレンなどのモノマーを重合させた高分子物質に可塑剤などの添加剤を加えて加熱・成形した合成樹脂を一般にプラスチックという。

プラスチック製品は軽く，割れにくく，腐食しにくいなどの利点がある。さらに加工や着色が容易であり，安価でできることから器具・容器包装として多種類にわたり広範に使用されてきた素材である。容器包装廃棄物でみる合成樹脂の割合は湿重量あたり 10.4%，容積比あたり 63.2% と最も多い（**図 11.1**）。

＊1 **材質試験**　器具・容器包装は，食品・食品添加物規格基準でそれぞれの成分の規格が決められていることから，成分規格が守られているか否かを確認する試験（＊3 規格を参照）

＊2 **溶出試験**　器具・容器包装は，食品・食品添加物規格基準でそれぞれの溶出成分の規格が決められていることから，一定条件下，各種溶媒一定量を使用して溶出させ，その溶出量の規格が守れているか否かを確認する試験（＊3 規格を参照）

＊3 **規格**　器具・容器包装は，食品・食品添加物規格基準で成分および溶出物の濃度が決められている。ユリア樹脂を例にすると，材質試験で，カドミウムおよび鉛が 100 μg/g 以下とされている。また，溶出試験では，ホルムアルデヒド；陰性，フェノール 5 μg/L 以下等が決められている。

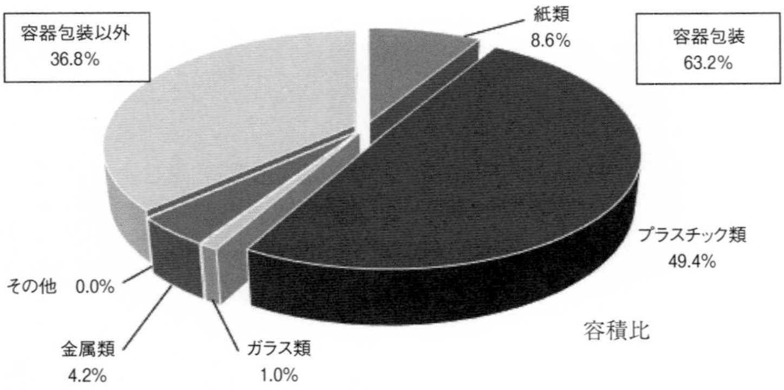

出所）環境省：容器包装廃棄物の使用・排出実態調査の結果（令和２年度）より引用

図 11.1　プラスチック素材の廃棄物

表 11.2 に主な合成樹脂の種類と性質などについて示した。

合成樹脂は，熱に対する性質から熱硬化性樹脂と熱可塑性樹脂に大別される。熱硬化性樹脂はエポキシ樹脂を除きホルムアルデヒドとの縮合によってえられる。熱可塑性樹脂は加熱によって軟化し，冷却によって硬化する性質を持つため成形を繰り返すことができる。重合した合成樹脂の中に未反応の

表 11.2　主な合成樹脂

区分	名　称	略号	主原料	特　性	用　途
熱硬化性樹脂	フェノール樹脂	PF	フェノールとホルムアルデヒドの重合	熱，酸に強い 耐水性がある 燃えにくい	汁椀・鍋のとって・やかんつまみなど
	メラミン樹脂	MF	メラミンとホルムアルデヒドの重合	耐水性がある 硬い 強酸・強アルカリに弱い	食器，清掃用スポンジ
	尿素樹脂 （ユリア樹脂）	UF	尿素とホルムアルデヒドの重合	メラミン樹脂に似ている 安価で燃えにくい	漆器の素地
	エポキシ樹脂	EP	エポキシ基の重合 ビスフェノール A とエポクロロヒドリンの共重合	接着力が強く，酸素･水分の透過性が低い 電気絶縁性がよい 耐腐食性・耐油・耐薬品性に優れている	木製品などへの塗布
熱可塑性樹脂	ポリエチレン	PE	エチレンの重合	電気絶縁性，耐水性，耐薬品性，環境適性に優れるが耐熱性は乏しい。	袋，ラップフィルム，食品チューブ牛乳パック内張
	ポリプロピレン	PP	ポリプロピレンの重合	耐熱性が比較的高い。 機械的強度に優れる。	フィルム，袋，食品容器
	ポリ塩化ビニル	PVC	塩化ビニルの重合	燃えにくい	ラップフィルム，パック容器
	ポリスチレン	PS	スチレンモノマーの重合	変形しにくい，衝撃に強く熱に強い	使い捨てナイフ・フォーク
	ポリエチレンテレフタレート	PET	テレフタル酸とエチレングリコールの縮合重合	透明　強靭　ガスバリア性に優れている	飲料・醤油・酒類などのボトル容器
	ポリ塩化ビニリデン	PVDC	塩化ビニリデンの重合	透明 薬品に強い ガスバリア性に優れている	ラップフィルム，ハム・ソーセージケーシングなど
	アクリル樹脂 （メタクリル樹脂）	PMMA	アクリル酸エステルまたはメタクリル酸エステルの重合	透明性が高い 耐久性に富む	醤油・ソース容器など食卓容器
	ナイロン （ポリアミド）	PA	脂肪族骨格を含むポリアミド	乳白色 摩擦，衝撃に強い	食品フィルム
	ポリアセタール	POM	オキシメチレンまたはホルムアルデヒドの重合	白く不透明，摩擦，衝撃につよい	ファスナー，ブラシの柄
	ポリカーボネート	PC	ビスフェノール A とホスホゲンの縮合	透明酸に強いがアルカリに弱い 傷がつきやすい 衝撃，熱に強い	哺乳瓶や食器，おもちゃ
	乳酸樹脂	PLA	糖などから作られる乳酸のエステル結合		食品トレイや，包装用フィルム，レジ袋

モノマーや添加物が存在し，それらが溶出し**発がん物質**[*1]や**内分泌かく乱物質**[*2]として生体に作用する危険性が指摘されており，規格基準が設けられている。ポジティブリスト制度が導入され，製造業者に対しては製造管理基準（適正製造規範，GMP：Good Manufacturing Practice）による製造管理の制度化とともに，製造，販売，輸入する事業者は製品を販売する相手に対してポジティブリスト制度適合を確認できる情報の提供義務が課された。

一方，トウモロコシなど植物の糖から合成されたポリ乳酸（polylactic acid）に代表される**バイオマスプラスチック**[*3]など，微生物により分解されるプラスチックも開発され，環境に配慮して食品包装資材として利用されている。

11.2.2　金属製品

金属は耐熱性があり，衝撃に強い，加工しやすいなどの利点があり，古くから調理器具や加熱器具としてまた缶詰や包装用箔として多用されてきた。容器・包装素材として使用される金属には，鉄，アルミニウム，ステンレス，銅などがある。しかしハンダの材料として使われる鉛，メッキの材料として使われるスズなどのように，溶出すると有害なものもあり，金属製品については以下のような一般規格が定められている。

① 銅，鉛またはこれらの合金が削り取られるおそれのない構造であること
② 食品に接触する部分に使用するメッキ用スズは鉛を0.1％以上含まないこと
③ 鉛は0.1％以上，アンチモンは５％以上含む金属でないこと
④ ハンダは鉛を0.2％以上含まないこと
⑤ 食品に直接接する電極は鉄，アルミニウム，白金及びチタンに限る。電流が微量である場合はステンレスの使用ができる

長期間水分と接する缶詰の素材は，鉄の板にスズをメッキしたブリキを使用したものが多かった。スズは内容物の硝酸イオンや有機酸などによって溶出することもあることから，最近ではTFS（Tin Free Steel）も多く使用されている。腐食防止などの目的で内面をエポキシ樹脂，フェノール樹脂，ポリ塩化ビニルなどの合成樹脂でラミネートしたものも多く使用されている。

11.2.3　セラミック製品

セラミック製品とは非金属・無機素材を高温で焼成したものを言い，硬くて耐熱性，耐食性などに優れた特性を持っている。容器として，ほうろう製品，陶磁器，ガラスがある。

ほうろう製品は，鉄，アルミニウムなどの金属の器にガラス質の釉薬をかけて800℃前後の温度で焼いたものである。酸や塩に強く，耐熱性もあるが急激な温度変化や衝撃に弱い特徴を持つ。

*1 **発がん性物質**　塩化ビニル，塩化ビニリデンのモノマーやホルムアルデヒドは発がん性物質として，またホルムアルデヒドは皮膚刺激をともない，シックハウス症候群を引き起こす。

*2 **内分泌かく乱物質**　生体に取り込まれるとホルモン作用に影響を与え，有害な影響を引き起こす外因性物質で，ビスフェノールAが相当する。

*3 **バイオマスプラスチック**　微生物の働きにより分解され，最終的には二酸化炭素と水となって自然界へと循環していく性質をもつプラスチック。必ずしもバイオマスプラスチックが生分解プラスチックとは限らない。バイオマスプラスチックと生分解プラスチックをあわせてバイオプラスチックという。

ガラスは成分や製造法によってソーダガラス，ホウケイ酸ガラス，鉛ガラスなどがある。鉛ガラスは酸化鉛含有量が25％程度と高く，透明度が高いことからクリスタルガラスと呼ばれている。ホウケイ酸ガラスは熱や薬品に強いことから耐熱ガラスまたは硬質ガラスと呼ばれている。

これらのセラミック製品は素材の成分や絵付けのための素材から重金属が溶出することがあるため，鉛，カドミウムの溶出試験が規定されている。4％酢酸溶液を用いた溶出試験では，容器の容量や深さによって規格が異なっている。

酸化アルミニウムや二酸化ジルコニウムなどの高度に精製された原料を高温で焼成したニューセラミックは，素材や焼成方法によってさまざまな特性を持つものを作ることができ，ナイフやハサミの刃に用いられている。

11.2.4　紙・セロファン

古くから包装資材として利用されてきた紙製品は，木材から作られるパルプが主原料である。水分の多いものや油分が多いものに直接接触して使用する場合は，製造工程で用いられる薬品や，再生紙では印刷インクなどの溶出の可能性があるため，古紙は原材料として使用不可とされている（紙中の有害な物質が溶出又は浸出して食品に混和するおそれのないように加工されている場合は除く）。

耐水性や耐油性を改良した硫酸紙，グラシン紙，パラフィン紙などがある。近年はアルミ箔やポリエチレンなどをラミネートしたものが液体パック容器として多用されている。セロファンはパルプをアルカリで可溶化しフィルム状にしたもので，透明で耐熱性がある反面，耐水性，耐油性に欠ける。

11.2.5　木・竹製品

天然素材で，古くから用いられてきた。断熱性があるが多孔質であることから，水分が残りやすいため微生物が繁殖しやすく，カビが生じやすいなどの問題がある。このため，箸などは樹脂をコーティングした製品が多くなっている。ただし，食品の製造・加工現場では，破損しやすく異物混入の原因となるために，基本的には使用が禁止されている。

11.2.6　ラミネートフィルム

数種類の異なった素材のフィルムを積層したものをラミネートフィルムという。異なった素材を組み合わせることによって性質を補い合うことができる。レトルト食品に用いられるレトルトパウチはアルミを用いた不透明なものと，プラスチックのみを重ねた透明なものの2種類ある。いずれも，酸素を通過させにくく，耐熱性があり密閉性も高いことから通常保存性の良くない食品を常温で長期間流通保存することができるなどのメリットがあるが，見た目にはわからない細かい穴などによって微生物汚染の可能性があること

コラム 18　プラスチックごみ問題

海洋を浮流するごみのうち，プラスチックの占める割合いは高い。そのうちペットボトルや漁獲網などのように大きいままで浮遊しているものについては海洋生物が誤食・誤飲したり，傷つけられしてしまう問題が指摘されてきた。さらに，大きさが 5 mm 以下のマイクロプラスチックは回収が困難であり化学物質の溶出や吸着が起こることから，生物への影響はより深刻であると考えられている。マイクロプラスチックには海洋中を浮遊しているプラスチックが波や紫外線などにより細かい粒子になったものもあるが，歯磨き粉や洗顔料などにスクラブ成分として含まれるプラスチックビーズといわれる 1 mm 以下の微細な粒子が下水処理をすり抜けて海洋に排出されてしまうものもある。マイクロビーズは水に浮いて地球の海洋全体に広がっており，新しい流出を抑制するように心がけていかなくてはならない。

から運搬など取り扱いの際に注意を要する。

図 11.2　ラミネートフィルムの例

11.2.7　ゴ　　ム

ゴムノキから採取されるラテックスから作られる天然ゴムと石油から作られる合成ゴムがある。一般用と哺乳器具用の規格が定められている。

11.3　容器リサイクル法

プラスチック包装容器は日常生活に欠かせないものとなっており，**図 11.3** に示すようにごみに占めるプラスチックの比率が高くなっている。一方，これらの廃棄物による環境への影響が問題となっている。

海洋汚染は特に深刻であり，海洋ごみの多くを占める海洋プラスチックごみは海洋生物の体内から高い割合でみられている。また，海洋プラスチックごみの中でも 5 mm 以下の微細なマイクロプラスチックが広い範囲の海洋を汚染している。

わが国では 1995（平成 7）年に容器包装リサイクル法（容器包装に係る分

出所）経済産業省：https://www.meti.go.jp/policy/recycle/main/data/mark/index.html（2021/5/10）

図 11.3　容器包装の識別表示

別収集及び再商品化の促進等に関する法律）が制定され，消費者は分別排出，市町村は分別収集，事業者（容器の製造事業者・容器包装を用いて中身の商品を販売する事業者）は再商品化（リサイクル）するという役割分担を行い，3者が一体となって容器包装廃棄物の削減に取り組むことが義務づけられた。容器包装リサイクル法の対象となるのはアルミ缶，スチール缶，ガラス瓶，紙製容器包装，プラスチック製容器包装，ペットボトル，段ボールであり，消費者の分別が容易になるよう識別表示を資源有効利用促進法により製造者に義務づけられている。**図 11.3** に容器包装の識別表示を示した。2020 年 7 月には，プラスチック製買い物袋（レジ袋）が有料化され，消費者のプラスチック廃棄物に関する意識の高まりが期待されている。

【演習問題】

問 1　食品の容器と包装に関する記述である。正しいものの組合せはどれか。

（2009 年国家試験）

a：フタル酸エステルは，ポリカーボネートの原材料である。

b：ポリエチレンテレフタレートは，熱硬化性樹脂である。

c：ホルムアルデヒドは，発癌性が知られている。

d：焼成温度が低い陶磁器は，調理時に金属が溶出することがある。

（1）a と b　（2）a と c　（3）a と d　（4）b と c　（5）c と d

解答　（5）

問 2　食品の容器包装に関する記述である。正しいのはどれか。1 つ選べ。

（2011 年国家試験）

（1）ラミネートは，2 種類以上の包装素材を層状に成型したものである。

（2）ガラスは，容器包装リサイクル法の対象外である。

（3）プラスチック容器のリサイクル識別表示マークは，1 種類である。

（4）アルミニウムは，プラスチックに比べて光透過性が高い。

（5）PET は，プロピレンを原料として製造される。

解答　（1）

問 3　食品の容器・包装に関する記述である。最も適当なのはどれか。1 つ選べ。

（2019 年国家試験）

（1）ガラスは，プラスチックに比べて化学的安定性が低い。

（2）生分解プラスチックは，微生物によって分解されない。

（3）ラミネート包材は，単一の素材から作られる。

（4）無菌充填包装では，包装後の加熱殺菌は不要である。

（5）真空包装は，嫌気性微生物の生育を阻止する。

解答　（4）

【参考文献】

環境省：容器包装リサイクル関連
https://www.env.go.jp/recycle/yoki/index.html（2021/5/10）

経済産業省：3R 政策
https://www.meti.go.jp/policy/recycle/main/admin_info/law/04/index.html
厚生労働省：安全性審査の手続を経た旨の公表がなされた遺伝子組換え食品及び添加物一覧（2018）
https://www.mhlw.go.jp/content/11130500/000412960.pdf（2021/5/7）
厚生労働省：食品用器具・容器包装のポジティブリスト制度について
https://www.mhlw.go.jp/content/11130500/000635338.pdf（2021/5/10）
日本プラスチック工業連盟
http://www.jpif.gr.jp/（2021/5/10）
日本容器包装リサイクル協会
https://www.jcpra.or.jp/（2021/5/10）

12　食品の衛生管理

12.1　概　　要

食品を提供する食品等事業者は，消費者に対して安全・安心を提供することが責務である。安心は消費者の不信を取り除くことが必要であり，多くは食品表示をもって提供されている。一方，安全は科学的根拠をもって提供されるものである。食品の国際化に伴って食品の衛生管理も国際標準化が求められている。そのために日本では2018年に食品衛生法が改正され，食品製造事業者等（食品製造業・食品保管業・食品運搬業，食品販売業等）に国際的な衛生管理手法であるHACCPが制度化された。この制度化では，Codex委員会のHACCP 7原則に基づく衛生管理とHACCPの考え方を取り入れた衛生管理（従事者50名以下の企業）のどちらかを導入する必要がある。

12.2　HACCPの制度化までの経緯

HACCP（Hazard Analysis and Critical Control Point）システムは，1960年代にアメリカの宇宙開発計画（アポロ宇宙計画）の一環として，宇宙食の微生物学的安全性確保のために開発された食品衛生管理システムで，「危害分析重要管理点方式」あるいは「危害要因分析と必須管理点管理方式」と称されている。

従来から行われていた製品を検査する方法（抜き取り法）では安全性を100％確保することができないことから，製造工程の管理とその記録を付けることを重視する衛生管理方式が取り入れられるようになった。これがHACCPシステムである。HACCPでは，いわゆる管理運営基準（食品等事業者が実施すべき管理運営基準に関する指針）を基礎とした実施手順などを文書化，実行することを義務付けしている。

わが国においては1995年，HACCPの有効性が認められ，「食品，添加物等の規格基準」に規定されている食品製造基準のある食品（乳・乳製品，食肉製品，容器包装詰加圧加熱殺菌食品（レトルト食品など），魚肉ねり製品，清涼飲料水）を対象に，総合衛生管理製造過程（日本版HACCP）の承認制度がスタートしたが，前記の法改正により廃止された。

12.3　HACCP

HACCPは，**ハザード（危害要因）***が原因で発生する人的危害（リスク）を

＊ハザード（危害要因）　生物的危害要因として食中毒菌，寄生虫等が，化学的危害要因として食品添加物，物理的危害要因として金属，石などの硬質異物（髪の毛や髪は除く……危害を与えないから）

科学的に防止する方法であり，細菌性食中毒防止三原則（付けない，増やさない，やっつける；ただし最近では「持ち込まない」が含まれるようになってきた）のうちの「やっつける」を行う手法であるが，これだけでは安全な食品を製造することはできない。なぜならば，製造環境からの汚染（付けないの逆）や製造した食品中で菌が増殖する（増やさないの逆）可能性があるためである。これらを防止するために，後述する一般衛生管理がある。また，黄色ブドウ球菌のエンテロトキシンを含む原材料を使用してHACCPの下で食品を製造してもエンテロトキシンは残存する。したがって，安全な原材料（コンプライアンスに準拠した）を使用する必要がある（**図12.1**）。

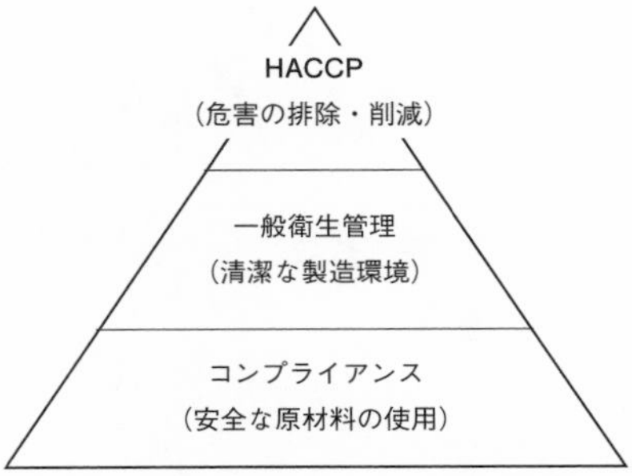

図12.1　HACCPと一般衛生管理

HACCPの導入する場合の手順を表に示した（**表12.1**）。7原則12手順があり，これらを順番に行い，文書化，標準化（誰が行っても同じ結果が得られる），記録及び検証することによりHACCPシステムは構築できる。重要なステップは手順5でと原則1である。前者を間違うと製造工程の一部が欠如し，一部の工程が管理できなくなる。また，後者を間違うと危害要因が残存することになる。したがって，完全なHACCPシステムの構築ができず，安全な食品を製造・加工・調理することができなくなる。

表12.1　hACCPの7原則12手順

手順1	HACCPチームの編成
手順2	製品についての記述
手順3	意図する用途および対象消費者の確認
手順4	フローダイアグラムおよび施設内見取り図の作成
手順5	フローダイアグラムおよび施設内見取り図の現場確認
手順6 原則1	危害要因分析および危害要因リストの作成
手順7 原則2	重要管理点の決定
手順8 原則3	各重要管理点における管理基準の設定
手順9 原則4	各重要管理点におけるモニタリング方法の設定
手順10 原則5	逸脱発生時の改善措置の設定
手順11 原則6	検証方法の設定
手順12 原則7	記録の保管および文書作成規定の設定

出所）食品衛生法施行規則第66条の2の第2項（別表18）

12.3.1　HACCPの7原則12手順

HACCPは下記の手順に従って，最終的にはHACCPプラン（**図12.2**）を作成する。

手順1　HACCPチームの編成

HACCP構築には，種々の知識が必要なために，各部門から担当者を集め，協議して行う必要がある。

手順2　製品についての記述

製品説明書は，製品の安全性に関わる特徴を示すもので，原材料，添加物，製品の特性（水分活性，pHなど），微生物基準，包材等を記載する。これは，危害要因分析を行う基礎資料である。

手順3　意図する用途および対象消費者の確認

用途は，製品の使用方法（加熱の有無等）を，消費者はハイリスクグループへ提供する場合は製造方法等を考慮するする必要があるために記載する。

手順 4　フローダイアグラム（製造工程）および工場見取り図の作成

HACCP は，製造工程を管理する方法であるために原料受入から出荷までの工程を作成する。また，汚染区域，準清潔区域，清潔区域を明確化するために工場内見取り図の作成も行う。

手順 5　フローダイアグラム（製造工程）および工場見取り図の現場確認

原則 4 では，机上で作成するが，見落としがないように，現場で確認する。

手順 6 原則 1　危害要因分析および危害要因リストの作成

各工程で生じる危害要因（生物的危害要因：食中毒菌等，化学的危害要因：農薬，食品添加物等），物理的危害要因（異物等）を列挙し，その発生要因，

工程一覧図	危害	CCPの重要度	管理基準（管理事項）	監視／測定	基準に合致しない時の措置
フレッシュチルド原料肉／凍結原料肉	原料肉取扱い中の病原菌の工程内搬入	CCP2	原料肉の衛生状態の確認		
解　凍			解凍水槽の清潔 原料肉投入量	解凍水槽の水温，水量，肉温	不良品廃棄
細　切			ミンチ目，検品（毛髪・血合い・あたり）		
塩　漬				熟成温度	
カッティング／混　和（荒びきタイプ）			カッターの清潔 ミキサーの清潔		
充　填					
懸　垂			枠台車の清潔，半製品同士の汚染防止	員数管理	
乾　燥					
燻　煙			スモーク色確認		
湯煮・蒸煮／表面着色	加熱不十分なときの病原菌の残存	CCP1	加熱条件：中心温度63℃30分以上の加熱	温度記録：自記記録計でのチャート記録	再加熱
冷　却	加熱残存菌の増殖，二次汚染	CCP2	品温：10℃以下 冷蔵庫の清潔・結露，先出し・先入れの徹底	品温，冷蔵庫内温度	
切り離し／ピーリング	二次汚染	CCP2	機器の洗浄・殺菌の徹底，個人衛生 衛生的習慣：手指の洗浄・消毒，無塵衣・頭巾の着用		不良品廃棄又は再加熱，工程の再洗浄・消毒
包　装	二次汚染	CCP2	機器の洗浄・殺菌の徹底，包装場の衛生状態（床・天井・壁） 個人衛生，衛生的習慣 品温：10℃以下		不良品廃棄又は再加熱，工程の再洗浄・消毒
冷蔵，出荷				冷蔵庫内温度	

CCP1：1 つの危害を確実に防除できる方法・手段・措置
CCP2：1 つの危害を減少することはできるが，確実に防除するまでには至らない方法・手段・措置
出所）川端俊治，春日三佐夫編：これからの食品工場の自主衛生管理，280，中央法規出版（1994）

図 12.2　ウィンナーソーセージの製造工程と HACCP の例

防止措置を記載する。

手順 7 原則 2　重要管理点（CCP：Critical control point）の決定

危害要因を除去または低減すべき重要な工程（殺菌，金属探知，冷却工程等）を決定する。

手順 8 原則 3　重要管理点における管理基準（CL：Critical limit）の設定

危害要因を除去または低減するために，適切な管理条件を設定する。管理条件としては，加熱温度・時間，速度，金属探知機の感度等がある。

手順 9 原則 4　重要管理点におけるモニタリング方法の設定

管理基準が正しく管理されているかを確認する（温度では温度計，時間はタイマーで）。

モニタリング頻度は連続的か，ある程度の頻度で確認し，記録する。

手順 10 原則 5　逸脱発生時の改善措置の設定

モニタリングの結果，CL を逸脱した場合の措置を設定する。例えば，製品については廃棄，再加熱等，工程については元に戻すなどの措置を設定する。

手順 11 原則 6　検証方法の設定

HACCP プランに従って工程が管理されているか検証する。また，HACCP プランの検証も行う。

手順 12 原則 7　記録の保管および文書作成規定の設定

記録は HACCP が確実に実施されていることの証明になるとともに，問題発生時の管理状況を見返すことができる。また，記録やその他の文書等の作成や保管方法について決定する。

12.4　一般衛生管理

前述したように HACCP は工程を管理する方式であるが，これのみでは食品の安全性が確保できないために，このシステムを構築するための前提条件（PP 又は PRP：Prerequisite Program）として，一般衛生管理が設定されて

コラム 19　食品衛生法の改正（2018 年）について

2018（平成 30）年に食品衛生法が大幅に改正された。改正内容は，①広域的な食中毒事案への対応強化，② HACCP に沿った衛生管理の制度化，③特別の注意を必要とする成分等を含む食品による健康被害情報の収集，④国際整合的な食品用器具・容器包装の衛生規制の整備，⑤営業許可制度の見直し・営業届出制度の創設，⑥食品リコール情報の報告制度の創生，⑦その他，である。中でも HACCP の制度化は，永年にわたり進められてきた「食品衛生管理の国際標準化に関する検討会」のまとめであった。HACCP は国際的にも食品の安全性を確保する手法として認められ，アメリカや EU では義務化され，HACCP を採用しないと製造できない食品がある。また，リテール HACCP と称し，飲食店等にも浸透し店舗の看板に HACCP マークがつけられ，顧客に安全・安心を提供している。2020 年開催予定であったオリンピックは世界各国から選手・観客が集合するため，特に，選手の保護のためにも，HACCP が必要であることや，HACCP へのわが国の取り組みの遅れを改善するために，この制度化が法改正に盛り込まれた。

表 12.2　一般衛生管理の 14 項目

1．食品衛生責任者等の選任	食品衛生責任者の指定・責務等
2．施設の衛生管理	施設の清掃，消毒，清潔保持等
3．設備等の衛生管理	機械器具の洗浄，消毒，整備，清潔保持等
4．使用水等の管理	水道水または飲料に適する水の使用。水質検査，貯水槽の管理等
5．ねずみ及び昆虫対策	年２回以上のねずみ・昆虫対策。生息調査等に基づく防除措置等
6．廃棄物及び排水の取扱い	廃棄物の保管・廃棄，廃棄物・排水の処理等
7．食品又は添加物の取り扱う者の衛生管理	従事者の健康状態の把握，従事者が下痢・腹痛等の症状を示した場合の判断，従事者の服装・手洗い等
8．検食の実施	弁当，仕出し屋等の大量調理施設における検食の実施
9．情報の提供	製品に関する消費者への情報提供，健康被害又は健康被害につながるおそれが否定できない情報の保健所等への提供等
10．回収・廃棄	製品回収の必要が生じた際の責任体制，消費者への注意喚起，回収の実施方法，保健所等への報告，回収品の取扱い等
11．運　搬	車両・コンテナ等の清掃・消毒，運搬中の温度，湿度，時間等の管理
12．販　売	適切な仕入れ量，販売中の製品の温度管理
13．教育訓練	従事者の教育訓練，教育訓練の効果の検証等
14．その他	仕入先，販売先等の記録の作成・保存，製品に自主検査記録の保存等

出所）食品衛生法施行規則第 66 条の２の第１項（別表 17）

いる。わが国では，2019 年の食品衛生法の改正に伴い，食品衛生施行規則 66 条において，一般衛生管理 14 項目（**表 12.2**）が改めて示された。中でも，「食品又は添加物うぃ取り扱う者の衛生管理」は重要である。特に，食品衛生は「手洗い始まり，手洗いに終わる」といわれるように，従事者の衛生管理は重要である。

12.5　大量調理施設衛生管理マニュアル

大量調理施設衛生管理マニュアルは，HACCP の考え方を取り入れたもので，重要管理事項（**表 12.3**）と衛生管理体制（運営管理責任者，衛生管理者を指名し，そのもとに，安全な食品の製造（加工・調理）を行う）からなっている。

重要管理事項の１～４は細菌性食中毒防止三原則そのものである。トッピングについては，加熱調理食品にトッピングする非加熱調理食品は，直接喫食する非加熱調理食品と同様に衛生管理を行い，トッピングする時期は提供までの時間が極力短くなるようにすることとなっている。この理由は，トッピング素材，特に香辛料や生野菜，には微生物が多く存在し，それが増殖し危害を及ぼす可能性が否定できないからである。

12.6　家庭における食中毒予防

2020（令和２）年の食中毒統計によると，総発生数 887 件（患者数：14,613 人，死者数：３人）に対して，家庭が原因となっている件数は 166 件（患者数：244 人）と 18.8％をしめている。それゆえ，厚生労働省では「家庭でできる

表 12.3　大量調理施設衛生管理マニュアルの重要管理事項

1．原料の仕入れ・下処理段階における管理 原材料の納入に際しては立ち合い，検収上で品質，鮮度，品温を点検し，記録すること 野菜・果物を加熱せずに供する場合は，飲用適の水で十分に洗浄又は次亜塩素酸ナトリウム等で殺菌のこと
2．加熱調理食品の加熱温度管理 加熱調理食品は，中心部が 75℃で 1 分以上（ノロウイルス汚染がある食品の場合は，85～90℃で 90 秒以上），又はこれと同等以上であることを確認すること
3．二次汚染の防止 手洗いの励行，器具容器等は使用後洗浄した後 80℃ 5 分以上の殺菌，床からの跳ね水による汚染防止等
4．原材料及び調理済み食品の温度管理 調理後直ちに提供される食品以外の食品は，食中毒菌の増殖防止のために 10℃以下 65℃以上で管理 加熱後の食品を冷却する場合は，中心温度を 30 分以内に 20℃付近，60 分以内に 10 付近まで冷却するようにする
5．その他 施設設備の構造，施設設備の管理，検食の保存，調理従事者の衛生管理，トッピング，廃棄物の管理

出所）大量調理施設衛生管理マニュアル

表 12.4　家庭でできる食中毒の 6 つのポイント

1．食品の購入 肉，魚，野菜などの生鮮食品は，新鮮なものを購入 表示のある食品は，消費期限などを確認 購入した食品は，ドリップが落ちないようにビニール袋へ 温度管理が必要な食品は，すばやく持ち帰る
2．家庭での保存 冷蔵や冷凍が必要なものは，すぐに冷蔵庫・冷凍庫に入れる 冷蔵庫（10℃以下）や冷凍庫（-15℃以下）は詰めすぎに注意（70％程度） 肉や魚は汁が漏れないように包んで保存
3．下準備 冷凍食品の解凍は，冷蔵庫 タオルやフキンは清潔なものに交換する 野菜はよく洗う，生肉・魚は生で食べるものから離す まな板・包丁は，生肉・魚を切ったら洗って，熱湯をかけておく 包丁などに器具，フキンは洗って消毒
4．調理 台所は清潔に，作業前に手を洗う 加熱は十分に（75℃，1 分以上） 電子レンジを使用する場合は，均一に加熱されるようにする 調理を途中で止めたら，食品は冷蔵庫へ
5．食事 食事の前に手を洗う 長時間室温に放置しない。 盛り付けは清潔な器具・食器を使う
6．残った食品 作業前に手を洗う 清潔な器具，容器で保存 時間が経ちすぎたと思ったら，思い切って捨てる 温めなおすときは，十分に加熱（75℃以上）

出所）https://www.mhlw.go.jp/www1/houdou/0903/h0331-1.html（2021/5/31）

食中毒予防の 6 つのポイント」を発信している（**表 12.4**）。この内容は細菌性食中毒防止三原則，そのものである。また，大量調理施設で従事する人は，この 6 ポイントを厳守するとともに，ノロウイルスの原因食としての可能性

コラム 20　手洗い

食品衛生は「手洗いに始まり，手洗いに終わる」といわれるように，非常に重要な作業であり，衛生作業手順書が作成されている。手洗いの作業手順書は，おおむね以下の通りでる。
① 指輪，時計などを外す，②セッケンを泡立て手のひらをこする，③手の甲を伸ばして手のひらでこする。④両手の指を交差させ指の間をこする，⑤指１本ずつを片方の手でなじり洗い，⑥手指までしっかり洗う，⑦流水でしかりすすぐ，⑨ペーパータオルで手を拭く。

しかし，これでは，通過菌（何かに触ることのよって手に付く菌）は除去でいるが，常在菌（個人個人の体（角質の裏側についている菌）が露出し，手洗い前よりも手洗い後に手の菌が増える場合がある（ほぼ50%）。そこで，手洗いは，上記の手順書の②から⑦までを２回繰り返すことになってきている。使い捨て手袋を使用する場合も，同様の手洗いが必要である。その理由は，手袋を取るのは手であるからである。

コラム 21　消毒・殺菌・抗菌の違いは？

清潔を保つには，消毒や殺菌などの方法があるが，おおよその定義はつぎのとおりである。

消毒：有害と考えられる病原微生物を死滅させ，感染を防止する。

滅菌：目的とする対象物や環境から，すべての微生物を殺滅あるいは完全排除すること。

殺菌：対象物や環境にいる微生物を死滅させること。殺菌は滅菌と同義で使われる場合もあるが，病原菌を含む大部分の微生物を死滅させる意味に使うこともある。

静菌：対象物中に存在する微生物の増殖を阻止・抑制すること。たとえば，低温では菌は死滅しないが，増殖せずに生きている。これを低温が静菌的に働いているという。

抗菌：微生物の育成を抑えたり（静菌効果），死滅させる（殺菌効果）ことなど広い意味を含む。

抗菌効果：抗菌を目的として，薬剤あるいは生物の成分を使って加工を施すこと。効果はまちまちで，持続性についてもいろいろな見解がある。

除菌：微生物を対象物や環境から排除すること。殺菌や滅菌まではいかないで，当座の菌を除く程度に使われることが多い。

コラム 22　ふきんの衛生管理

ふきんは，家庭の衛生状態を知るバロメーターであるといわれている。材質はサラシ木綿，レーヨンと麻の混紡，タオル地などがある。その中でも吸水力の高い，洗濯による汚れが落ちやすい，乾燥も早いなどの点でサラシ木綿がお薦めである。

一般にふきんは，一般生菌数で 10^7 ～ 10^8 個 /100cm^2，大腸菌群で 10^5 ～ 10^8 個 /100cm^2 が付着しているが，台所用洗剤による洗浄後室内で乾燥すると一般生菌数で 10^5 個 /100cm^2，大腸菌群で 10^2 個 /100cm^2，屋外乾燥ではそれぞれ 10^3 個 /100cm^2，大腸菌群でほぼ０まで減少する。さらに 100℃で 10 分間加熱すると一般生菌数で 10^2 個 /100cm^2，大腸菌群でほぼ０，0.5%漂白剤に 10 分間浸漬ではいずれもほぼ０まで減少する。

したがって，家庭での食中毒予防のためにもふきんの加熱殺菌や漂白剤による殺菌を行い，屋外での乾燥が望まれる。

のある二枚貝は，家庭での調理は避けるべきである。なぜならば，これが原因で不顕性感染者になる可能性があるためである。

コラム 23　国際標準化機構

国際標準化機構（IOS：International Organization for Standardization）は，各国の標準化団体で構成される非政府組織である。

グローバル化される現在において，多くの物質，システム等の標準化を行っている。例えば，ネジのピッチや大きさがある。国ごとにネジのピッチが異なると，輸入機械のネジがこわれた場合，輸出国から購入しなければならないが，標準化されていると自国のネジを使用できるISO の食品関係では，ISO9000（品質管理マネジメントシステム）とISO22000（食品安全マネジメントシステム）がある。その他には，ISO14000（環境マネジメントシステム）やISO27000（情報セキュリティマネジメントシステム）がある。

コラム 24　菌をつけない，ふやさないための冷蔵庫のそうじ法

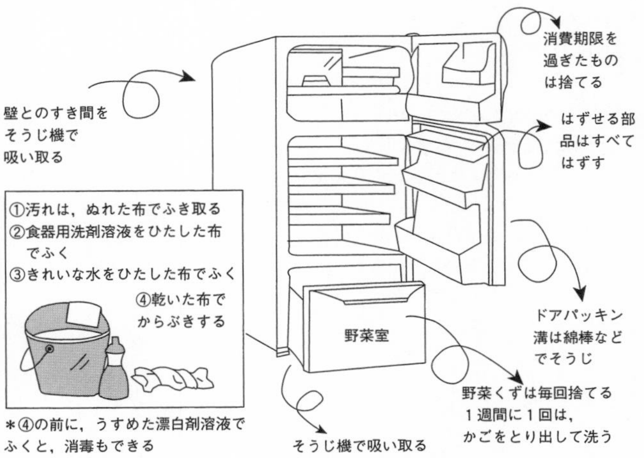
壁とのすき間を
そうじ機で
吸い取る
消費期限を
過ぎたもの
は捨てる
はずせる部
品はすべて
はずす
①汚れは，ぬれた布でふき取る
②食器用洗剤溶液をひたした布
でふく
③きれいな水をひたした布でふく
④乾いた布で
からぶきする
野菜室
ドアパッキン
溝は綿棒など
でそうじ
野菜くずは毎回捨てる
１週間に１回は，
かごをとり出して洗う
＊④の前に，うすめた漂白剤溶液で
ふくと，消毒もできる
そうじ機で吸い取る

出所）丸山務：細菌性食中毒は予防できる，145，主婦と生活社（1999）より作成

【演習問題】

問 1　食中毒事故の再発を防止するために，衛生管理として徹底すべき事項である。正しいのはどれか。１つ選べ。　　（2013 年国家試験）

(1) ステンレス器具から木製器具に変更。
(2) 汚染作業区域から非汚染作業区域の作業に移る前の手洗い。
(3) 加熱調理に関して 85℃，１分間以上の加熱。
(4) 調理者家族の検便検査
(5) 給食担当児童の検便検査

解答　(2)

問 2　食品衛生管理に関する記述である。正しいのはどれか。１つ選べ。　　（創作問題）

(1) HACCP の制度化では，食品運送業や食品保管業は対象にならない。
(2) HACCP システムでは，管理基準から逸脱した場合の措置は対象外である。
(3) HACCP システムは，日本で開発された。
(4)「食品等事業者が実施すべき管理運営基準に関する指針」と HACCP は，全く関係ない。

（5）大量調理施設衛生管理マニュアルには，HACCP の考え方が取り入れられている。

解答　（5）

【参考文献】

厚生労働省：HACCP（ハサップ）に沿った衛生管理の制度化
https://www.mhlw.go.jp/content/11130500/000662484.pdf（2021/6/21）
厚生労働省：HACCP とは
https://www.mhlw.go.jp/stf/seisakunitsuite/bunya/kenkou_iryou/shokuhin/haccp/index.html（2021/6/21）
厚生労働省：ご存じですか？ HACCP
https://www.mhlw.go.jp/file/06-Seisakujouhou-11130500-Shokuhinanzenbu/haccp_leafb_24.pdf（2021/6/21）
（一般財団法人）食品産業センター：HACCP 実践のための一般衛生管理マニュアル
https://haccp.shokusan.or.jp/learning/mn3/（2021/6/21）
厚生労働省：大量調理施設衛生管理マニュアル
https://www.mhlw.go.jp/topics/bukyoku/iyaku/syoku-anzen/gyousei/dl/130201_9-2.pdf（2021/6/21）
厚生労働省：家庭でできる食中毒予防の 6 つのポイント
https://www.mhlw.go.jp /www1/houdou/0903/h0331-1.html（2021/6/21）

資　料（2021年9月1日現在）

A. 法　令

B. 食中毒関連表

A. 法　　令

1　食品安全基本法（抜粋）

（平成15年5月23日
法　律　第　48　号）
最終改正　平成30年法律第46号

第1章　総則

［目的］

第1条　この法律は，科学技術の発展，国際化の進展その他の国民の食生活を取り巻く環境の変化に適確に対応することの緊要性にかんがみ，食品の安全性の確保に関し，基本理念を定め，並びに国，地方公共団体及び食品関連事業者の責務並びに消費者の役割を明らかにするとともに，施策の策定に係る基本的な方針を定めることにより，食品の安全性の確保に関する施策を総合的に推進することを目的とする。

［定義］

第2条　この法律において「食品」とは，全ての飲食物（医薬品，医療機器等の品質，有効性及び安全性の確保等に関する法律（昭和35年法律第145号）に規定する医薬品，医薬部外品及び再生医療等製品を除く。）をいう。

［食品の安全性の確保のための措置を講ずるに当たっての基本的認識］

第3条　食品の安全性の確保は，このために必要な措置が国民の健康の保護が最も重要であるという基本的認識の下に講じられることにより，行われなければならない。

［食品供給行程の各段階における適切な措置］

第4条　農林水産物の生産から食品の販売に至る一連の国の内外における食品供給の行程（以下「食品供給行程」という。）におけるあらゆる要素が食品の安全性に影響を及ぼすおそれがあることにかんがみ，食品の安全性の確保は，このために必要な措置が食品供給行程の各段階において適切に講じられることにより，行われなければならない。

［国民の健康への悪影響の未然防止］

第5条　食品の安全性の確保は，このために必要な措置が食品の安全性の確保に関する国際的動向及び国民の意見に十分配慮しつつ科学的知見に基づいて講じられることによって，食品を摂取することによる国民の健康への悪影響が未然に防止されるようにすることを旨として，行われなければならない。

［国の責務］

第6条　国は，前三条に定める食品の安全性の確保についての基本理念（以下「基本理念」という。）にのっとり，食品の安全性の確保に関する施策を総合的に策定し，及び実施する責務を有する。

［地方公共団体の責務］

第7条　地方公共団体は，基本理念にのっとり，食品の安全性の確保に関し，国との適切な役割分担を踏まえて，その地方公共団体の区域の自然的経済的社会的諸条件に応じた施策を策定し，及び実施する責務を有する。

［食品関連事業者の責務］

第8条　肥料，農薬，飼料，飼料添加物，動物用の医薬品その他食品の安全性に影響を及ぼすおそれがある農林漁業の生産資材，食品（その原料又は材料として使用される農林水産物を含む。）若しくは添加物（食品衛生法（昭和22年法律第233号）第4条第2項に規定する添加物をいう。）又は器具（同条第四項に規定する器具をいう。）若しくは容器包装（同条第5項に規定する容器包装をいう。）の生産，輸入又は販売その他の事業活動を行う事業者（以下「食品関連事業者」という。）は，基本理念にのっとり，その事業活動を行うに当たって，自らが食品の安全性の確保について第一義的責任を有していることを認識して，食品の安全性を確保するために必要な措置を食品供給行程の各段階において適切に講ずる責務を有する。

2　前項に定めるもののほか，食品関連事業者は，基本理念にのっとり，その事業活動を行うに当たっては，その事業活動に係る食品その他の物に関する正確かつ適切な情報の提供に努めなければならない。

3　前2項に定めるもののほか，食品関連事業者は，基本理念にのっとり，その事業活動に関し，国又は地方公共団体が実施する食品の安全性の確保に関する施策に協力する責務を有する。

［消費者の役割］

第9条　消費者は，食品の安全性の確保に関する知識と理解を深めるとともに，食品の安全性の確保に関する施策について意見を表明するように努めることによって，食品の安全性の確保に積極的な役割を果たすものとする。

［法制上の措置等］

第10条　政府は，食品の安全性の確保に関する施策を実施するため必要な法制上又は財政上の措置その他の措置を講じなければならない。

第2章　施策の策定に係る基本的な方針

[食品健康影響評価の実施]

第11条　食品の安全性の確保に関する施策の策定に当たっては，人の健康に悪影響を及ぼすおそれがある生物学的，化学的若しくは物理的な要因又は状態であって，食品に含まれ，又は食品が置かれるおそれがあるものが当該食品が摂取されることにより人の健康に及ぼす影響についての評価（以下「食品健康影響評価」という。）が施策ごとに行われなければならない。ただし，次に掲げる場合は，この限りでない。

一　当該施策の内容からみて食品健康影響評価を行うことが明らかに必要でないとき。

二　人の健康に及ぼす悪影響の内容及び程度が明らかであるとき。

三　人の健康に悪影響が及ぶことを防止し，又は抑制するため緊急を要する場合で，あらかじめ食品健康影響評価を行ういとまがないとき。

2　前項第3号に掲げる場合においては，事後において，遅滞なく，食品健康影響評価が行われなければならない。

3　前2項の食品健康影響評価は，その時点において到達されている水準の科学的知見に基づいて，客観的かつ中立公正に行われなければならない。

[国民の食生活の状況等を考慮し，食品健康影響評価の結果に基づいた施策の策定]

第12条　食品の安全性の確保に関する施策の策定に当たっては，食品を摂取することにより人の健康に悪影響が及ぶことを防止し，及び抑制するため，国民の食生活の状況その他の事情を考慮するとともに，前条第1項又は第2項の規定により食品健康影響評価が行われたときは，その結果に基づいて，これが行われなければならない。

[情報及び意見の交換の促進]

第13条　食品の安全性の確保に関する施策の策定に当たっては，当該施策の策定に国民の意見を反映し，並びにその過程の公正性及び透明性を確保するため，当該施策に関する情報の提供，当該施策について意見を述べる機会の付与その他の関係者相互間の情報及び意見の交換の促進を図るために必要な措置が講じられなければならない。

第14条〜第21条　（略）

第3章　食品安全委員会

[設置]

第22条　内閣府に，食品安全委員会（以下「委員会」という。）を置く。

[所掌事務]

第23条　委員会は，次に掲げる事務をつかさどる。

一　第21条第2項の規定により，内閣総理大臣に意見を述べること。

二　次条の規定により，又は自ら食品健康影響評価を行うこと。

三　前号の規定により行った食品健康影響評価の結果に基づき，食品の安全性の確保のため講ずべき施策について内閣総理大臣を通じて関係各大臣に勧告すること。

四　第2号の規定により行った食品健康影響評価の結果に基づき講じられる施策の実施状況を監視し，必要があると認めるときは，内閣総理大臣を通じて関係各大臣に勧告すること。

五　食品の安全性の確保のため講ずべき施策に関する重要事項を調査審議し，必要があると認めるときは，関係行政機関の長に意見を述べること。

六　第2号から前号までに掲げる事務を行うために必要な科学的調査及び研究を行うこと。

七　第2号から前号までに掲げる事務に係る関係者相互間の情報及び意見の交換を企画し，及び実施すること。

2　委員会は，前項第2号の規定に基づき食品健康影響評価を行ったときは，遅滞なく，関係各大臣に対して，その食品健康影響評価の結果を通知しなければならない。

3　委員会は，前項の規定による通知を行ったとき，又は第1項第3号若しくは第4号の規定による勧告をしたときは，遅滞なく，その通知に係る事項又はその勧告の内容を公表しなければならない。

4　関係各大臣は，第1項第3号又は第4号の規定による勧告に基づき講じた施策について委員会に報告しなければならない。

第24条〜第38条，附則　（略）

2　食品衛生法（抜粋）

（昭和22年12月24日
法律第233号）
最終改正　平成30年法律第46号

第1章　総則

［目的］

第1条　この法律は，食品の安全性の確保のために公衆衛生の見地から必要な規制その他の措置を講ずることにより，飲食に起因する衛生上の危害の発生を防止し，もつて国民の健康の保護を図ることを目的とする。

第2条　（省略）

第3条　食品等事業者（食品若しくは添加物を採取し，製造し，輸入し，加工し，調理し，貯蔵し，運搬し，若しくは販売すること若しくは器具若しくは容器包装を製造し，輸入し，若しくは販売することを営む人若しくは法人又は学校，病院その他の施設において継続的に不特定若しくは多数の者に食品を供与する人若しくは法人をいう。以下同じ。）は，その採取し，製造し，輸入し，加工し，調理し，貯蔵し，運搬し，販売し，不特定若しくは多数の者に授与し，又は営業上使用する食品，添加物，器具又は容器包装（以下「販売食品等」という。）について，自らの責任においてそれらの安全性を確保するため，販売食品等の安全性の確保に係る知識及び技術の習得，販売食品等の原材料の安全性の確保，販売食品等の自主検査の実施その他の必要な措置を講ずるよう努めなければならない。

②～③　（省略）

［定義］

第4条　この法律で食品とは，全ての飲食物をいう。ただし，医薬品，医療機器等の品質，有効性及び安全性の確保等に関する法律（昭和35年法律第145号）に規定する医薬品，医薬部外品及び再生医療等製品は，これを含まない。

②　この法律で添加物とは，食品の製造の過程において又は食品の加工若しくは保存の目的で，食品に添加，混和，浸潤その他の方法によつて使用する物をいう。

③　この法律で天然香料とは，動植物から得られた物又はその混合物で，食品の着香の目的で使用される添加物をいう。

④　この法律で器具とは，飲食器，割ぽう具その他食品又は添加物の採取，製造，加工，調理，貯蔵，運搬，陳列，授受又は摂取の用に供され，かつ，食品又は添加物に直接接触する機械，器具その他の物をいう。ただし，農業及び水産業における食品の採取の用に供される機械，器具その他の物は，これを含まない。

⑤　この法律で容器包装とは，食品又は添加物を入れ，又は包んでいる物で，食品又は添加物を授受する場合そのままで引き渡すものをいう。

⑥　この法律で食品衛生とは，食品，添加物，器具及び容器包装を対象とする飲食に関する衛生をいう。

⑦　この法律で営業とは，業として，食品若しくは添加物を採取し，製造し，輸入し，加工し，調理し，貯蔵し，運搬し，若しくは販売すること又は器具若しくは容器包装を製造し，輸入し，若しくは販売することをいう。ただし，農業及び水産業における食品の採取業は，これを含まない。

⑧　この法律で営業者とは，営業を営む人又は法人をいう。

⑨　この法律で登録検査機関とは，第33条第1項の規定により厚生労働大臣の登録を受けた法人をいう。

第2章　食品及び添加物

［清潔衛生の原則］

第5条　販売（不特定又は多数の者に対する販売以外の授与を含む。以下同じ。）の用に供する食品又は添加物の採取，製造，加工，使用，調理，貯蔵，運搬，陳列及び授受は，清潔で衛生的に行われなければならない。

［不衛生食品等の販売等の禁止］

第6条　次に掲げる食品又は添加物は，これを販売し（不特定又は多数の者に授与する販売以外の場合を含む。以下同じ。），又は販売の用に供するために，採取し，製造し，輸入し，加工し，使用し，調理し，貯蔵し，若しくは陳列してはならない。

一　腐敗し，若しくは変敗したもの又は未熟であるもの。ただし，一般に人の健康を損なうおそれがなく飲食に適すると認められているものは，この限りでない。

二　有毒な，若しくは有害な物質が含まれ，若しくは付着し，又はこれらの疑いがあるもの。ただし，人の健康を損なうおそれがない場合として厚生労働大臣が定める場合においては，この限りでない。

三　病原微生物により汚染され，又はその疑いがあり，人の健康を損なうおそれがあるもの。

四　不潔，異物の混入又は添加その他の事由により，人の健康を損なうおそれがあるもの。

［新開発食品の販売禁止］

第7条　厚生労働大臣は，一般に飲食に供されることがなかつた物であつて人の健康を損なうおそれがない旨の確証がないもの又はこれを含む物が新たに食品として販売され，又は販売されることとなつた場合において，食品衛生上の危害の発生を防止するため必要があると認めるときは，薬事・食品衛生審議会の意見を聴いて，それらの物を食品として販売することを禁止することができる。

②～⑤　（省略）

第8条～第11条　（省略）

第12条　人の健康を損なうおそれのない場合として厚生労働大臣が薬事・食品衛生審議会の意見を聴いて定める場合を除いては，添加物（天然香料及び一般に食品として飲食に供されている物であつて添加物として使用されるものを除く。）並びにこれを含む製剤及び食品は，これを販売し，又は販売の用に供するために，製造し，輸入し，加工し，使用し，貯蔵し，若しくは陳列してはならない。

第13条　厚生労働大臣は，公衆衛生の見地から，薬事・食品衛生審議会の意見を聴いて，販売の用に供する食品若しくは添加物の製造，加工，使用，調理若しくは保存の方法につき基準を定め，又は販売の用に供する食品若しくは添加物の成分につき規格を定めることができる。

②　前項の規定により基準又は規格が定められたときは，その基準に合わない方法により食品若しくは添加物を製造し，加工し，使用し，調理し，若しくは保存し，その基準に合わない方法による食品若しくは添加物を販売し，若しくは輸入し，又はその規格に合わない食品若しくは添加物を製造し，輸入し，加工し，使用し，調理し，保存し，若しくは販売してはならない。

③　農薬（農薬取締法（昭和23年法律第82号）第2条第1項に規定する農薬をいう。次条において同じ。），飼料の安全性の確保及び品質の改善に関する法律（昭和28年法律第35号）第2条第3項の規定に基づく農林水産省令で定める用途に供することを目的として飼料（同条第2項に規定する飼料をいう。）に添加，混和，浸潤その他の方法によつて用いられる物及び医薬品，医療機器等の品質，有効性及び安全性の確保等に関する法律第2条第1項に規定する医薬品であつて動物のために使用されることが目的とされているものの成分である物質（その物質が化学的に変化して生成した物質を含み，人の健康を損なうおそれのないことが明らかであるものとして厚生労働大臣が定める物質を除く。）が，人の健康を損なうおそれのない量として厚生労働大臣が薬事・食品衛生審議会の意見を聴いて定める量を超えて残留する食品は，これを販売の用に供するために製造し，輸入し，加工し，使用し，調理し，保存し，又は販売してはならない。ただし，当該物質の当該食品に残留する量の限度について第1項の食品の成分に係る規格が定められている場合については，この限りでない。

第14条　（省略）

第3章　器具及び容器包装

第15条　営業上使用する器具及び容器包装は，清潔で衛生的でなければならない。

第16条　有毒な，若しくは有害な物質が含まれ，若しくは付着して人の健康を損なうおそれがある器具若しくは容器包装又は食品若しくは添加物に接触してこれらに有害な影響を与えることにより人の健康を損なうおそれがある器具若しくは容器包装は，これを販売し，販売の用に供するために製造し，若しくは輸入し，又は営業上使用してはならない。

第17条～第18条　（省略）

第4章　表示及び広告

第19条　（省略）

第20条　食品，添加物，器具又は容器包装に関しては，公衆衛生に危害を及ぼすおそれがある虚偽の又は誇大な表示又は広告をしてはならない。

第5章　食品添加物公定書

第21条　厚生労働大臣及び内閣総理大臣は，食品添加物公定書を作成し，第13条第1項の規定により基準又は規格が定められた添加物及び食品表示法第四条第一項の規定により基準が定められた添加物につき当該基準及び規格を収載するものとする。

第6章　監視指導

第21条の2～3　（省略）

第22条～第23条

第24条　都道府県知事等は，指針に基づき，毎年度，翌年度の当該都道府県等が行う監視指導の実施に関する計画（以下「都道府県等食品衛生監視指導計画」という。）を定めなければならない。

②　都道府県等食品衛生監視指導計画は，次に掲げる事項について定めるものとする。

一　重点的に監視指導を実施すべき項目に関する事項

二　食品等事業者に対する自主的な衛生管理の実施に係る指導に関する事項

三　監視指導の実施に当たつての国，他の都道府県等その他関係機関との連携協力の確保に関する事項
四　その他監視指導の実施のために必要な事項
③　都道府県等食品衛生監視指導計画は，当該都道府県等の区域における食品等事業者の施設の設置の状況，食品衛生上の危害の発生の状況その他の地域の実情を勘案して定められなければならない。
④　都道府県知事等は，都道府県等食品衛生監視指導計画を定め，又はこれを変更したときは，遅滞なく，これを公表するとともに，厚生労働省令・内閣府令で定めるところにより，厚生労働大臣及び内閣総理大臣に報告しなければならない。
⑤　都道府県知事等は，都道府県等食品衛生監視指導計画の実施の状況について，厚生労働省令・内閣府令で定めるところにより，公表しなければならない。

第7章　検査

第25条　第13条第1項の規定により規格が定められた食品若しくは添加物又は第18条第1項の規定により規格が定められた器具若しくは容器包装であつて政令で定めるものは，政令で定める区分に従い厚生労働大臣若しくは都道府県知事又は登録検査機関の行う検査を受け，これに合格したものとして厚生労働省令で定める表示が付されたものでなければ，販売し，販売の用に供するために陳列し，又は営業上使用してはならない。
②～⑤（省略）
第26条～第29条（省略）
第30条　第28条第1項に規定する当該職員の職権及び食品衛生に関する指導の職務を行わせるために，厚生労働大臣，内閣総理大臣又は都道府県知事等は，その職員のうちから食品衛生監視員を命ずるものとする。
②　都道府県知事等は，都道府県等食品衛生監視指導計画の定めるところにより，その命じた食品衛生監視員に監視指導を行わせなければならない。
③　内閣総理大臣は，指針に従い，その命じた食品衛生監視員に食品，添加物，器具及び容器包装の表示又は広告に係る監視指導を行わせるものとする。
④　厚生労働大臣は，輸入食品監視指導計画の定めるところにより，その命じた食品衛生監視員に食品，添加物，器具及び容器包装の輸入に係る監視指導を行わせるものとする。
⑤　前各項に定めるもののほか，食品衛生監視員の資格その他食品衛生監視員に関し必要な事項は，政令で定める。

第8章　登録検査機関

第31条～第47条（省略）

第9章　営業

第48条　乳製品，第12条の規定により厚生労働大臣が定めた添加物その他製造又は加工の過程において特に衛生上の考慮を必要とする食品又は添加物であつて政令で定めるものの製造又は加工を行う営業者は，その製造又は加工を衛生的に管理させるため，その施設ごとに，専任の食品衛生管理者を置かなければならない。ただし，営業者が自ら食品衛生管理者となつて管理する施設については，この限りでない。
②　営業者が，前項の規定により食品衛生管理者を置かなければならない製造業又は加工業を2以上の施設で行う場合において，その施設が隣接しているときは，食品衛生管理者は，同項の規定にかかわらず，その2以上の施設を通じて1人で足りる。
③　食品衛生管理者は，当該施設においてその管理に係る食品又は添加物に関してこの法律又はこの法律に基づく命令若しくは処分に係る違反が行われないように，その食品又は添加物の製造又は加工に従事する者を監督しなければならない。
④　食品衛生管理者は，前項に定めるもののほか，当該施設においてその管理に係る食品又は添加物に関してこの法律又はこの法律に基づく命令若しくは処分に係る違反の防止及び食品衛生上の危害の発生の防止のため，当該施設における衛生管理の方法その他の食品衛生に関する事項につき，必要な注意をするとともに，営業者に対し必要な意見を述べなければならない。
⑤　営業者は，その施設に食品衛生管理者を置いたときは，前項の規定による食品衛生管理者の意見を尊重しなければならない。
⑥　次の各号のいずれかに該当する者でなければ，食品衛生管理者となることができない。
一　医師，歯科医師，薬剤師又は獣医師
二　学校教育法（昭和22年法律第26号）に基づく大学，旧大学令（大正7年勅令第388号）に基づく大学又は旧専門学校令（明治36年勅令第61号）に基づく専門学校において医学，歯学，薬学，獣医学，畜産学，水産学又は農芸化学の課程を修めて卒業した者（当該課程を修めて同法に基づく専門職大学の前期課程を修了した者を含む。）
三　都道府県知事の登録を受けた食品衛生管理者の養成施設において所定の課程を修了した者
四　学校教育法に基づく高等学校若しくは中等教育学

校若しくは旧中等学校令（昭和18年勅令第36号）に基づく中等学校を卒業した者又は厚生労働省令で定めるところによりこれらの者と同等以上の学力があると認められる者で，第1項の規定により食品衛生管理者を置かなければならない製造業又は加工業において食品又は添加物の製造又は加工の衛生管理の業務に3年以上従事し，かつ，都道府県知事の登録を受けた講習会の課程を修了した者

⑦　前項第4号に該当することにより食品衛生管理者たる資格を有する者は，衛生管理の業務に3年以上従事した製造業又は加工業と同種の製造業又は加工業の施設においてのみ，食品衛生管理者となることができる。

⑧　第1項に規定する営業者は，食品衛生管理者を置き，又は自ら食品衛生管理者となつたときは，15日以内に，その施設の所在地の都道府県知事に，その食品衛生管理者の氏名又は自ら食品衛生管理者となつた旨その他厚生労働省令で定める事項を届け出なければならない。食品衛生管理者を変更したときも，同様とする。

第49条　前条第6項第3号の養成施設又は同項第4号の講習会の登録に関して必要な事項は政令で，受講科目その他同項第3号の養成施設又は同項第四号の講習会の課程に関して必要な事項は厚生労働省令で定める。

第50条～第89条，附則　（省略）

3　食品衛生法施行令（抜粋）

（昭和28年8月24日
政令第229号）
最終改正　令和元年政令第123号

［法第18条第3項の材質］

第1条　食品衛生法（以下「法」という。）第18条第3項の政令で定める材質は，合成樹脂とする。

第2条　削除

第3条　削除

第4条～第8条　（省略）

［食品衛生監視員の資格］

第9条　食品衛生監視員は，次の各号のいずれかに該当する者でなければならない。

一　都道府県知事の登録を受けた食品衛生監視員の養成施設において，所定の課程を修了した者

二　医師，歯科医師，薬剤師又は獣医師

三　学校教育法（昭和22年法律第26号）に基づく大学若しくは高等専門学校，旧大学令（大正7年勅令第388号）に基づく大学又は旧専門学校令（明治36年勅令第61号）に基づく専門学校において医学，歯学，薬学，獣医学，畜産学，水産学又は農芸化学の課程を修めて卒業した者（当該課程を修めて同法に基づく専門職大学の前期課程を修了した者を含む。）

四　栄養士で2年以上食品衛生行政に関する事務に従事した経験を有するもの

②　第14条から第20条までの規定は，前項第1号の養成施設について準用する。

第10条～第35条　（略）

［中毒原因の調査］

第36条　法第63条第2項（法第68条第1項において準用する場合を含む。次条第1項において同じ。）の規定により保健所長が行うべき調査は，次のとおりとする。

一　中毒の原因となつた食品，添加物，器具，容器包装又はおもちや（以下この条及び次条第2項において「食品等」という。）及び病因物質を追及するために必要な疫学的調査

二　中毒した患者若しくはその疑いのある者若しくはその死体の血液，ふん便，尿若しくは吐物その他の物又は中毒の原因と思われる食品等についての微生物学的若しくは理化学的試験又は動物を用いる試験による調査

［中毒に関する報告］

第37条　保健所長は，法第63条第2項の規定による調査（以下この条において「食中毒調査」という。）について，前条各号に掲げる調査の実施状況を逐次都道府県知事，保健所を設置する市の市長又は特別区の区長（以下この条において「都道府県知事等」という。）に報告しなければならない。

2　都道府県知事等は，法第63条第3項（法第68条第1項において準用する場合を含む。）の規定による報告を行つたときは，前項の規定により報告を受けた事項のうち，中毒した患者の数，中毒の原因となつた食品等その他の厚生労働省令で定める事項を逐次厚生労働大臣に報告しなければならない。

3　保健所長は，食中毒調査が終了した後，速やかに，厚生労働省令で定めるところにより報告書を作成し，都道府県知事等にこれを提出しなければならない。

4　都道府県知事等は，前項の報告書を受理したときは，厚生労働省令で定めるところにより報告書を作成し，厚生労働大臣にこれを提出しなければならない。

第38条　以下（略）

4　食品・食品添加物等規格基準（抄）

I. 食　　品

1. 食品一般・食品別

区　分		規　格　基　準	備　考
食品一般	成分規格	1 食品は，抗生物質又は化学的合成品*1たる抗菌性物質及び放射性物質を含有してはならない．ただし，抗生物質及び化学的合成品たる抗菌性物質について次のいずれかに該当する場合にあっては，この限りでない． (1) 当該物質が，食品衛生法（昭和22年法律第233号）第10条の規定により人の健康を損なうおそれのない場合として厚生労働大臣が定める添加物と同一である場合 (2) 当該物質について，5，6，7，8又は9において成分規格が定められている場合 (3) 当該食品が，5，6，7，8又は9において定める成分規格に適合する食品を原材料として製造され，又は加工されたものである場合（5，6，7，8又は9において成分規格が定められていない抗生物質又は化学的合成品たる抗菌性物質を含有する場合を除く．）	*1化学的合成品 化学的手段により元素又は化合物に分解反応以外の化学的反応を起こさせて得られた物質をいう
		2 食品が組換えDNA技術※2によって得られた生物の全部もしくは一部であり，又は当該生物の全部もしくは一部を含む場合は，厚生労働大臣が定める安全性審査の手続きを経た旨の公表がなされたものでなければならない．	※2組換えDNA技術 酵素等を用いた切断及び再結合の操作によって，DNAをつなぎ合わせた組換えDNA分子を作製し，それを生細胞に移入しかつ，増殖させる技術をいう
		3 食品が組換えDNA技術によって得られた微生物を利用して製造された物であり，又は当該物を含む場合は，厚生労働大臣が定める安全性審査の手続きを経た旨の公表がなされたものでなければならない．	
		4 削除	
		5 (1) の表に掲げる農薬等※3の成分である物質（その物質が化学的に変化して生成した物質を含む，以下同じ．）は，食品に含有されるものであってはならない．※4 (1) 食品において「不検出」とされる農薬等の成分である物質 1　2, 4, 5-T 2　イプロニダゾール 3　オラキンドックス 4　カプタホール 5　カルバドックス 6　クマホス 7　クロラムフェニコール 8　クロルスロン 9　クロルプロマジン 10　ジエチルスチルベストロール 11　ジメトリダゾール 12　ダミノジッド 13　ニトロフラゾン 14　ニトロフラントイン 15　フラゾリドン 16　フラルタドン 17　プロファム 18　マラカイトグリーン 19　メトロニダゾール 20　ロニダゾール	※3農薬等 ・農薬取締法に規定する農薬 ・飼料の安全性の確保及び品質の改善に関する法律に基づき飼料に添加・混和・浸潤その他の方法によって用いられるもの ・医薬品，医療機器等の品質，有効性及び安全性の確保等に関する法律に規定する医薬品であって動物のために使用されるもの ※4定義された食品の指定された部位を検体として，規定する試験法によって試験した場合に検出されるものであってはならない
		以下5～11において残留基準は本書2.農薬等（農薬，動物用医薬品および飼料添加物）の残留基準を参照のこと	
		6 5の規定にかかわらず，6の表（ただし表は省略）に掲げる農薬等の成分である物質は，同表に掲げる食品の区分に応じ，それぞれ同表の定める量を超えて当該食品に含有されるものであってはならない．※5	※5定義された食品の指定された部位を検体として試験しなければならず，農薬等の成分である物質について「不検出」と定めている食品については規定する試験法によって試験した場合に検出されるものであってはならない．
		7 6に定めるもののほか，7の表（ただし表は省略）に掲げる農薬等の成分である物質は，同表の食品の区分に応じ，それぞれ同表に定める量を超えて当該食品に含有されるものであってはならない．※5	
		8 5から7までにおいて成分規格が定められていない場合であって，農薬等の成分である物質※6が自然に食品に含まれる物質と同一であるとき，当該食品において当該物質が含まれる量は，通常含まれる量を超えてはならない．ただし，通常含まれる量をもって人の健康を損なうおそれのある物質を含む食品については，この限りでない．	※6法第11条第3項の規定により人の健康を損なうおそれのないことが明らかであるものとして厚生労働大臣が定める物質を除く．
		9 9の表（ただし表は省略）に掲げる農薬等の成分である物質は，同表の食品の区分に応じ，それぞれ同表の定める量を超えて当該食品に含有されるものであってはならない．	
		10 6又は9に定めるもののほか，6から9までにおいて成分規格が定められている食品を原材料として製造され，又は加工される食品については，その原材料たる食品が，それぞれ6から9までに定める成分規格に適合するものでなくてはならない．	

<table>
<tr><th>区分</th><th></th><th>規格基準</th><th>備考</th></tr>
<tr><td></td><td></td><td>
11 6又は9に定めるもののほか，5から9までにおいて成分規格が定められていない食品を原材料として製造され，又は加工される食品については，当該製造され，又は加工される食品の原材料たる食品が，法第11条第3項の規定により人の健康を損なうおそれのない量として厚生労働大臣が定める量を超えて，農薬等の成分である物質※6を含有するものであってはならない．

12 食品中の放射性セシウム（放射性物質のうち，セシウム134及びセシウム137の総和）は，次の表に掲げる食品の区分に応じ，それぞれ同表に定める濃度を超えて食品に含有されるものであってはならない．
<table>
<tr><td>ミネラルウォータ類（水のみを原料とする清涼飲料水）</td><td>10 Bq/kg</td></tr>
<tr><td>原料に茶を含む清涼飲料水</td><td>10 Bq/kg</td></tr>
<tr><td>飲用に供する茶</td><td>10 Bq/kg</td></tr>
<tr><td>乳児の飲食に供することを目的として販売する食品※7</td><td>50 Bq/kg</td></tr>
<tr><td>上記以外の食品（乳等を除く）</td><td>100 Bq/kg</td></tr>
</table>
</td><td>※7乳及び乳製品の成分規格等に関する省令に規定する乳及び乳製品，これらを主要原料とする食品で，乳児の飲食に供することを目的として販売するものを除く．</td></tr>
<tr><td></td><td>製造，加工，調理基準</td><td>
• 食品を製造し，又は加工する場合：食品に放射線※8を照射してはならない．ただし，食品の製造工程，又は加工工程の管理のために照射する場合であって，食品の吸収線量が0.10グレイ以下のとき，及び食品各条の項で特別に定めた場合を除く
• 生乳又は生山羊乳を使用して食品を製造する場合：その食品の製造工程中において，生乳又は生山羊乳を63℃，30分間加熱殺菌するか，又はこれと同等以上の殺菌効果を有する方法で加熱殺菌しなければならない．食品に添加し，又は食品の調理に使用する乳は，牛乳，特別牛乳，殺菌山羊乳，成分調整牛乳，低脂肪牛乳，無脂肪牛乳又は加工乳でなければならない．
• 血液，血球又は血漿（獣畜のものに限る）を使用して食品を製造，加工又は調理する場合：その食品の製造，加工又は調理の工程中で，血液，血球，血漿を63℃，30分加熱又はこれと同等以上の殺菌効果を有する方法で加熱殺菌しなければならない．
• 食品の製造，加工又は調理に使用する鶏の殻付き卵は，食用不適卵であってはならない．鶏卵を使用して食品を製造，加工又は調理する場合は，その工程中において70℃で1分以上加熱するか，又はこれと同等以上の殺菌効果を有する方法で加熱殺菌しなければならない．ただし，賞味期限内の生食用の正常卵を使用する場合にあっては，この限りではない．
• 魚介類を生食用に調理する場合：食品製造用水（水道事業による水道，専用水道，簡易専用水道により供給される水又は次の表に掲げる規格に適合する水）で十分に洗浄し，製品を汚染するおそれのあるものを除去しなければならない．
<table>
<tr><td>一般細菌</td><td>100/mL以下（標準寒天培地法）</td></tr>
<tr><td>大腸菌群</td><td>検出されない（L.B, B.G.L.B.培地法）</td></tr>
<tr><td>カドミウム</td><td>0.01 mg/L以下</td></tr>
<tr><td>水銀</td><td>0.0005 mg/L以下</td></tr>
<tr><td>鉛</td><td>0.1 mg/L以下</td></tr>
<tr><td>ヒ素</td><td>0.05 mg/L以下</td></tr>
<tr><td>六価クロム</td><td>0.05 mg/L以下</td></tr>
<tr><td>シアン（シアンイオン及び塩化シアン）</td><td>0.01 mg/L以下</td></tr>
<tr><td>硝酸性窒素及び亜硝酸性窒素</td><td>10 mg/L以下</td></tr>
<tr><td>フッ素</td><td>0.8 mg/L以下</td></tr>
<tr><td>有機リン</td><td>0.1 mg/L以下</td></tr>
<tr><td>亜鉛</td><td>1.0 mg/L以下</td></tr>
<tr><td>鉄</td><td>0.3 mg/L以下</td></tr>
<tr><td>銅</td><td>1.0 mg/L以下</td></tr>
<tr><td>マンガン</td><td>0.3 mg/L以下</td></tr>
<tr><td>塩素イオン</td><td>200 mg/L以下</td></tr>
<tr><td>カルシウム，マグネシウム等（硬度）</td><td>300 mg/L以下</td></tr>
<tr><td>蒸発残留物</td><td>500 mg/L以下</td></tr>
<tr><td>陰イオン界面活性剤</td><td>0.5 mg/L以下</td></tr>
</table>
</td><td>※8放射線
原子力基本法第3条第5号に規定するもの．</td></tr>
</table>

<table>
<tr><th>区　分</th><th colspan="2">規　格　基　準</th><th>備　考</th></tr>
<tr><td></td><td></td><td>
<table>
<tr><td>フェノール類</td><td>フェノールとして
0.005 mg/L以下</td></tr>
<tr><td>有機物等（過マンガン酸カリウム消費量）</td><td>10 mg/L以下</td></tr>
<tr><td>pH値</td><td>5.8～8.6</td></tr>
<tr><td>味</td><td>異常でない</td></tr>
<tr><td>臭気</td><td>異常でない</td></tr>
<tr><td>色度</td><td>5度以下</td></tr>
<tr><td>濁度</td><td>2度以下</td></tr>
</table>
・組換えDNA技術によって得られた微生物を利用して食品を製造する場合：厚生労働大臣が定める基準に適合する旨の確認を得た方法で行わなければならない．
・食品を製造し，又は加工する場合：添加物の成分規格・保存基準又は製造基準に適合しない添加物を使用してはならない．
・牛海綿状脳症（BSE）の発生国・地域において飼養された牛（特定牛）を直接一般消費者に販売する場合は，脊柱を除去しなければならない．
　食品を製造，加工，調理する場合：特定牛の脊柱を原材料として使用してはならない．ただし，次に該当するものを原材料として使用する場合は，この限りでない．
①特定牛の脊柱に由来する油脂を，高温かつ高圧の下で，加水分解，けん化又はエステル交換したもの
②月齢30月以下の特定牛の脊柱を，脱脂，酸による脱灰，酸若しくはアルカリ処理，ろ過及び138℃以上で4秒間以上の加熱殺菌を行ったもの又はこれらと同等以上の感染性を低下させる処理をして製造したもの
・牛の肝臓又は豚の食肉は，飲食に供する際に加熱を要するものとして販売用に供されなければならない．直接一般消費者に販売する場合は，飲食に供する際に牛の肝臓又は豚の食肉の中心部まで十分な加熱を要する等の必要な情報を提供しなければならない．
牛の肝臓又は豚の食肉を使用した食品を製造，加工，調理する場合：食品の製造，加工，調理の工程中において，牛の肝臓又は豚の食肉の中心部の温度を63℃で30分間以上加熱又はこれと同等以上の殺菌効果を有する方法で加熱殺菌しなければならない．ただし，加熱することを前提として食品を販売する場合を除く．その際，販売者は飲食に供する際に食品の中心部まで十分な加熱を要する等の必要な情報を提供しなければならない．
</td><td></td></tr>
<tr><td></td><td>保存基準</td><td>
・飲食用以外で直接接触させることにより食品を保存する場合の氷雪：大腸菌群（融解水中）陰性（L. B.培地法）
・食品を保存する場合：抗生物質を使用しないこと．ただし，法第10条の規定により人の健康を損なうおそれのない場合として厚生労働大臣が定める添加物についてはこの限りでない．
・食品保存の目的で，食品に放射線を照射しないこと．
</td><td></td></tr>
<tr><td>清涼飲料水</td><td>成分規格</td><td>
1.　一般規格
①混濁※9：認めない
②沈殿物※9又は固形異物※10：認めない
③スズ：150.0 ppm以下
（注）金属製容器包装入りの場合に必要
④大腸菌群：陰性（L.B.培地法）
2.　個別規格
1）　ミネラルウォーター類（水のみを原料とする清涼飲料水をいう）のうち殺菌又は除菌を行わないもの
一般規格の①～④に加え，次の表に掲げる規格に適合するものでなければならない．
<table>
<tr><td>アンチモン</td><td>0.005 mg/L以下</td></tr>
<tr><td>カドミウム</td><td>0.003 mg/L以下</td></tr>
<tr><td>水銀</td><td>0.0005 mg/L以下</td></tr>
<tr><td>セレン</td><td>0.01 mg/L以下</td></tr>
<tr><td>銅</td><td>1 mg/L以下</td></tr>
<tr><td>鉛</td><td>0.05 mg/L以下</td></tr>
<tr><td>バリウム</td><td>1 mg/L以下</td></tr>
<tr><td>ヒ素</td><td>0.01 mg/L以下</td></tr>
<tr><td>マンガン</td><td>0.4 mg/L以下</td></tr>
<tr><td>六価クロム</td><td>0.05 mg/L以下</td></tr>
<tr><td>シアン（シアンイオン及び塩化シアン）</td><td>0.01 mg/L以下</td></tr>
<tr><td>亜硝酸性窒素</td><td>0.04 mg/L以下</td></tr>
</table>
</td><td>
別に調理基準（清涼飲料水全自動調理機で調理されるもの）あり

※9混濁，沈殿物
原材料，着香もしくは着色の目的に使用される添加物又は一般に人の健康を損なうおそれがないと認められる死滅した微生物（製品原材料に混入することがやむを得ないものに限る）に起因するものを除く．

※10固形異物
原材料としての植物性固形物で，その容量百分率が30％以下であるものを除く．
</td></tr>
</table>

区分	規格基準	備考

硝酸性窒素及び亜硝酸性窒素	10 mg/L以下
フッ素	2 mg/L以下
ホウ素	5 mg/L以下
腸球菌（注）	陰性（AC培地法）
緑膿菌（注）	陰性（アスパラギンブイヨン法）

（注）容器包装内の二酸化炭素圧力が98 kPa（20℃）未満である場合に必要

2）ミネラルウォーター類（水のみを原料とする清涼飲料水をいう．）のうち殺菌又は除菌を行うもの
一般規格の①～④に加え，次の表に掲げる規格に適合するものでなければならない．

アンチモン	0.005 mg/L以下
カドミウム	0.003 mg/L以下
水銀	0.0005 mg/L以下
セレン	0.01 mg/L以下
銅	1 mg/L以下
鉛	0.05 mg/L以下
バリウム	1 mg/L以下
ヒ素	0.01 mg/L以下
マンガン	0.4 mg/L以下
六価クロム	0.05 mg/L以下
亜塩素酸	0.6 mg/L以下
塩素酸	0.6 mg/L以下
クロロホルム	0.06 mg/L以下
残留塩素	3 mg/L以下
シアン（シアンイオン及び塩化シアン）	0.01 mg/L以下
四塩化炭素	0.002 mg/L以下
1,4-ジオキサン	0.04 mg/L以下
ジクロロアセトニトリル	0.01 mg/L以下
1,2-ジクロロエタン	0.004 mg/L以下
ジクロロメタン	0.02 mg/L以下
シス-1,2-ジクロロエチレン及びトランス-1,2-ジクロロエチレン	0.04 mg/L以下（シス体とトランス体の和として）
ジブロモクロロメタン	0.1 mg/L以下
臭素酸	0.01 mg/L以下
亜硝酸性窒素	0.04 mg/L以下
硝酸性窒素及び亜硝酸性窒素	10 mg/L以下
総トリハロメタン	0.1 mg/L以下
テトラクロロエチレン	0.01 mg/L以下
トリクロロエチレン	0.004 mg/L以下
トルエン	0.4 mg/L以下
フッ素	2 mg/L以下
ブロモジクロロメタン	0.03 mg/L以下
ブロモホルム	0.09 mg/L以下
ベンゼン	0.01 mg/L以下
ホウ素	5 mg/L以下
ホルムアルデヒド	0.08 mg/L以下
有機物等（全有機炭素）	3 mg/L以下
味	異常でない
臭気	異常でない
色度	5度以下
濁度	2度以下

<table>
<tr><th>区　分</th><th>規　格　基　準</th><th>備　考</th></tr>
<tr><td></td><td>
3)　ミネラルウォーター類以外の清涼飲料水
一般規格の①～④に加え，次の表に掲げる規格に適合するものでなければならない．
<table>
<tr><td>ヒ素</td><td>検出しない</td></tr>
<tr><td>鉛</td><td>検出しない</td></tr>
<tr><td>パツリン（注）</td><td>0.050 ppm以下</td></tr>
</table>
（注）りんごの搾汁及び搾汁された果汁のみを原料とする場合に必要
</td><td></td></tr>
<tr><td>製造基準</td><td>
1.　一般基準
製造に使用する器具及び容器包装は，適当な方法で洗浄し，殺菌したものであること．（未使用の容器で殺菌又は殺菌効果を有する方法で製造され，汚染するおそれのないように取り扱われた容器は除く）

2.　個別基準
1)　ミネラルウォーター類のうち殺菌又は除菌を行わないもの（容器包装内の二酸化炭素圧力が98 kPa（20℃）未満）
〈原水〉
・鉱水のみを原水とし，水源及び採水地点の衛生確保に十分に配慮すること．
・構成成分，湧出量及び温度が安定したものであること．
・人為的な環境汚染物質を含まないこと．（別途成分規格が設定されている場合はこの限りではない）
・病原微生物に汚染されたもの又は汚染されたことを疑わせるような生物若しくは物質を含まないこと．
・次の表に掲げる基準に適合するものでなければならない．
<table>
<tr><td>芽胞形成亜硫酸還元嫌気性菌</td><td>陰性（亜硫酸-鉄加寒天培地法）</td></tr>
<tr><td>腸球菌</td><td>陰性（KFレンサ球菌寒天培地法）</td></tr>
<tr><td>緑膿菌</td><td>陰性（mPA-B寒天培地法）</td></tr>
<tr><td>大腸菌群</td><td>陰性（L.B.培地法）</td></tr>
<tr><td>細菌数</td><td>［原水］5/mL以下
［容器包装詰め直後の製品］
20/mL以下（標準寒天培地法）</td></tr>
</table>
〈製造方法等〉
・原水は，泉源から直接採水したものを自動的に容器包装に充填した後，密栓又は密封すること．
・原水には，沈殿，ろ過，曝気又は二酸化炭素の注入若しくは脱気以外の操作を施さないこと．
・施設及び設備を清潔かつ衛生的に保持すること．
・採水から容器包装詰めまでの作業を清潔かつ衛生的に行うこと．

2)　ミネラルウォーター類のうち殺菌又は除菌を行わないもの（容器包装内の二酸化炭素圧力が98 kPa（20℃）以上）
〈原水〉
・次の表に掲げる基準に適合するものでなければならない．
<table>
<tr><td>細菌数</td><td>100/mL以下（標準寒天培地法）</td></tr>
<tr><td>大腸菌群</td><td>陰性（L.B.培地法）</td></tr>
</table>
3)　ミネラルウォーター類のうち殺菌又は除菌を行うもの
・次の基準に適合する方法で製造すること．
〈原料として使用する水〉
・次の表に掲げる基準に適合するものでなければならない．
<table>
<tr><td>細菌数</td><td>100/mL以下（標準寒天培地法）</td></tr>
<tr><td>大腸菌群</td><td>陰性（L.B.培地法）</td></tr>
</table>
〈殺菌，除菌，製造方法等〉
・容器包装に充填し，密栓若しくは密封した後殺菌するか，又は自記温度計をつけた殺菌器等で殺菌したもの若しくはろ過器等で除菌したものを自動的に容器包装に充填した後，密栓若しくは密封すること．
・殺菌又は除菌は，中心温度を85℃で30分間加熱する方法，又は原料とする水等に由来し食品中に存在し，発育し得る微生物を死滅又は除去するのに十分な効力を有する方法で行うこと．

4)　清涼飲料水（ミネラルウォーター類，冷凍果実飲料及び原料用果汁以外）
〈原料として用いる水〉
・水道水又は次のいずれかであること．
①ミネラルウォーター類（殺菌又は除菌を行わないもの）
②ミネラルウォーター類（殺菌又は除菌を行うもの）
①又は②の成分規格の個別規格（腸球菌，緑膿菌は除く）及び製造基準（採水から容器包装詰めまでに係る基準は除く）に適合すること．
</td><td></td></tr>
</table>

区　　分	規　格　基　準	備　　考

〈原料〉
・製造に使用する果実，野菜等の原料は，鮮度その他の品質が良好なものであり，必要に応じて十分洗浄したものであること．

〈殺菌，除菌，製造方法等〉
・容器包装に充填し，密栓若しくは密封した後殺菌するか，又は自記温度計をつけた殺菌器等で殺菌したもの若しくはろ過器等で除菌したものを自動的に容器包装に充填した後，密栓若しくは密封すること．
・殺菌又は除菌は次の表に掲げた方法で行うこと．（容器包装内の二酸化炭素圧力が98 kPa（20℃）以上で植物又は動物の組織成分を含有しない場合は殺菌及び除菌を要しない）

殺菌	①pH 4.0未満	中心部の温度を65℃で10分間加熱する方法，又はこれと同等以上の効力を有する方法
殺菌	②pH 4.0以上（pH 4.6以上，水分活性が0.94を超えるものを除く）	中心部の温度を85℃で30分間加熱する方法，又はこれと同等以上の効力を有する方法
殺菌	③pH 4.6以上で水分活性が0.94を超えるもの	原材料等に由来して当該食品中に存在し，発育し得る微生物を死滅させるのに十分な効力を有する方法，又は②に定める方法
除菌	原材料等に由来して当該食品中に存在し，発育し得る微生物を除去するのに十分な効力を有する方法	

・紙栓により打栓する場合は，打栓機械により行うこと．

5)　冷凍果実飲料

〈原料〉
・原料用果実は健全なものを用いること．

〈殺菌，除菌，製造方法等〉
・原料用果実は水，洗浄剤等に浸して果皮の付着物を膨潤させ，ブラッシングその他の適当方法で洗浄し，十分に水洗した後，適当な殺菌剤を用いて殺菌し，十分に水洗すること．
・殺菌した原料用果実は，衛生的に取り扱うこと．
・搾汁及び搾汁された果汁の加工は，衛生的に行うこと．
・製造に使用する器具及び容器包装は適当な方法で洗浄し，殺菌したものであること．（未使用の容器で殺菌又は殺菌効果を有する方法で製造され，汚染するおそれのないように取り扱われた容器は除く）
・搾汁された果汁（密閉型全自動搾汁機により搾汁されたものを除く）の殺菌又は除菌は次の表に掲げた方法で行うこと．

殺菌	①pH 4.0未満	中心部の温度を65℃で10分間加熱する方法，又はこれと同等以上の効力を有する方法
殺菌	②pH 4.0以上	中心部の温度を85℃で30分間加熱する方法，又はこれと同等以上の効力を有する方法
除菌	原材料等に由来して当該食品中に存在し，発育し得る微生物を除去するのに十分な効力を有する方法	

・搾汁された果汁は，自動的に容器包装に充填し，密封すること．
・化学合成品たる添加物（酸化防止剤を除く）を使用しないこと．

6)　原料用果汁
・製造に使用する果実は，鮮度その他の品質が良好なものであり，必要に応じて十分洗浄したものであること．
・搾汁及び搾汁された果汁の加工は，衛生的に行うこと．

保存基準

• 紙栓をつけたガラス瓶に収められたもの：10℃以下
• 冷凍果実飲料，冷凍した原料用果汁：－15℃以下
• 原料用果汁：清潔で衛生的な容器包装で保存
• 清涼飲料水（ミネラルウォーター類，冷凍果実飲料，原料用果汁以外）のうちpH 4.6以上かつ水分活性が0.94を超えるものであり，原材料等に由来して当該食品中に存在し，かつ発育し得る微生物を死滅させ，又は除去するのに十分な効力を有する方法で殺菌又は除菌を行わないもの：10℃以下

区　分	規格基準		備　考
粉末清涼飲料	成分規格	• 混濁・沈殿物：飲用時の倍数の水で溶解した液が「清涼飲料水」の成分規格の一般規格混濁及び沈殿物の項に適合すること． • ヒ素，鉛：検出しない • スズ：150.0 ppm 以下 （注）金属製容器包装入りの場合に必要 〔乳酸菌を加えないもの〕 • 大腸菌群：陰性（L. B. 培地法） • 細菌数：3,000/g 以下（標準寒天培地法） 〔乳酸菌を加えたもの〕 • 大腸菌群：陰性（L. B. 培地法） • 細菌数（乳酸菌を除く）：3,000/g 以下	別に製造基準，及び保存基準（コップ販売式自動販売機に収めたもの）あり
氷　雪	成分規格	• 大腸菌群（融解水）：陰性（L. B. 培地法） • 細菌数（融解水）：100/mL 以下（標準寒天培地法）	
	製造基準	• 原水：飲用適の水	
氷　菓	成分規格	• 細菌数（融解水）：10,000/mL 以下（標準寒天培地法） • 大腸菌群（融解水）：陰性（デソキシコーレイト寒天培地法）	はっ酵乳又は乳酸菌飲料を原料として使用したものにあっては，細菌数の中に乳酸菌及び酵母を含めない． 別に製造基準あり
	保存基準	• 保存する場合に使用する容器は適当な方法で殺菌したものであること． • 原料及び製品は，有蓋の容器に貯蔵し，取扱中手指を直接原料及び製品に接触させないこと．	
食肉・鯨肉（生食用食肉・生食用冷凍鯨肉を除く）	保存基準	• 10℃以下保存．ただし，容器包装に入れられた，細切りした食肉，鯨肉の凍結品は－15℃以下 • 清潔で衛生的な有蓋の容器に収めるか，清潔で衛生的な合成樹脂フィルム，合成樹脂加工紙，パラフィン紙，硫酸紙，布で包装，運搬のこと．	
	調理基準	• 衛生的な場所で，清潔で衛生的な器具を用いて行わなければならない．	
生食用食肉	成分規格	(1) 腸内細菌科菌群：陰性（増菌培地法） (2) (1) に係わる記録：1年間保存	牛の食肉（内蔵を除く）で生食用として販売するもの．
	加工基準	• 肉塊は，凍結させていないものであり，衛生的に枝肉から切り出されたものを使用すること．処理後速やかに，気密性のある清潔で衛生的な容器包装に入れ，密封し，肉塊の表面から深さ1 cm 以上の部分までを60℃で2分間以上加熱する方法又はこれと同等以上の殺菌効果を有する方法で加熱殺菌を行った後，速やかに4℃以下に冷却すること．	ユッケ，タルタルステーキ，牛刺し，牛タタキなど 左記以外に加工基準あり 別に調理基準あり
	保存基準	• 4℃以下保存（凍結させたもの：－15℃以下） • 清潔で衛生的な容器包装に入れ，保存	
食鳥卵	成分規格	〔殺菌液卵（鶏卵）〕 • サルモネラ属菌：陰性/25 g（増菌培地法） 〔未殺菌液卵（鶏卵）〕 • 細菌数：1,000,000/g 以下（標準寒天培地法）	別に製造基準あり
	保存基準（鶏の液卵に限る）	• 8℃以下（冷凍したもの：－15℃以下） • 製品の運搬に使用する器具は，洗浄，殺菌，乾燥したもの • 製品の運搬に使用するタンクは，ステンレス製，かつ，定置洗浄装置により洗浄，殺菌する方法又は同等以上の効果を有する方法で洗浄，殺菌したもの	
	使用基準	• 鶏の殻付き卵を加熱殺菌せずに飲食に供する場合：賞味期限を経過していない生食用の正常卵を使用すること．	
血液・血球・血漿	保存基準	• 4℃以下保存 • 冷凍したもの：－18℃以下保存 • 清潔で衛生的な容器包装に収めて保存のこと．	別に加工基準あり
食肉製品	成分規格	(1) 一般規格 • 亜硝酸根：0.070 g/kg 以下	

区　分		規　格　基　準	備　考

（2）個別規格

	乾燥 食肉製品	非加熱 食肉製品	特定加熱 食肉製品	加熱食肉製品 包装後 加熱殺菌	加熱食肉製品 加熱殺菌後 包装
E. coli（EC培地法）	陰性	100/g以下	100/g以下	—	陰性
黄色ブドウ球菌 （塗抹寒天培地法）	—	1,000/g 以下	1,000/g 以下	—	1,000/g 以下
サルモネラ属菌（増菌培地法）	—	陰性	陰性	—	陰性
クロストリジウム属菌 （クロストリジウム培地法）	—	—	1,000/g 以下	1,000/g 以下	—
大腸菌群（B. G. L. B.培地法）	—	—	—	陰性	—
リステリア・モノサイトゲネス	—	100/g以下	—	—	—
水分活性	0.87未満	—	—	—	—

乾燥食肉製品：乾燥させた食肉製品であり，乾燥食肉製品として販売するもの（ビーフジャーキー，ドライドビーフ，サラミソーセージ等）

非加熱食肉製品：食肉を塩漬けした後，くん煙・乾燥，その中心部の温度を63℃で30分間加熱又はこれと同等以上の効力を有する加熱殺菌を行っていない食肉製品で，非加熱食肉製品として販売するもの（乾燥食肉製品を除く）
（水分活性0.95以上：パルマハム，ラックスシンケン，コッパ，カントリーハム等，
水分活性0.95未満：ラックスハム，セミドライソーセージ等）

特定加熱食肉製品：その中心部の温度を63℃で30分間加熱又はこれと同等以上の効力を有する方法以外の方法による加熱殺菌を行った食肉製品（乾燥食肉製品及び非加熱食肉製品を除く）（ウエスタンタイプベーコン，ローストビーフ等）

加熱食肉製品：乾燥食肉製品，非加熱食肉製品，特定加熱食肉製品以外の食肉製品（ボンレスハム，ロースハム，プレスハム，ウインナーソーセージ，フランクフルトソーセージ，ベーコン等）

保存基準

（1）一般基準
- 冷凍食肉製品：－15℃以下
- 製品は清潔で衛生的な容器に収めて密封又は，ケーシングする．又は清潔で衛生的な合成樹脂フィルム，合成樹脂加工紙，硫酸紙もしくはパラフィン紙で包装，運搬のこと．

（2）個別基準

非加熱食肉製品	4℃以下	肉塊のみを原料食肉とする場合で水分活性が0.95以上のもの
	10℃以下	肉塊のみを原料食肉とする場合以外で，pHが4.6未満又はpHが5.1未満かつ水分活性が0.93未満のものを除く
特定加熱食肉製品	4℃以下	水分活性が0.95以上のもの
	10℃以下	水分活性が0.95未満のもの
加熱食肉製品	10℃以下	気密性のある容器包装に充てんした後，製品の中心部の温度を120℃で4分間加熱する方法又はこれと同等以上の効力を有する方法により殺菌したものを除く

別に製造基準あり

区　分		規　格　基　準	備　考
鯨肉製品	成分規格	• 大腸菌群：陰性（B. G. L. B.培地法） • 亜硝酸根：0.070 g/kg以下（鯨肉ベーコン）	別に製造基準あり
	保存基準	• 10℃以下保存（冷凍製品は－15℃以下）．ただし，気密性の容器包装に充てん後，製品の中心部の温度を120℃，4分加熱（同等以上の方法も含む）した製品を除く． • 清潔で衛生的な容器に密封又はケーシングする．又は清潔で衛生的な合成樹脂フィルム，同加工紙，硫酸紙もしくはパラフィン紙で包装，運搬のこと．	
魚肉ねり製品	成分規格	• 大腸菌群：陰性（魚肉すり身を除く）（B. G. L. B.培地法） • 亜硝酸根：0.05 g/kg以下（ただし，魚肉ソーセージ，魚肉ハム）	別に製造基準あり
	保存基準	• 10℃以下保存（魚肉ソーセージ，魚肉ハム，特殊包装かまぼこ）．ただし，気密性の容器包装に充てん後，製品の中心部の温度を120℃，4分加熱（同等以上の方法を含む）した製品及びpH 4.6以下又は水分活性0.94以下のものを除く． • 冷凍製品：－15℃以下保存 • 清潔で衛生的にケーシングするか，清潔で衛生的な有蓋の容器に収めるか，又は清潔な合成樹脂フィルム，同加工紙，硫酸紙もしくはパラフィン紙で包装，運搬のこと．	
いくら，すじこ，たらこ	成分規格	• 亜硝酸根：0.005 g/kg以下	

区分		規格基準	備考
ゆでだこ	成分規格	• 腸炎ビブリオ：陰性（増菌培地法） ［冷凍ゆでだこ］ • 細菌数：100,000/g以下（標準寒天培地法） • 大腸菌群：陰性（デソキシコーレイト寒天培地法） • 腸炎ビブリオ：陰性（増菌培地法）	別に加工基準あり
	保存基準	• 10℃以下保存 • 冷凍ゆでだこ：－15℃以下保存 • 清潔で衛生的な有蓋の容器又は清潔で衛生的な合成樹脂フィルム，合成樹脂加工紙，硫酸紙もしくはパラフィン紙で包装運搬	
ゆでがに	成分規格	飲食に供する際に加熱を要しないものに限る 1）［凍結していないもの］ • 腸炎ビブリオ：陰性（増菌培地法） 2）［冷凍ゆでがに］ • 細菌数：100,000/g以下（標準寒天培地法） • 大腸菌群：陰性（デソキシコーレイト寒天培地法） • 腸炎ビブリオ：陰性（増菌培地法）	別に加工基準あり ※凍結していない加熱調理・加工用のものについては規格基準は適用されない．
	保存基準	• 10℃以下保存（飲食に供する際に加熱を要しないものであって，凍結させていないものに限る） • 冷凍ゆでがに：－15℃以下保存 • 清潔で衛生的な容器包装に入れ保存，ただし二次汚染防止措置を講じて，販売用に陳列する場合を除く．	
生食用鮮魚介類	成分規格	• 腸炎ビブリオ最確数：100/g以下（増菌培地法）	切り身又はむき身にした鮮魚介類（生かきを除く）であって，生食用のもの（凍結させたものを除く）に限る．（凍結させたものは冷凍食品［生食用冷凍鮮魚介類］の項を参照）
	保存基準	• 清潔で衛生的な容器包装に入れ，10℃以下で保存	別に加工基準あり
生食用かき	成分規格	• 細菌数：50,000/g以下（標準寒天培地法） • *E. coli*最確数：230/100 g以下（EC培地法） ［むき身のもの］ • 腸炎ビブリオ最確数：100/g以下（増菌培地法）	別に加工基準あり 容器包装に採取された海域又は湖沼を表示すること．
	保存基準	• 10℃以下保存． • 生食用冷凍かき：－15℃以下保存．清潔で衛生的な合成樹脂，アルミニウム箔又は耐水性加工紙で包装保存すること． • 冷凍品を除く生食用かきは上記のほか，清潔で衛生的な有蓋容器に収めて保存してもよい．	
寒天	成分規格	• ホウ素化合物：1 g/kg以下（H_3BO_3として）	
穀類 米 （玄米及び精米）	成分規格	• カドミウム及びその化合物：0.4 ppm以下（Cdとして）	
豆類	成分規格	• シアン化合物：不検出（ただし，サルタニ豆，サルタピア豆，バター豆，ペギア豆，ホワイト豆，ライマ豆にあってはHCNとして500 ppm以下）	
	使用基準	• シアン化合物を検出する豆類の使用は生あんの原料に限る．	
野菜 ばれいしょ	加工基準	• 発芽防止の目的で放射線を照射する場合は，次の方法による． （イ）放射線源の種類：コバルト60のガンマ線 （ロ）ばれいしょの吸収線量：150グレイ以下 （ハ）照射加工したばれいしょには再照射しないこと	
生あん	成分規格	• シアン化合物：不検出	別に製造基準あり
豆腐	保存基準	• 冷蔵保存，又は，十分に洗浄，殺菌した水槽内で，飲用適の冷水で絶えず換水しながら保存（移動販売用及び，成型後水さらしせずに直ちに販売されるものを除く） • 移動販売用のものは十分に洗浄，殺菌した器具で保冷	別に製造基準あり
即席めん類	成分規格	• 含有油脂：酸価3以下，又は過酸化物価30以下	めんを油脂で処理したものに限る．
	保存基準	• 直射日光を避けて保存	

<table>
<tr><th>区　分</th><th colspan="2">規　格　基　準</th><th>備　考</th></tr>
<tr><td rowspan="2">冷 凍 食 品</td><td>成分規格</td><td colspan="2">
<table>
<tr><th rowspan="2"></th><th rowspan="2">無加熱摂取
冷凍食品</th><th colspan="2">加熱後摂取冷凍食品</th><th rowspan="2">生食用冷凍
鮮魚介類</th></tr>
<tr><th>凍結直前
加熱</th><th>凍結直前
加熱以外</th></tr>
<tr><td>細菌数（標準平板培養法）</td><td>100,000/g
以下</td><td>100,000/g
以下</td><td>3,000,000/g
以下</td><td>100,000/g
以下</td></tr>
<tr><td>大腸菌群
（デソキシコーレイト寒天培地法）</td><td>陰性</td><td>陰性</td><td>—</td><td>陰性</td></tr>
<tr><td>E. coli（EC培地法）</td><td>—</td><td>—</td><td>陰性*</td><td>—</td></tr>
<tr><td>腸炎ビブリオ最確数（増菌培地法）</td><td>—</td><td>—</td><td>—</td><td>100/g以下</td></tr>
</table>
冷　凍　食　品：製造又は加工した食品（清涼飲料水，食肉製品，鯨肉製品，魚肉ねり製品，ゆでだこ及びゆでがに以外）及び切り身，むき身にした鮮魚介類（生かき以外）を凍結させたもので，容器包装に入れられたもの
無加熱摂取冷凍食品：冷凍食品のうち製造又は加工した食品を凍結させたもので，飲食に供する際に加熱を要しないとされているもの
加熱後摂取冷凍食品：冷凍食品のうち製造又は加工した食品を凍結させたもので，無加熱摂取冷凍食品以外のもの
生食用冷凍鮮魚介類：冷凍食品のうち切り身又はむき身にした鮮魚介類であり，生食用のものを凍結させたもの
* ただし，小麦粉を主たる原材料とし，摂食前に加熱工程が必要な冷凍パン生地様食品については，E. coliが陰性であることを要しない．
（冷凍食品の成分規格の細菌数に係る部分は，微生物の働きを利用して製造された食品，例えば，生地パン，納豆，ナチュラルチーズ入りパイ等を凍結させたものであって容器包装に入れられたものについては適用しない）
</td></tr>
<tr><td>保存基準</td><td>• −15℃以下保存
• 清潔で衛生的な合成樹脂，アルミニウム箔又は耐水性の加工紙で包装し保存</td><td>別に加工基準あり</td></tr>
<tr><td>容器包装詰加圧加熱殺菌食品</td><td>成分規格</td><td>• 当該容器包装詰加圧加熱殺菌食品中で発育しうる微生物：陰性
(1) 恒温試験：容器包装を35.0℃で14日間保持し，膨張又は漏れを認めない．
(2) 細菌試験：陰性（TGC培地法，恒温試験済みのものを検体とする）</td><td>容器包装詰加圧加熱殺菌食品とは，食品（清涼飲料水，食肉製品，鯨肉製品，魚肉ねり製品を除く）を気密性のある容器包装に入れ，密封した後，加圧加熱殺菌したものをいう．
別に製造基準あり</td></tr>
<tr><td>油脂で処理した菓子
（指導要領）</td><td>製品の管理</td><td>• 製品中に含まれる油脂の酸価が3を超え，かつ過酸化物価が30を超えないこと．
• 製品中に含まれる油脂の酸価が5を超え，又は過酸化物価が50を超えないこと．</td><td>製造過程において油脂で揚げる，炒める，吹き付ける，又は塗布する等の処理を施した菓子をいう．粗脂肪として10%（w/w）以上を含むもの</td></tr>
</table>

2. 農薬等（農業，動物用医薬品，飼料添加物）の残量基準

(2) 農産物の残留基準（1-1）

分類		穀類							豆類					
農薬名 ＼ 食品名		大麦	小麦	米（玄米）	そば	とうもろこし	ライ麦	*1 その他の穀類	えんどう	*1 小豆類	そら豆	大豆	らっかせい	*1 その他の豆類
BHC（$\alpha, \beta, \gamma, \delta$ の総和）	*2	—	0.2	0.2	0.2	0.2	—	—	0.2	0.2	0.2	0.2	—	—
2,4-D	*2	0.5	0.5	0.1	0.2	0.05	0.5	0.5	0.05	0.05	0.05	0.05	0.05	0.05
DCIP		—	—	—	—	—	—	—	—	—	—	—	—	—
DDT（DDD, DDEを含む）	*2	—	0.2	0.2	0.2	0.2	—	—	0.2	0.2	0.2	0.2	—	—
EPN		—	—	0.02	—	—	—	—	—	—	—	—	—	—
EPTC		0.1	0.1	0.1	0.1	0.1	0.1	0.1	0.1	0.1	0.1	0.1	0.1	0.1
MCPA（フェノチオールを含む）		0.1	0.1	0.1	0.02	0.1	0.1	0.1	0.1	0.1	0.1	0.1	0.1	0.1
アクリナトリン		—	—	—	—	—	—	—	—	—	—	—	—	—
アシノナピル	*2	—	—	—	—	—	—	—	—	—	—	—	—	—
アシフルオルフェン		—	—	—	—	—	—	—	—	—	—	0.1	0.1	—
アシベンゾラルS-メチル	*2	—	0.05	0.1	—	—	—	—	—	—	—	—	—	—
アジムスルフロン		—	—	0.02	—	—	—	—	—	—	—	—	—	—
アシュラム		—	—	—	—	—	—	—	—	—	—	—	—	—
アジンホスメチル		—	—	—	—	—	—	—	—	—	—	—	—	—
アセキノシル	*2	—	—	—	—	—	—	—	—	0.5	—	—	—	—
アセタミプリド	*2	3	0.3	—	—	0.2	3	3	2	2	2	0.3	0.2	2
アセトクロール	*2	—	—	—	—	0.05	—	—	—	—	—	1	—	—
アセフェート		—	—	—	—	0.3	—	—	—	1	—	0.3	—	—
アゾキシストロビン		0.5	0.3	0.2	—	0.05	0.3	0.5	0.5	0.5	0.5	0.5	0.2	0.5
アゾシクロチン及びシヘキサチン	*2	—	—	—	—	—	—	—	—	—	—	—	—	—
アバメクチン	*2	—	—	—	—	—	—	—	—	0.005	—	—	0.005	0.005
アフィドピロペン		—	—	—	—	—	—	—	—	—	—	0.01	—	—
アミスルブロム		—	—	0.05	—	—	—	—	—	0.2	—	0.3	—	—
アミトラズ	*2	—	—	—	—	—	—	—	—	—	—	—	—	—
アミトロール		—	—	—	—	—	—	—	—	—	—	—	—	—
アメトクトラジン	*2	—	—	—	—	—	—	—	—	0.2	—	0.4	—	—
アメトリン		—	—	—	—	0.05	—	—	—	—	—	—	—	—
アラクロール	*2	—	—	—	—	0.02	—	0.05	—	0.02	0.1	0.02	0.02	0.1
アルジカルブ及びアルドキシカルブ	*2	0.02	0.02	—	—	0.05	—	0.1	—	0.1	0.1	0.02	0.02	0.1
アルドリン及びディルドリン	*2	0.02	0.02	0.01	0.02	0.02	0.02	0.02	0.05	0.05	0.05	0.05	0.05	0.05
イソウロン		—	—	—	—	—	—	—	—	—	—	—	—	—
イソキサチオン		—	—	—	—	0.03	—	—	0.02	0.02	0.02	0.02	0.02	0.02
イソキサフルトール	*2	—	—	—	—	0.02	—	—	—	—	—	0.05	—	0.03
イソチアニル		—	—	0.3	—	—	—	—	—	—	—	—	—	—
イソピラザム	*2	0.6	0.2	—	—	—	0.2	0.6	—	—	—	—	0.01	—

5.　食品の暫定的規制値等

規　制　項　目	対　象　食　品	規　制　値
PCBの暫定的規制値	魚介類 　遠洋沖合魚介類（可食部） 　内海内湾（内水面を含む）魚介類（可食部） 牛乳（全乳中） 乳製品（全量中） 育児用粉乳（全量中） 肉類（全量中） 卵類（全量中） 容器包装	（単位：ppm） 0.5 3 0.1 1 0.2 0.5 0.2 5
水銀の暫定的規制値 ・総水銀 ・メチル水銀	魚介類 　ただしマグロ類（マグロ，カジキ及びカツオ）及び内水面水域の河川産の魚介類（湖沼産の魚介類は含まない），並びに深海性魚介類等（メヌケ類，キンメダイ，ギンダラ，ベニズワイガニ，エッチュウバイガイ及びサメ類）については適用しない	（単位：ppm） 0.4かつ 0.3（水銀として）
デオキシニバレノールの暫定的な基準値	小麦	（単位：ppm） 1.1
総アフラトキシンの規制値	食品全般	10 μg/kgを超えてはならない（アフラトキシンB_1, B_2, G_1及びG_2の総和）
アフラトキシンM_1の規制値	乳	0.5 μg/kgを超えてはならない
貝毒の規制値 ・麻痺性貝毒 ・下痢性貝毒	 貝類全般（可食部）及び二枚貝等捕食生物（可食部） 貝類全般（可食部）	 4 MU/g以下（1 MU（マウスユニット）は体重20 gのマウスを15分で死亡させる毒量） 0.16 mgオカダ酸当量/kg以下

6. 遺伝子組換え食品およびアレルゲンを含む食品の表示

食品表示法（平成25年法律第70号）第4条第1項の規定に基づく食品表示基準（平成27年内閣府令第10号）第3条第2項及び第18条第2項に定める遺伝子組換え食品に関する表示とアレルゲンを含む食品に関する表示が必要になっている．

1. 遺伝子組換え食品に係る表示の基準

①組換えDNA技術応用作物（以下「遺伝子組換え作物」という．）及びその加工食品については，以下の区分により表示を行うことにしている．

イ　分別生産流通管理が行われたことを確認した遺伝子組換え作物である別表第17に掲げた対象農産物又はこれを原材料とする加工食品（当該加工食品を原材料とするものを含む．）については，「遺伝子組換え」の記載を行う．

ロ　生産，流通又は加工のいずれかの段階で遺伝子組換え農作物及び非遺伝子組換え農作物が分別されていない別表第17に掲げた農作物である食品又はこれを原材料とする加工食品については，「遺伝子組換え不分別」の記載を行う．

ハ　分別生産流通管理が行われたことを確認した非遺伝子組換え農作物である別表第17に掲げた農作物又はこれを原材料とする加工食品（当該加工食品を原材料とするものを含む．）については，任意表示として，「遺伝子組換えでないものを分別」，「遺伝子組換えでない」の記載を行うことができる．

②以下に掲げる食品については，遺伝子組換え農作物である旨又は遺伝子組換え農作物及び非遺伝子組換え農作物が分別されていない旨の表示を省略することができる．

イ　別表第17及び別表18に掲げる農作物又はこれを原材料とする加工食品を主な原材料（原材料の重量に占める割合の高い原材料の上位3位までのもので，かつ，原材料の重量に占める割合が5%以上のものをいう．）としない加工食品

ロ　加工工程後も組み換えられたDNA又はこれによって生じたたんぱく質が残存するものとして別表第17及び18の下欄に掲げる加工食品以外の加工食品

ハ　直接一般消費者に販売されない食品

③分別生産流通管理を行ったにもかかわらず，意図せざる遺伝子組換え農作物又は非遺伝子組換え農作物の一定の混入があった場合においても，分別生産流通管理が行われていることの確認が適切に行われている場合にあっては，分別生産流通管理が行われたものとみなすこと．ここでいう「一定の混入」とは，遺伝子組換え大豆及びとうもろこしの混入が5%以下であること．

2. アレルゲンを含む食品に係る表示について

(1) 特定原材料を原材料として含む食品に係る表示の基準

①食物アレルギー症状を引き起こすことが明らかになった食品のうち，特に発症数，重篤度から勘案して表示する必要性の高い「えび」，「かに」，「小麦」，「そば」，「卵」，「乳」及び「落花生」の7品目（以下「特定原材料」という．）を食品表示基準別表14に掲げ，特定原材料を原材料とする加工食品及び特定原材料に由来する添加物を含む食品に関しては当該特定原材料を含む旨を記載しなければならない．

②アレルゲンに関する表示の基準は，遺伝子組換え食品に係る表示と異なり，一般消費者に直接販売されない食品の原材料も含め，食品流通の全ての段階において，表示が義務づけられる．

③特定原材料に由来する添加物にあっては，「食品添加物」の文字及び当該添加物が特定原材料に由来する旨を表示すること．

④特定原材料に由来する添加物を含む食品にあっては，当該添加物を含む旨及び「添加物名（○○由来）」等当該食品に含まれる添加物が特定原材料に由来する旨を表示すること．

(2) 特定原材料に準ずるものを原材料として含む食品に係る表示の基準（平成27年3月30日消費表第139号）

アレルゲンを含む食品として，規則では「特定原材料」7品目が列挙されているが，食物アレルギー症状を引き起こすことが明らかになった食品のうち，症例数や重篤な症状を呈する者の数が継続して相当数みられるが，特定原材料に比べると少ないものを特定原材料に準ずるものとして，「アーモンド」，「あわび」，「いか」，「いくら」，「オレンジ」，「カシューナッツ」，「キウイフルーツ」，「牛肉」，「くるみ」，「ごま」，「さけ」，「さば」，「大豆」，「鶏肉」，「バナナ」，「豚肉」，「まつたけ」，「もも」，「やまいも」，「りんご」，「ゼラチン」の21品目について，これらを原材料として含む加工食品については，当該食品を原材料として含む旨を可能な限り表示するよう努めること．

別表第17

作　　物	加　工　食　品
大豆（枝豆及び大豆もやしを含む.）	1. 豆腐類及び油揚げ類 2. 凍豆腐，おから及びゆば 3. 納豆 4. 豆乳類 5. みそ 6. 大豆煮豆 7. 大豆缶詰及び大豆瓶詰 8. きな粉 9. 大豆いり豆 10. 第1号から前号までに掲げるものを主な原材料とするもの 11. 調理用の大豆を主な原材料とするもの 12. 大豆粉を主な原材料とするもの 13. 大豆たんぱくを主な原材料とするもの 14. 枝豆を主な原材料とするもの 15. 大豆もやしを主な原材料とするもの
とうもろこし	1. コーンスナック菓子 2. コーンスターチ 3. ポップコーン 4. 冷凍とうもろこし 5. とうもろこし缶詰及びとうもろこし瓶詰 6. コーンフラワーを主な原材料とするもの 7. コーングリッツを主な原材料とするもの（コーンフレークを除く.） 8. 調理用のとうもろこしを主な原材料とするもの 9. 第1号から第5号までに掲げるものを主な原材料とするもの
ばれいしよ	1. ポテトスナック菓子 2. 乾燥ばれいしよ 3. 冷凍ばれいしよ 4. ばれいしよでん粉 5. 調理用のばれいしよを主な原材料とするもの 6. 第1号から第4号までに掲げるものを主な原材料とするもの
菜種	
綿実	
アルファルファ	アルファルファを主な原材料とするもの
てん菜	調理用のてん菜を主な原材料とするもの
パパイヤ	パパイヤを主な原材料とするもの

別表第18

形　　質	加　工　食　品	対象農産物
高オレイン酸 ステアリドン酸産生	1　大豆を主な原材料とするもの（脱脂されたことにより，上欄に掲げる形質を有しなくなったものを除く.） 2　1に掲げるものを主な原材料とするもの	大豆
高リシン	1　とうもろこしを主な原材料とするもの（上欄に掲げる形質を有しなくなったものを除く.） 2　1に掲げるものを主な原材料とするもの	とうもろこし

II. 乳・乳製品[*1,*5,*6]

1. 原料乳・飲用乳・乳飲料

	原料乳[*1,*7]		飲用乳[*1,*3,*4,*7]							乳飲料[*3,*4]
	生乳	生山羊乳	牛乳[*2]	特別牛乳	殺菌山羊乳	成分調整牛乳	低脂肪牛乳	無脂肪牛乳	加工乳	乳飲料
比重（15°）	1.028以上	1.030～1.034	1.028以上	1.028以上	1.030～1.034	―	1.030以上	1.032以上	―	―
酸度（乳酸%）	0.18以下[a] 0.20以下[b]	0.20以下	0.18以下[a) c)] 0.20以下[b) c)]	0.17以下[a] 0.19以下[b]	0.20以下	0.21以下[c]	0.21以下[c]	0.21以下[c]	0.18以下[c]	―
無脂乳固形分（%）	―	―	8.0以上	8.5以上	7.5以上	8.0以上	8.0以上	8.0以上	8.0以上	―
乳脂肪分（%）	―	―	3.0以上	3.3以上	2.5以上	―	0.5～1.5	0.5未満		―
細菌数（1mL当たり）	400万以下（直接個体鏡検法）	400万以下（直接個体鏡検法）	5万以下[d]（標準平板培養法）	3万以下（標準平板培養法）	5万以下（標準平板培養法）	5万以下[d]（標準平板培養法）	5万以下[d]（標準平板培養法）	5万以下[d]（標準平板培養法）	5万以下[d]（標準平板培養法）	3万以下[d]（標準平板培養法）
大腸菌群	―	―	陰性[e]	陰性[e]	陰性[e]	陰性[e]	陰性[e]	陰性[e]	陰性[e]	陰性[e]
製造の方法の基準	―	―	殺菌法：保持式により63℃30分又はこれと同等以上の殺菌効果を有する方法で加熱殺菌	特別牛乳搾取処理業の許可施設で搾取した生乳を用いること．殺菌法：殺菌する場合は保持式により63～65℃30分加熱殺菌	牛乳に同じ	牛乳に同じ	牛乳に同じ	牛乳に同じ	牛乳に同じ	殺菌法：原料は殺菌の過程において破壊されるものを除き，保持式により63℃，30分又はこれと同等以上の殺菌効果を有する方法で殺菌
保存の方法の基準			殺菌後直ちに10℃以下に冷却して保存のこと（常温保存可能品を除く）常温保存可能品は常温を超えない温度で保存	処理後（殺菌した場合にあっては殺菌後）直ちに10℃以下に冷却して保存すること	殺菌後直ちに10℃以下に冷却して保存すること	牛乳に同じ	牛乳に同じ	牛乳に同じ	牛乳に同じ	牛乳に同じ（保存性のある容器に入れ，かつ120℃で4分間の加熱殺菌又はこれと同等以上の加熱殺菌したものを除く）

注
a) ジャージー種の牛の乳のみを原料とするもの以外のもの．生乳にあっては，ジャージー種の牛以外の牛から搾取したもの．
b) ジャージー種の牛の乳のみを原料とするもの．生乳にあっては，ジャージー種の牛から搾取したもの．
c) 常温保存可能品にあっては，29～31℃ 14日又は54～56℃ 7日間保存後の上昇が0.02%以内
d) 常温保存可能品にあっては，29～31℃ 14日又は54～56℃ 7日間保存のものについて0
e) 1.11 mL×2中，B. G. L. B. 発酵管法
*1 農薬等の残留基準についてはI. 2参照
*2 PCBの暫定的規制値についてはI. 6参照
*3 容器等についてはIV. 5参照
*4 総合衛生管理製造過程の承認対象品目．食品衛生上の危害の原因となる物質についてはI. 5参照
*5 アレルギー食品の表示についてはI. 7参照
*6 乳等は，抗生物質，化学合成品たる抗菌性物質及び厚生労働大臣が定める放射性物質を含有してはならない．ただし，抗生物質，化学合成品たる抗菌性物質は，別に残留基準等（I. 2参照）が設定されている場合には，この限りではない．乳，乳飲料，乳製品の放射性セシウム（放射性物質のうち，セシウム134及びセシウム137の総和）濃度は，50 Bq/kgを超えて含有されるものであってはならない．
*7 アフラトキシンM_1が0.5 μg/kgを超えて検出されてはならない．

	原料乳		飲用乳							乳飲料
	生乳	生山羊乳	牛乳	特別牛乳	殺菌山羊乳	成分調整牛乳	低脂肪牛乳	無脂肪牛乳	加工乳	乳飲料
備考	他物の混入禁止	他物の混入禁止	その成分の除去を行わないこと他物の混入禁止（超高温直接加熱殺菌の際の水蒸気を除く）牛乳の残留農薬については農薬残留基準参照	その成分の除去を行わないこと他物の混入禁止	他物の混入禁止	他物の混入禁止（超高温直接加熱殺菌の際の水蒸気を除く）	他物の混入禁止（超高温直接加熱殺菌の際の水蒸気を除く）	他物の混入禁止超高温直接加熱殺菌の際の水蒸気を除く）	水，生乳，牛乳，特別牛乳，成分調整牛乳，低脂肪牛乳，無脂肪牛乳，全粉乳，脱脂粉乳，濃縮乳，脱脂濃縮乳，無糖練乳，無糖脱脂練乳，クリーム並びに添加物を使用していないバター，バターオイル，バターミルク及びバターミルクパウダー以外のものは使用禁止	糊状のもの又は凍結したものには防腐剤を使用しないこと

III. 食　品　添　加　物

1. 使用基準のあるもの†

物質名	対象食品	使用量	使用制限	備考 (他の主な用途名)
甘　　味　　料				
アセスルファムカリウム	砂糖代替食品（コーヒー，紅茶等に直接加え，砂糖に代替する食品として用いられるもの）	15 g/kg以下		特別用途表示の許可又は承認を受けた場合は，この限りではない
	栄養機能食品（錠剤）	6.0 g/kg以下		
	あん類，菓子，生菓子	2.5 g/kg以下		
	チューインガム	5.0 g/kg以下		
	アイスクリーム類，ジャム類，たれ，漬け物，氷菓，フラワーペースト	1.0 g/kg以下		
	果実酒，雑酒，清涼飲料水，乳飲料，乳酸菌飲料，はっ酵乳（希釈して飲用に供する飲料水にあっては，希釈後の飲料水）	0.50 g/kg以下		
	その他の食品	0.35 g/kg以下		
グリチルリチン酸二ナトリウム	しょう油，みそ			
サッカリン	チューインガム	0.050 g/kg以下 （サッカリンとして）		
サッカリンカルシウム サッカリンナトリウム	こうじ漬，酢漬，たくあん漬	2.0 g/kg未満 （サッカリンナトリウムとしての残存量）	サッカリンカルシウムとサッカリンナトリウムを併用する場合にはそれぞれの残存量の和がサッカリンナトリウムとしての基準値以上であってはならない	特別用途表示の許可又は承認を受けた場合は，この限りではない
	粉末清涼飲料	1.5 g/kg未満 （　〃　）		
	かす漬，みそ漬，しょう油漬の漬物，魚介加工品（魚肉ねり製品，つくだ煮，漬物，缶詰又は瓶詰食品を除く）	1.2 g/kg未満 （　〃　）		
	海藻加工品，しょう油，つくだ煮，煮豆	0.50 g/kg未満 （　〃　）		
	魚肉ねり製品，シロップ，酢，清涼飲料水，ソース，乳飲料，乳酸菌飲料，氷菓	0.30 g/kg未満（5倍以上に希釈して用いる清涼飲料水及び乳酸菌飲料の原料に供する乳酸菌飲料又ははっ酵乳にあっては1.5 g/kg未満，3倍以上に希釈して用いる酢にあっては0.90 g/kg未満） （　〃　）		
	アイスクリーム類，あん類，ジャム，漬物（かす漬，こうじ漬，しょう油漬，酢漬，たくあん漬，みそ漬を除く），はっ酵乳（乳酸菌飲料の原料に供するはっ酵乳を除く），フラワーペースト類，みそ	0.20 g/kg未満 （　〃　）		アイスクリーム類，菓子，氷菓は原料である液状ミックス及びミックスパウダーを含む
	菓子	0.10 g/kg未満 （　〃　）		
	上記食品以外の食品及び魚介加工品の缶詰又は瓶詰	0.20 g/kg未満 （　〃　）		

† 物質名のうち，

物質名	対象食品	使用量	使用制限	備考（他の主な用途名）
スクラロース	砂糖代替食品（コーヒー，紅茶等に直接加え，砂糖に代替する食品として用いられるもの）	12 g/kg以下		特別用途表示の許可又は承認を受けた場合は，この限りではない
	菓子，生菓子	1.8 g/kg以下		
	チューインガム	2.6 g/kg以下		
	ジャム	1.0 g/kg以下		
	清酒，合成清酒，果実酒，雑酒，清涼飲料水，乳飲料，乳酸菌飲料（希釈して飲用に供する飲料水にあっては，希釈後の飲料水）	0.40 g/kg以下		
	その他の食品	0.58 g/kg以下		
酸化防止剤				
亜硫酸ナトリウム 次亜硫酸ナトリウム 二酸化硫黄 ピロ亜硫酸カリウム ピロ亜硫酸ナトリウム	漂白剤の項参照	漂白剤の項参照	漂白剤の項参照	（漂白剤，保存料）
エチレンジアミン四酢酸カルシウム二ナトリウム（EDTA-Ca・Na_2） エチレンジアミン四酢酸二ナトリウム（EDTA-Na_2）	缶，瓶詰清涼飲料水	0.035 g/kg以下（EDTA-Ca・Naとして）		
	その他の缶，瓶詰食品	0.25 g/kg以下（〃）	EDTA-Naは最終食品完成前にEDTA-Ca・Naにすること	
エリソルビン酸 エリソルビン酸ナトリウム	魚肉ねり製品（魚肉すり身を除く），パン		栄養の目的に使用してはならない	（品質改良剤）
	その他の食品		酸化防止の目的に限る	
グアヤク脂*1	油脂，バター	1.0 g/kg以下		
クエン酸イソプロピル	油脂，バター	0.10 g/kg以下（クエン酸モノイソプロピルとして）		
L-システイン塩酸塩	パン，天然果汁			（品質改良剤）
ジブチルヒドロキシトルエン（BHT）	魚介冷凍品（生食用冷凍鮮魚介類及び生食用冷凍かきを除く），鯨冷凍品（生食用冷凍鯨肉を除く）	1 g/kg以下（浸漬液に対し；ブチルヒドロキシアニソール又はこれを含む製剤を併用の場合はその合計量）		
	チューインガム	0.75 g/kg以下		
	油脂，バター，魚介乾製品，魚介塩蔵品，乾燥裏ごしいも	0.2 g/kg以下（ブチルヒドロキシアニソール又はこれを含む製剤を併用の場合はその合計量）		
dl-α-トコフェロール			酸化防止の目的に限る（β-カロテン，ビタミンA，ビタミンA脂肪酸エステル及び流動パラフィンの製剤中に含まれる場合を除く）	
ブチルヒドロキシアニソール（BHA）	魚介冷凍品（生食用冷凍鮮魚介類及び生食用冷凍かきを除く），鯨冷凍品（生食用冷凍鯨肉を除く）	1 g/kg以下（浸漬液に対し；ジブチルヒドロキシトルエン又はこれを含む製剤を併用の場合はその合計量）		
	油脂，バター，魚介乾製品，魚介塩蔵品，乾燥裏ごしいも	0.2 g/kg以下ジブチルヒドロキシトルエン又はこれを含む製剤を併用の場合はその合計量）		
没食子酸プロピル	油脂	0.20 g/kg以下		
	バター	0.10 g/kg以下		
酵素処理ルチン（抽出物）*1			着色料の項参照	（栄養強化剤，着色料）
ルチン（抽出物）*1			着色料の項参照	（着色料）

*1 印は既存添加物名簿収載品

物質名	対象食品	使用量	使用制限	備考 (他の主な用途名)
着　色　料				
β-アポ-8′-カロテナール β-カロテン			こんぶ類，食肉，鮮魚介類（鯨肉を含む），茶，のり類，豆類，野菜，わかめ類に使用しないこと	(栄養強化剤)
カンタキサンチン	魚肉ねり製品 (かまぼこに限る)	0.035 g/kg以下		
三二酸化鉄	バナナ（果柄の部分に限る)，コンニャク			
食用赤色2号 食用赤色2号アルミニウムレーキ 食用赤色3号 食用赤色3号アルミニウムレーキ 食用赤色40号 食用赤色40号アルミニウムレーキ 食用赤色102号 食用赤色104号 食用赤色105号 食用赤色106号 食用黄色4号 食用黄色4号アルミニウムレーキ 食用黄色5号 食用黄色5号アルミニウムレーキ 食用緑色3号 食用緑色3号アルミニウムレーキ 食用青色1号 食用青色1号アルミニウムレーキ 食用青色2号 食用青色2号アルミニウムレーキ			カステラ，きなこ，魚肉漬物，鯨肉漬物，こんぶ類，しょう油，食肉，食肉漬物，スポンジケーキ，鮮魚介類（鯨肉を含む)，茶，のり類，マーマレード，豆類，みそ，めん類（ワンタンを含む)，野菜及びわかめ類には使用しないこと	
二酸化チタン			着色の目的以外に使用しないこと	
水溶性アナトー 　ノルビキシンカリウム 　ノルビキシンナトリウム 鉄クロロフィリンナトリウム			こんぶ類，食肉，鮮魚介類（鯨肉を含む)，茶，のり類，豆類，野菜，わかめ類に使用しないこと	
銅クロロフィリンナトリウム	こんぶ	0.15 g/kg以下 (無水物中：Cuとして)		
	果実類，野菜類の貯蔵品	0.10 g/kg以下 (Cuとして)		
	シロップ	0.064 g/kg以下 (〃)		
	チューインガム	0.050 g/kg以下 (〃)		
	魚肉ねり製品 (魚肉すり身を除く)	0.040 g/kg以下 (〃)		
	あめ類	0.020 g/kg以下 (〃)		
	チョコレート，生菓子 (菓子パンを除く)	0.0064 g/kg以下 (〃)	チョコレートへの使用はチョコレート生地への着色をいうもので，着色したシロップによりチョコレート生地をコーティングすることも含む	生菓子は昭和34年6月23日衛発第580号公衆衛生局長通知にいう生菓子のうち，アンパン，クリームパン等の菓子パンを除く
	みつ豆缶詰又はみつ豆合成樹脂製容器包装詰中の寒天	0.0004 g/kg以下 (〃)		
銅クロロフィル	こんぶ	0.15 g/kg以下 (無水物中：Cuとして)		
	果実類，野菜類の貯蔵品	0.10 g/kg以下 (Cuとして)		

物　質　名	対　象　食　品	使　用　量	使　用　制　限	備　考 （他の主な用途名）
	チューインガム	0.050 g/kg 以下 （　〃　）		
	魚肉ねり製品 （魚肉すり身を除く）	0.030 g/kg 以下 （　〃　）		
	生菓子 （菓子パンを除く）	0.0064 g/kg 以下 （　〃　）		
	チョコレート	0.0010 g/kg 以下 （　〃　）	チョコレートへの使用はチョコレート生地への着色をいうもので，着色したシロップによりチョコレート生地をコーティングすることも含む	
	みつ豆の缶詰又はみつ豆合成樹脂製容器包装詰中の寒天	0.0004 g/kg 以下 （　〃　）		
既存添加物名簿収載の着色料*2及び一般に食品として飲食に供されている物であって添加物として使用されている着色料			こんぶ類，食肉，鮮魚介類（鯨肉を含む），茶，のり類，豆類，野菜，わかめ類に使用しないこと．ただし，金をのり類に使用する場合はこの限りではない	
発　　色　　剤				
亜硝酸ナトリウム	食肉製品，鯨肉ベーコン	0.070 g/kg 以下 （亜硝酸根としての残存量）		
	魚肉ソーセージ，魚肉ハム	0.050 g/kg 以下 （　〃　）		
	いくら，すじこ，たらこ	0.0050 g/kg 以下 （　〃　）		たらことはスケトウダラの卵巣を塩蔵したものをいう
硝酸カリウム 硝酸ナトリウム	食肉製品，鯨肉ベーコン	0.070 g/kg 未満 （亜硝酸根としての残存量）		（発酵調整剤）
漂　　白　　剤				
亜塩素酸ナトリウム	かずのこの加工品（干しかずのこ及び冷凍かずのこを除く），生食用野菜類，卵類（卵殻の部分に限る）	0.50 g/kg 以下（浸漬液に対し；亜塩素酸ナトリウムとして）	最終食品の完成前に分解又は除去すること	（殺菌料）
	食肉及び食肉製品	殺菌料の項参照		
	かんきつ類果皮（菓子製造に用いるものに限る），さくらんぼ，ふき，ぶどう，もも			

*2〔品　名〕

アナトー色素
アルミニウム
ウコン色素
オレンジ色素
カカオ色素
カキ色素
カラメルⅠ（製）
カラメルⅡ（製）
カラメルⅢ（製）
カラメルⅣ（製）
カロブ色素（製）
金（製）
銀
クチナシ青色素
クチナシ赤色素
クチナシ黄色素
クロロフィリン
クロロフィル
酵素処理ルチン（抽出物）（栄，酸防）
コウリャン色素
コチニール色素
シタン色素
植物炭末色素
スピルリナ色素
タマネギ色素
タマリンド色素
デュナリエラカロテン（栄）
トウガラシ色素
トマト色素
ニンジンカロテン（栄）
パーム油カロテン（栄）
ビートレッド
ファフィア色素
ブドウ果皮色素
ペカンナッツ色素
ベニコウジ黄色素
ベニコウジ色素
ベニバナ赤色素
ベニバナ黄色素
ヘマトコッカス藻色素
マリーゴールド色素
ムラサキイモ色素
ムラサキトウモロコシ色素
ムラサキヤマイモ色素
ラック色素
ルチン（抽出物）（酸防）
ログウッド色素

物　質　名	対　象　食　品	使　用　量	使　用　制　限	備　考 （他の主な用途名）
亜硫酸ナトリウム 次亜硫酸ナトリウム 二酸化硫黄 ピロ亜硫酸カリウム ピロ亜硫酸ナトリウム	かんぴょう	5.0 g/kg未満（二酸化硫黄としての残存量）	ごま，豆類及び野菜類に使用してはならない	（酸化防止剤，保存料）
	乾燥果実（干しぶどうを除く）	2.0 g/kg未満（〃）		
	干しぶどう	1.5 g/kg未満（〃）		
	コンニャク粉	0.90 g/kg未満（〃）		ディジョンマスタードとは，黒ガラシ，和ガラシ等の種だけ，又は油分を除いていない黄ガラシの種を粉砕，ろ過して得られた調整マスタードをいう
	乾燥じゃがいも， ゼラチン， ディジョンマスタード	0.50 g/kg未満（〃）		
	果実酒，雑酒	0.35 g/kg未満（〃）		果実酒は果実酒の製造に用いる酒精分1v/v%以上を含有する果実搾汁及びこれを濃縮したものを除く
	キャンデッドチェリー，糖蜜	0.30 g/kg未満（〃）		
	糖化用タピオカでんぷん	0.25 g/kg未満（〃）		
	水あめ	0.20 g/kg未満（〃）		キャンデッドチェリーとは除核したさくらんぼを砂糖漬にしたもの，又はこれに砂糖の結晶を付けたもの若しくはこれをシロップ漬にしたものをいう
	天然果汁	0.15 g/kg未満（〃）		
	甘納豆，煮豆，えび（むき身），冷凍生かに（むき身）	0.10 g/kg未満（〃）		
	その他の食品（キャンデッドチェリーの製造に用いるさくらんぼ及びビールの製造に用いるホップ並びに果実酒の製造に用いる果汁，酒精分1 v/v％以上を含有する果実搾汁及びこれを濃縮したものを除く）	0.030 g/kg未満（〃） ただし，添加物一般の使用基準の表の亜硫酸塩等の項に掲げる場合であって，かつ，同表の第3欄に掲げる食品（コンニャクを除く）1 kg中に同表の第1欄に掲げる添加物が，二酸化硫黄として0.030 g以上残存する場合は，その残存量未満		糖化用タピオカでんぷんとは，そのまま食用に用いることはせず，でんぷんの分解，水素添加などによって，水あめをつくるために用いられているでんぷんをいう 天然果汁は5倍以上に希釈して飲用に供するもの

防　か　び　剤

物　質　名	対　象　食　品	使　用　量	使　用　制　限	備　考 （他の主な用途名）
アゾキシストロビン	かんきつ類（みかんを除く）	0.010 g/kg以下（残存量）		農産物の残留基準の項参照
イマザリル	かんきつ類（みかんを除く）	0.0050 g/kg以下（残存量）		
	バナナ	0.0020 g/kg以下（〃）		
オルトフェニルフェノール オルトフェニルフェノールナトリウム	かんきつ類	0.010 g/kg 以下（オルトフェニルフェノールとしての残存量）		
ジフェニル	グレープフルーツ，レモン，オレンジ類	0.070 g/kg未満（残存量）	貯蔵又は運搬の用に供する容器の中に入れる紙片に浸潤させて使用する場合に限る	
ジフェノコナゾール	ばれいしょ	0.004 g/kg以下（残存量）		泥を水で軽く洗い落としたものに適用
チアベンダゾール	かんきつ類	0.010 g/kg以下（残存量）		
	バナナ	0.0030 g/kg以下（〃）		
	バナナ（果肉）	0.0004 g/kg以下（〃）		
ピリメタニル	西洋なし，マルメロ，りんご	0.014 g/kg以下（残存量）		
	あんず，おうとう，かんきつ類（みかんを除く），すもも，もも	0.010 g/kg以下（〃）		

物質名	対象食品	使用量	使用制限	備考 （他の主な用途名）
フルジオキソニル	キウィー パイナップル（冠芽を除く）	0.020 g/kg以下 （残存量）		
	かんきつ類（みかんを除く）	0.010 g/kg以下 （〃）		
	ばれいしょ	0.060 g/kg以下 （〃）		
	アボカド(種子を除く)，あんず（種子を除く），おうとう（種子を除く），ざくろ，すもも（種子を除く），西洋なし，ネクタリン（種子を除く），パパイヤ，びわ，マルメロ，もも（種子を除く），りんご	0.0050 g/kg以下 （〃）		
プロピコナゾール	かんきつ類（みかんを除く）	0.008 g/kg以下 （残存量）		
	あんず（種子を除く） ネクタリン（種子を除く） もも（種子を除く） おうとう（果梗及び種子を除く）	0.004 g/kg以下 （〃）		
	すもも（種子を除く）	0.0006 g/kg以下 （〃）		
保　存　料				
亜硫酸ナトリウム 次亜硫酸ナトリウム 二酸化硫黄 ピロ亜硫酸カリウム ピロ亜硫酸ナトリウム	漂白剤の項参照	漂白剤の項参照	漂白剤の項参照	（酸化防止剤，漂白剤）
安息香酸 安息香酸ナトリウム	キャビア	2.5 g/kg以下 （安息香酸として）		キャビアとはチョウザメの卵を缶詰又は瓶詰にしたもので，生食を原則とし，加熱殺菌することができない
	マーガリン	1.0 g/kg以下 （〃）	マーガリンにあってはソルビン酸，ソルビン酸カリウム，ソルビン酸カルシウム又はこれらのいずれかを含む製剤を併用する場合は安息香酸としての使用量とソルビン酸としての使用量の合計量が1.0 g/kgを超えないこと	
	清涼飲料水，シロップ，しょう油	0.60 g/kg以下 （〃）		
	菓子の製造に用いる果実ペースト及び果汁（濃縮果汁を含む）	1.0 g/kg以下 （〃）	菓子の製造に用いる果実ペースト及び果汁に対しては安息香酸ナトリウムに限る	果実ペーストとは，果実をすり潰し，又は裏ごししてペースト状にしたものをいう
ソルビン酸 ソルビン酸カリウム ソルビン酸カルシウム	チーズ	3.0 g/kg以下 （ソルビン酸として）	チーズにあってはプロピオン酸，プロピオン酸カルシウム又はプロピオン酸ナトリウムと併用する場合はソルビン酸としての使用量とプロピオン酸としての使用量の合計量が3.0 g/kgを超えないこと	キャンデッドチェリーについては漂白剤の項参照
	うに，魚肉ねり製品（魚肉すり身を除く），鯨肉製品，食肉製品	2.0 g/kg以下 （〃）	マーガリンにあっては，安息香酸又は安息香酸ナトリウムと併用する場合は，ソルビン酸としての使用量と安息香酸としての使用量の合計量が1.0 g/kgを超えないこと	たくあん漬とは，生大根，又は干大根を塩漬けにした後，これを調味料，香辛料，色素などを加えたぬか又はふすまで漬けたものをいう．ただし一丁漬たくあん及び早漬たくあんを除く
	いかくん製品 たこくん製品	1.5 g/kg以下 （〃）		
	あん類，かす漬，こうじ漬，塩漬，しょう油漬及びみそ漬の漬物，キャンデッドチェリー，魚介乾製品（いかくん製品及びたこくん製品を除く），ジャム，シロップ，たくあん漬（一丁漬及び早漬を除く），つくだ煮，煮豆，ニョッキ，フラワーペースト類，マーガリン，みそ	1.0 g/kg以下 （〃）	みそ漬の漬物にあっては，原料のみそに含まれるソルビン酸及びその塩類の量を含めてソルビン酸量として1.0 g/kg以下	ニョッキとは，ゆでたじゃがいもを主原料とし，これをすりつぶして団子状にした後，再度ゆでたものをいう

物　質　名	対 象 食 品	使　用　量	使 用 制 限	備　考 （他の主な用途名）
	ケチャップ，酢漬の漬物，スープ（ポタージュスープを除く），たれ，つゆ，干しすもも	0.50 g/kg以下 （　〃　）		フラワーペースト類とは小麦粉，でんぷん，ナッツ類もしくはその加工品，ココア，チョコレート，コーヒー，果肉，果汁，いも類，豆類，又は野菜類を主原料とし，これに砂糖，油脂，粉乳，卵，小麦粉等を加え，加熱殺菌してペースト状とし，パン又は菓子に充てん又は塗布して食用に供するものをいう
	甘酒（3倍以上に希釈して飲用するものに限る），はっ酵乳（乳酸菌飲料の原料に供するものに限る）	0.30 g/kg以下 （　〃　）		
	果実酒，雑酒	0.20 g/kg以下 （　〃　）		
	乳酸菌飲料（殺菌したものを除く）	0.050 g/kg以下 （　〃　） （ただし，乳酸菌飲料原料に供するときは0.30 g/kg以下） （　〃　）		果実酒とはぶどう酒，りんご酒，なし酒等果実を主原料として発酵させた酒類をいう
	菓子の製造に用いる果実ペースト及び果汁（濃縮果汁を含む）	1.0 g/kg以下 （　〃　）	菓子の製造用果汁，濃縮果汁，果実ペーストはソルビン酸カリウム，ソルビン酸カルシウムに限る	
デヒドロ酢酸ナトリウム	チーズ，バター，マーガリン	0.50 g/kg以下 （デヒドロ酢酸として）		
ナイシン	食肉製品，チーズ（プロセスチーズを除く），ホイップクリーム類	0.0125 g/kg以下 （ナイシンAを含む抗菌性ポリペプチドとして）	特別用途表示の許可又は承認を受けた場合は，この限りではない	ホイップクリーム類とは乳脂肪を主成分とする食品を主原料として泡立てたものをいう
	ソース類，ドレッシング，マヨネーズ	0.010 g/kg以下 （　〃　）		
	プロセスチーズ，洋菓子	0.00625 g/kg以下 （　〃　）		ソース類は果実ソース，チーズソース等の他，ケチャップも含む．フルーツソースは含まれない．穀類及びでん粉を主原料とする洋生菓子とはライスプディングやタピオカプディングをいう
	卵加工品，みそ	0.0050 g/kg以下 （　〃　）		
	穀類及びでん粉を主原料とする洋生菓子	0.0030 g/kg以下 （　〃　）		
パラオキシ安息香酸イソブチル パラオキシ安息香酸イソプロピル パラオキシ安息香酸エチル パラオキシ安息香酸ブチル パラオキシ安息香酸プロピル	しょう油	0.25 g/L以下（パラオキシ安息香酸として）		
	果実ソース	0.20 g/kg以下 （　〃　）		
	酢	0.10 g/L以下 （　〃　）		
	清涼飲料水，シロップ	0.10 g/kg以下 （　〃　）		
	果実又は果菜（いずれも表皮の部分に限る）	0.012 g/kg以下 （　〃　）		
プロピオン酸 プロピオン酸カルシウム プロピオン酸ナトリウム	チーズ	3.0 g/kg以下 （プロピオン酸として）	チーズにあってはソルビン酸，ソルビン酸カリウム又はソルビン酸カルシウムを併用する場合は，プロピオン酸としての使用量とソルビン酸としての使用量の合計量が3.0 g/kgを超えないこと	（香料）
	パン，洋菓子	2.5 g/kg以下 （　〃　）		

VI. 洗　　浄　　剤

分　　類	規　　格
成分規格*[1]	・ヒ素*[2,*3]：0.05 ppm 以下（As_2O_3として）
	・重金属*[2,*3]：1 ppm 以下（Pbとして）
	・メタノール*[2]：1 μL/g 以下（液状のものに限る）
	・液性 (pH)*[2,*3]：脂肪酸系洗浄剤 6.0～10.5，脂肪酸系洗浄剤以外 6.0～8.0
	・酵素又は漂白作用を有する成分を含まないこと
	・香料：化学的合成品にあっては食品衛生法施行規則別表第 1 掲載品目に限る
	・着色料：化学的合成品にあっては，食品衛生法施行規則別表第1掲載品目，インダントレンブルー RS，ウールグリーンBS，キノリンイエロー及びパテントブルー V に限る
	・生分解度：85% 以上（アニオン系界面活性剤を含むものに限る）
使用基準	・使用濃度（界面活性剤として）：脂肪酸系洗浄剤は0.5%　以下，脂肪酸系洗浄剤以外の洗浄剤*[1,*2]は0.1%以下
	・野菜又は果実は，洗浄剤*[1]溶液に5分間以上浸漬してはならないこと
	・洗浄後の野菜，果実及び飲食器は，飲用適の水ですすぐこと．その条件は次のとおり 流水を用いる場合：野菜又は果実は30秒間以上，飲食器は5秒間以上 ため水を用いる場合：水を変えて2回以上

*[1] もっぱら飲食器の洗浄の用に供されることが目的とされているものを除く

*[2] 固型石けんを除く

*[3] 脂肪酸系洗浄剤は30倍，脂肪酸系洗浄剤以外は150倍に水で希釈して調製した試料溶液中の濃度又は液性

B. 食中毒関連表

1. 年次別原因食品別食中毒発生状況

食品別 ＼ 年次		昭和50年		55年		60年		平成2年		7年		12年		17年		22年		27年		28年		29年		30年		令和元年	
		事件数	発生率(%)	事件数	発生率(%)	事件数	発生率(%)	事件数	発生率(%)	事件数	発生率(%)	事件数	発生率(%)	事件数	発生率(%)	事件数	発生率(%)	事件数	発生率(%)	事件数	発生率(%)	事件数	発生率(%)	事件数	発生率(%)	事件数	発生率(%)
総数		1,783	100	1,001	100.0	1,177	100	926	100	699	100	2,247	100	1,545	100	1,254	100	1,202	100	1,139	100	1,014	100	1,330	100	1,061	100
魚介類	総数	593	33.3	257	25.7	282	24.0	166	17.9	108	15.5	189	8.4	114	7.4	128	10.2	209	17.4	173	15.2	196	19.3	414	31.1	273	25.7
	貝類	165	9.3	72	7.2	109	9.3	38	4.1	27	3.9	108	4.8	48	3.1	63	5.0	73	6.1	36	3.2	7	0.7	28	2.1	16	1.5
	フグ	52	2.9	46	4.6	30	2.5	32	3.5	30	4.3	29	1.3	40	2.6	27	2.2	29	2.4	17	1.5	19	1.9	14	1.1	15	1.4
	その他	376	21.1	139	13.9	143	12.1	96	10.4	51	7.3	52	2.3	26	1.7	38	3.0	107	8.9	120	10.5	170	16.8	372	28.0	242	22.8
魚介類加工品	総数	61	3.4	25	2.5	13	1.1	14	1.5	7	1.0	15	0.7	15	1.0	8	0.6	15	1.2	19	1.7	12	1.2	26	2.0	10	0.9
	魚肉ねり製品	17	1.0	7	0.7	2	0.2	9	1.0	0	0.0	1	0.0	0	0.0	0	0.0	0	0.0	1	0.1	0	0.0	0	0.0	1	0.1
	その他	44	2.5	18	1.8	11	0.9	5	0.5	7	1.0	14	0.6	15	1.0	8	0.6	15	1.2	18	1.6	12	1.2	26	2.0	9	0.8
肉類及びその加工品		40	2.2	29	2.9	16	1.4	20	2.2	22	3.1	45	2.0	95	6.1	80	6.4	64	5.3	80	7.0	61	6.0	65	4.9	58	5.5
卵類及びその加工品		16	0.9	17	1.7	13	1.1	7	0.8	18	2.6	42	1.9	14	0.9	7	0.6	1	0.1	3	0.3	2	0.2	1	0.1	0	0.0
乳類及びその加工品		3	0.2	2	0.2	0	0.0	2	0.2	0	0.0	4	0.2	1	0.1	1	0.1	0	0.0	0	0.0	0	0.0	3	0.2	0	0.0
穀類及びその加工品		103	5.8	74	7.4	64	5.4	49	5.3	17	2.4	25	1.1	17	1.1	13	1.0	7	0.6	11	1.0	5	0.5	7	0.5	3	0.3
野菜類及びその加工品	総数	122	6.8	39	3.9	84	7.1	75	8.1	38	5.4	90	4.0	63	4.1	104	8.3	48	4.0	70	6.1	27	2.7	34	2.6	46	4.3
	豆類	5	0.3	3	0.3	3	0.3	3	0.3	3	0.4	4	0.2	0	0.0	0	0.0	0	0.0	0	0.0	1	0.1	0	0.0	1	0.1
	きのこ類	71	4.0	26	2.6	64	5.4	60	6.5	18	2.6	64	2.8	44	2.8	91	7.3	38	3.2	42	3.7	16	1.6	21	1.6	26	2.5
	その他	46	2.6	10	1.0	17	1.4	12	1.3	17	2.4	22	1.0	19	1.2	13	1.0	10	0.8	28	2.5	10	1.0	13	1.0	19	1.8
菓子類		24	1.3	24	2.4	11	0.9	7	0.8	7	1.0	19	0.8	8	0.5	9	0.7	4	0.3	3	0.3	5	0.5	4	0.3	6	0.6
複合調理食品		61	3.4	88	8.8	115	9.8	104	11.2	69	9.9	86	3.8	83	5.4	79	6.3	69	5.7	84	7.4	51	5.0	77	5.8	53	5.0
その他		175	9.8	70	7.0	156	13.3	145	15.7	258	36.9	464	20.6	464	30.0	560	44.7	629	52.3	566	49.7	512	50.5	488	36.7	460	43.4
不明		585	32.8	376	37.6	423	35.9	337	36.4	155	22.2	1,268	56.4	671	43.4	265	21.1	156	13.0	130	11.4	143	14.1	211	15.9	152	14.3

2. 年次別原因施設別食中毒発生状況

施設別 ＼ 年次	昭和50年		55年		60年		平成2年		7年		12年		17年		22年		27年		28年		29年		30年		令和元年	
	事件数	発生率(%)	事件数	発生率(%)	事件数	発生率(%)	事件数	発生率(%)	事件数	発生率(%)	事件数	発生率(%)	事件数	発生率(%)	事件数	発生率(%)	事件数	発生率(%)	事件数	発生率(%)	事件数	発生率(%)	事件数	発生率(%)	事件数	発生率(%)
総数	1,783	100	1,001	100.0	1,177	100	926	100	699	100	2,247	100	1,545	100	1,254	100	1,202	100	1,139	100	1,014	100	1,330	100	1,061	100
家庭	629	35.3	190	19.0	190	16.1	145	15.7	95	13.6	311	13.8	134	8.7	155	12.4	117	9.7	118	10.4	100	9.9	163	12.3	151	14.2
事業場	111	6.2	33	3.3	30	2.5	27	2.9	30	4.3	62	2.8	50	3.2	37	3.0	42	3.5	52	4.6	23	2.3	40	3.0	33	3.1
学校	60	3.4	33	3.3	46	3.9	24	2.6	21	3.0	30	1.3	32	2.1	22	1.8	12	1.0	19	1.7	28	2.8	21	1.6	8	0.8
病院	11	0.6	4	0.4	8	0.7	3	0.3	13	1.9	17	0.8	11	0.7	6	0.5	7	0.6	5	0.4	6	0.6	5	0.4	4	0.4
旅館	173	9.7	104	10.4	130	11.0	131	14.1	72	10.3	105	4.7	83	5.4	78	6.2	64	5.3	50	4.4	39	3.8	31	2.3	29	2.7
飲食店	325	18.2	276	27.6	393	33.4	331	35.7	253	36.2	497	22.1	534	34.6	662	52.8	742	61.7	713	62.6	598	59.0	722	54.3	580	54.7
販売店	61	3.4	50	5.0	36	3.1	10	1.1	8	1.1	12	0.5	12	0.8	16	1.3	23	1.9	31	2.7	48	4.7	106	8.0	50	4.7
製造所	34	1.9	42	4.2	9	0.8	14	1.5	11	1.6	18	0.8	7	0.5	9	0.7	7	0.6	6	0.5	8	0.8	11	0.8	13	1.2
仕出屋	137	7.7	95	9.5	150	12.7	91	9.8	66	9.4	57	2.5	56	3.6	54	4.3	53	4.4	40	3.5	38	3.7	30	2.3	19	1.8
行商	10	0.6	2	0.2	1	0.1	0	0.0	0	0.0	—	—	—	—	—	—	—	—	—	—	—	—	—	—	—	—
採取場所	6	0.3	3	0.3	2	0.2	0	0.0	0	0.0	2	0.1	0	0.0	4	0.3	0	0.0	1	0.1	1	0.1	3	0.2	1	0.1
その他	67	3.8	30	3.0	35	3.0	19	2.1	19	2.7	35	1.6	22	1.4	22	1.8	17	1.4	16	1.4	8	0.8	10	0.8	11	1.0
不明	159	8.9	139	13.9	147	12.5	131	14.1	111	15.9	1,101	49.0	604	39.1	189	15.1	118	9.8	88	7.7	117	11.5	188	14.1	162	15.3

3. 年次別病因物質別食中毒発生状況

年次 / 物質別	昭和50年		55年		60年		平成2年		7年		12年		17年		22年		27年		28年		29年		30年		令和元年	
	事件数	発生率(%)	事件数	発生率(%)	事件数	発生率(%)	事件数	発生率(%)	事件数	発生率(%)	事件数	発生率(%)	事件数	発生率(%)	事件数	発生率(%)	事件数	発生率(%)	事件数	発生率(%)	事件数	発生率(%)	事件数	発生率(%)	事件数	発生率(%)
総　数	1,783	100	1,001	100	1,177	100	926	100	699	100	2,247	100	1,545	100	1,254	100	1,202	100	1,139	100.0	1,014	100	1,330	100	1,061	100
細　菌（総　数）	1,059	59.4	681	68.0	877	74.5	673	72.7	561	80.3	1,783	79.4	1,065	68.9	580	46.3	431	35.9	480	42.1	449	44.3	467	35.1	385	36.3
サルモネラ属菌	73	4.1	105	10.5	82	7.0	129	13.9	179	25.6	518	23.1	144	9.3	73	5.8	24	2.0	31	2.7	35	3.5	18	1.4	21	2.0
ブドウ球菌	275	15.4	209	20.9	163	13.8	110	11.9	60	8.6	87	3.9	63	4.1	33	2.6	33	2.7	36	3.2	22	2.2	26	2.0	23	2.2
ボツリヌス菌	1	0.1	1	0.1	1	0.1	0	0.0	3	0.4	0	0.0	0	0.0	1	0.1	0	0.0	0	0.0	1	0.1	0	0.0	0	0.0
腸炎ビブリオ	667	37.4	307	30.7	519	44.1	358	38.7	245	35.1	422	18.8	113	7.3	36	2.9	3	0.2	12	1.1	7	0.7	22	1.7	0	0.0
病原大腸菌	22	1.2	21	2.1	34	2.9	19	2.1	20	2.9	219	9.7	49	3.2	35	2.8	23	1.9	20	1.8	28	2.8	40	3.0	27	2.5
腸管出血性大腸菌	—	—	—	—	—	—	—	—	—	—	16	0.7	24	1.6	27	2.2	17	1.4	14	1.2	17	1.7	32	2.4	20	1.9
その他の病原大腸菌	—	—	—	—	—	—	—	—	—	—	203	9.0	25	1.6	8	0.6	6	0.5	6	0.5	11	1.1	8	0.6	7	0.7
ウエルシュ菌	—	—	—	—	9	0.8	24	2.6	20	2.9	32	1.4	27	1.7	24	1.9	21	1.7	31	2.7	27	2.7	32	2.4	22	2.1
セレウス菌	—	—	—	—	17	1.4	11	1.2	11	1.6	10	0.4	16	1.0	15	1.2	6	0.5	9	0.8	5	0.5	8	0.6	6	0.6
エルシニア・エンテロコリチカ	—	—	—	—	0	0.0	0	0.0	0	0.0	1	0.0	0	0.0	0	0	0	0	1	0.1	1	0.1	1	0.1	0	0.0
カンピロバクター・ジェジュニ / コリ	—	—	—	—	50	4.2	19	2.1	20	2.9	469	20.9	645	41.7	361	28.8	318	26.5	339	29.8	320	31.6	319	24.0	286	27.0
ナグビブリオ	—	—	—	—	1	0.1	0	0.0	0	0.0	5	0.2	0	0.0	0	0	0	0.0	0	0.0	0	0.0	0	0.0	0	0.0
コレラ菌	—	—	—	—	—	—	—	—	—	—	1	0.0	0	0.0	0	0	0	0.0	0	0.0	0	0.0	0	0.0	0	0.0
赤痢菌	—	—	—	—	—	—	—	—	—	—	1	0.0	0	0.0	1	0.1	0	0.0	0	0.0	0	0.0	1	0.1	0	0.0
チフス菌	—	—	—	—	—	—	—	—	—	—	0	0.0	0	0.0	0	0	0	0.0	0	0.0	0	0.0	0	0.0	0	0.0
パラチフスA菌	—	—	—	—	—	—	—	—	—	—	0	0.0	0	0.0	0	0	0	0.0	0	0.0	0	0.0	0	0.0	0	0.0
その他細菌	21	1.2	38	3.8	1	0.1	3	0.3	3	0.4	18	0.8	8	0.5	1	0.1	3	0.2	1	0.1	3	0.3	0	0.0	0	0.0
ウイルス（総　数）	—	—	—	—	—	—	—	—	—	—	247	11.0	275	17.8	403	32	485	40.3	356	31.3	221	21.8	265	19.9	218	20.5
ノロウイルス	—	—	—	—	—	—	—	—	—	—	245	10.9	274	17.7	399	32	481	40.0	354	31.1	214	21.1	256	19.2	212	20.0
その他のウイルス	—	—	—	—	—	—	—	—	—	—	2	0.1	1	0.1	4	0	4	0.3	2	0.2	7	0.7	9	0.7	6	0.6
寄生虫（総　数）	—	—	—	—	—	—	—	—	—	—	—	—	—	—	—	—	144	12.0	147	12.9	242	23.9	487	36.6	347	32.7
クドア	—	—	—	—	—	—	—	—	—	—	—	—	—	—	—	—	17	1.4	22	1.9	12	1.2	14	1.1	17	1.6
サルコシスティス	—	—	—	—	—	—	—	—	—	—	—	—	—	—	—	—	0	0.0	0	0.0	0	0.0	1	0.1	0	0.0
アニサキス	—	—	—	—	—	—	—	—	—	—	—	—	—	—	—	—	127	10.6	124	10.9	230	22.7	468	35.2	328	30.9
その他の寄生虫	—	—	—	—	—	—	—	—	—	—	—	—	—	—	—	—	0	0.0	1	0.1	0	0.0	4	0.3	2	0.2
化学物質	7	0.4	6	0.6	3	0.3	6	0.6	3	0.4	7	0.3	14	0.9	9	0.7	14	1.2	17	1.5	9	0.9	23	1.7	9	0.8
自然毒（総　数）	130	7.3	74	7.4	102	8.7	107	11.6	63	9.0	113	5.0	106	6.9	139	11.1	96	8.0	109	9.6	60	5.9	61	4.6	81	7.6
植物性自然毒	79	4.4	27	2.7	70	5.9	67	7.2	28	4.0	76	3.4	58	3.8	105	8.4	58	4.8	77	6.8	34	3.4	36	2.7	53	5.0
動物性自然毒	51	2.9	47	4.7	32	2.7	40	4.3	35	5.0	37	1.6	48	3.1	34	2.7	38	3.2	32	2.8	26	2.6	25	1.9	28	2.6
その他	—	—	—	—	—	—	—	—	—	—	5	0.2	8	0.5	28	2.2	1	0.1	3	0.3	4	0.4	3	0.2	4	0.4
不　明	587	32.9	240	24.0	195	16.6	140	15.1	72	10.3	92	4.1	77	5.0	95	7.6	31	2.6	27	2.4	29	2.9	24	1.8	17	1.6

4. 病因物質別月別食中毒発生状況（令和元年）

＊国外，国内外不明の事例は除く

病因物質	総数			1月			2月			3月			4月			5月		
	事件	患者	死者	事件	患者	死者	事件	患者	死者	事件	患者	死者	事件	患者	死者	事件	患者	死者
総数	1,061	13,018	4	72	1,171	1	88	1,370	—	117	1,990	—	107	1,394	1	99	1,058	—
細菌	385	4,739	—	13	85	—	17	74	—	33	742	—	31	318	—	38	342	—
サルモネラ属菌	21	476	—	—	—	—	1	7	—	—	—	—	2	17	—	2	20	—
ぶどう球菌	23	393	—	—	—	—	1	4	—	—	—	—	—	—	—	4	59	—
ボツリヌス菌	—	—	—	—	—	—	—	—	—	—	—	—	—	—	—	—	—	—
腸炎ビブリオ	—	—	—	—	—	—	—	—	—	—	—	—	—	—	—	—	—	—
腸管出血性大腸菌(VT産生)	20	165	—	—	—	—	5	12	—	—	—	—	—	—	—	2	19	—
その他の病原大腸菌	7	373	—	—	—	—	—	—	—	1	13	—	1	82	—	—	—	—
ウェルシュ菌	22	1,166	—	2	36	—	1	3	—	3	540	—	1	25	—	3	103	—
セレウス菌	6	229	—	—	—	—	—	—	—	—	—	—	—	—	—	—	—	—
エルシニア・エンテロコリチカ	—	—	—	—	—	—	—	—	—	—	—	—	—	—	—	—	—	—
カンピロバクター・ジェジュニ／コリ	286	1,937	—	11	49	—	9	48	—	29	189	—	27	194	—	27	141	—
ナグビブリオ	—	—	—	—	—	—	—	—	—	—	—	—	—	—	—	—	—	—
コレラ菌	—	—	—	—	—	—	—	—	—	—	—	—	—	—	—	—	—	—
赤痢菌	—	—	—	—	—	—	—	—	—	—	—	—	—	—	—	—	—	—
チフス菌	—	—	—	—	—	—	—	—	—	—	—	—	—	—	—	—	—	—
パラチフスA菌	—	—	—	—	—	—	—	—	—	—	—	—	—	—	—	—	—	—
その他の細菌	—	—	—	—	—	—	—	—	—	—	—	—	—	—	—	—	—	—
ウイルス	218	7,031	1	33	1,054	1	40	1,245	—	43	1,138	—	27	948	—	19	629	—
ノロウイルス	212	6,889	1	33	1,054	1	40	1,245	—	41	1,089	—	27	948	—	17	607	—
その他のウイルス	6	142	—	—	—	—	—	—	—	2	49	—	—	—	—	2	22	—
寄生虫	347	534	—	23	26	—	29	31	—	35	93	—	37	83	—	29	51	—
クドア	17	188	—	1	4	—	1	2	—	5	61	—	3	47	—	2	23	—
サルコシスティス	—	—	—	—	—	—	—	—	—	—	—	—	—	—	—	—	—	—
アニサキス	328	336	—	22	22	—	28	29	—	30	32	—	33	35	—	27	28	—
その他の寄生虫	2	10	—	—	—	—	—	—	—	—	—	—	1	1	—	—	—	—
化学物質	9	229	—	—	—	—	1	1	—	—	—	—	—	—	—	—	—	—
自然毒	81	172	3	2	2	—	—	—	—	5	9	—	10	17	1	12	29	—
植物性自然毒	53	134	2	—	—	—	—	—	—	2	5	—	8	15	1	7	22	—
動物性自然毒	28	38	1	2	2	—	—	—	—	3	4	—	2	2	—	5	7	—
その他	4	37	—	—	—	—	—	—	—	—	—	—	1	27	—	1	7	—
不明	17	276	—	1	4	—	1	19	—	1	8	—	1	1	—	—	—	—

6月			7月			8月			9月			10月			11月			12月		
事件	患者	死者	事件	患者	死者	事件	患者	死者	事件	患者	死者	事件	患者	死者	事件	患者	死者	事件	患者	死者
89	864	1	76	736	—	65	1,126	—	78	628	—	103	439	—	75	444	—	92	1,798	1
39	428	—	40	556	—	41	934	—	47	511	—	37	274	—	23	251	—	26	224	—
1	25	—	2	45	—	7	286	—	4	47	—	1	12	—	—	—	—	1	17	—
4	110	—	2	50	—	2	23	—	4	58	—	4	76	—	2	13	—	—	—	—
—	—	—	—	—	—	—	—	—	—	—	—	—	—	—	—	—	—	—	—	—
—	—	—	—	—	—	—	—	—	—	—	—	—	—	—	—	—	—	—	—	—
3	56	—	2	33	—	2	13	—	3	17	—	1	7	—	1	2	—	1	6	—
—	—	—	—	—	—	3	263	—	1	10	—	1	5	—	—	—	—	—	—	—
1	6	—	2	59	—	2	119	—	3	139	—	1	14	—	3	122	—	—	—	—
—	—	—	2	175	—	3	34	—	—	—	—	1	20	—	—	—	—	—	—	—
—	—	—	—	—	—	—	—	—	—	—	—	—	—	—	—	—	—	—	—	—
30	231	—	30	194	—	22	196	—	32	240	—	28	140	—	17	114	—	24	201	—
—	—	—	—	—	—	—	—	—	—	—	—	—	—	—	—	—	—	—	—	—
—	—	—	—	—	—	—	—	—	—	—	—	—	—	—	—	—	—	—	—	—
—	—	—	—	—	—	—	—	—	—	—	—	—	—	—	—	—	—	—	—	—
—	—	—	—	—	—	—	—	—	—	—	—	—	—	—	—	—	—	—	—	—
—	—	—	—	—	—	—	—	—	—	—	—	—	—	—	—	—	—	—	—	—
—	—	—	—	—	—	—	—	—	—	—	—	—	—	—	—	—	—	—	—	—
13	335	—	2	25	—	2	17	—	2	15	—	3	49	—	5	76	—	29	1,500	—
13	335	—	2	25	—	2	17	—	2	15	—	3	49	—	4	52	—	28	1,453	—
—	—	—	—	—	—	—	—	—	—	—	—	—	—	—	1	24	—	1	47	—
31	32	—	24	30	—	13	13	—	19	19	—	44	45	—	31	54	—	32	57	—
—	—	—	1	7	—	—	—	—	—	—	—	—	—	—	2	17	—	2	27	—
—	—	—	—	—	—	—	—	—	—	—	—	—	—	—	—	—	—	—	—	—
31	32	—	23	23	—	13	13	—	19	19	—	44	45	—	28	28	—	30	30	—
—	—	—	—	—	—	—	—	—	—	—	—	—	—	—	1	9	—	—	—	—
1	55	—	1	41	—	3	87	—	—	—	—	1	23	—	2	22	—	—	—	—
3	3	1	5	24	—	2	3	—	8	14	—	17	36	—	13	30	—	4	5	1
1	1	1	4	23	—	1	1	—	6	12	—	14	31	—	9	22	—	1	2	—
2	2	—	1	1	—	1	2	—	2	2	—	3	5	—	4	8	—	3	3	1
1	2	—	1	1	—	—	—	—	—	—	—	—	—	—	—	—	—	—	—	—
1	9	—	3	59	—	4	72	—	2	69	—	1	12	—	1	11	—	1	12	—

索　引

あ　行

か　行

執筆者一覧

＊矢野　俊博	石川県立大学名誉教授	(1, 2.6, 7, 12)
安川　然太	金沢学院大学栄養学部栄養学科准教授	(2.1-2.5, 4.1)
影山　志保	郡山女子大学家政学部食物栄養学科准教授	(3)
平野　義晃	東海学園大学健康栄養学部管理栄養学科准教授	(4.2-4.3, 8)
松澤　哲宏	長崎県立大学シーボルト校看護栄養学部栄養健康学科准教授	(4.3-4.4, 6)
野村　卓正	仁愛大学人間生活学部健康栄養学科准教授	(4.6-4.8, 5)
豊原　容子	京都華頂大学現代家政学部食物栄養学科教授	(9.1-9.3, 11)
犬伏　知子	徳島文理大学人間生活学部食物栄養学科教授	(9.4, 10)

（執筆順，＊編者）

食物と栄養学基礎シリーズ5　最新食品衛生学

2021年9月30日　第一版第一刷発行　◎検印省略

編著者　矢野俊博

発行所　株式会社　学文社　郵便番号 153-0064
東京都目黒区下目黒 3-6-1
発行者　田中千津子　電話 03(3715)1501(代)
https://www.gakubunsha.com

印刷所　新灯印刷株式会社
定価はカバーに表示。

ISBN 978-4-7620-3105-2